新时代普通高校物联网工程专业教材

# 物联网技术

沈鑫剡 叶寒锋 许继恒 李兴德 俞海英 夏雪 编著

清华大学出版社
北京

## 内 容 简 介

本书详细讲解了物联网相关的核心技术，并对主流物联网技术进行了深入讲解，可使读者既能掌握主流物联网技术，又能具备运用物联网技术构建物联网应用系统的能力。本书分为10章，内容包括概论、智能物体、无线通信网络、无线传感器网络、IPv6与物联网网络层、CoAP和MQTT、物联网数据分析、工业物联网、物联网安全和物联网应用实例等。

本书以通俗易懂的语言、循序渐进的方式讲述物联网技术，并通过大量的例子来加深读者对物联网技术的理解。内容组织严谨、叙述方法新颖，是一本理想的相关专业本科生的物联网技术教材，也可作为相关专业研究生的物联网技术教材，对于从事物联网应用系统设计和实施的工程技术人员，也是一本非常好的参考书。

**图书在版编目（CIP）数据**

物联网技术/沈鑫剡等编著. --北京：清华大学出版社，2025.4. --（新时代普通高校物联网工程专业教材）. -- ISBN 978-7-302-68948-5

Ⅰ. TP393.4；TP18

中国国家版本馆 CIP 数据核字第 2025Q92C12 号

**责任编辑**：袁勤勇
**封面设计**：傅瑞学
**责任校对**：申晓焕
**责任印制**：刘海龙

**出版发行**：清华大学出版社
   网   址：https://www.tup.com.cn，https://www.wqxuetang.com
   地   址：北京清华大学学研大厦 A 座     邮   编：100084
   社 总 机：010-83470000        邮   购：010-62786544
   投稿与读者服务：010-62776969，c-service@tup.tsinghua.edu.cn
   质量反馈：010-62772015，zhiliang@tup.tsinghua.edu.cn
   课件下载：https://www.tup.com.cn，010-83470236
**印 装 者**：三河市铭诚印务有限公司
**经  销**：全国新华书店
**开  本**：185mm×260mm  **印 张**：19.75    **字  数**：496 千字
**版  次**：2025 年 5 月第 1 版      **印  次**：2025 年 5 月第 1 次印刷
**定  价**：59.80 元

产品编号：093551-01

# 前　言

目前的物联网技术教材主要分为两类,一类是针对具体物联网平台,讨论基于该平台构建物联网应用系统的过程;另一类是泛泛介绍物联网技术和物联网应用系统。第一类教材讨论的技术与实现细节比较窄,且与特定平台相关,缺乏普遍性。第二类教材对技术不做深入讨论,应用系统实现过程缺乏细节,很难让读者具备运用物联网技术实现物联网应用系统的能力。

本书的特点是全面深入讨论物联网技术和协议,可使读者既能掌握主流物联网技术,又能具备运用物联网技术构建物联网应用系统的能力。

全书分为 10 章,内容包括概论、智能物体、无线通信网络、无线传感器网络、IPv6 与物联网网络层、CoAP 和 MQTT、物联网数据分析、工业物联网、物联网安全和物联网应用实例等。

本书有配套的实验教材《物联网技术实验教程》。实验教材提供了在 Cisco Packet Tracer 软件实验平台上运用本教材提供的技术设计、配置和调试各种满足不同性能的物联网应用系统的步骤和方法,读者可以用本书提供的技术指导实验,通过实验来加深理解本书内容,使得课堂教学和实验形成良性互动。

作为一本无论在内容组织、叙述方法还是教学目标方面都和传统物联网技术教材有一定区别的新教材,书中疏漏和不足之处在所难免,殷切希望使用本书的老师和学生批评指正。

作　者
2025 年 1 月

# 目　录

# 第 6 章 CoAP 和 MQTT

# 第1章 概　　论

本章主要讨论物联网起源、物联网定义和特征、物联网体系结构、物联网组成以及物联网应用等内容,展示物联网相关知识脉络。

## 1.1　物联网起源

早期的互联网实现了终端之间的互联。随着通信技术、计算机技术和传感器技术的不断发展,实现互联的设备不再局限于终端,而是各种各样的物体,物联网(Internet of Things,IoT)应运而生。

### 1.1.1　互联阶段

互联阶段是互联网发展的初级阶段,人们通过拨号上网,接入速率低,费用高,互联网应用主要限制在 E-mail、Web 服务器浏览和搜索等。这一阶段,互联网的主要任务是尽可能将更多的终端和服务器连接在一起,以此实现终端之间的通信和资源共享。

### 1.1.2　网络经济阶段

随着互联网的发展,互联网传输速率越来越高,接入互联网的费用越来越低,互联网应用不再局限在 E-mail、Web 服务器浏览和搜索等。人们开始通过利用互联网来提升生产效率和营利能力,互联网开始进入网络经济阶段。电子商务开始兴起,生产者和消费者通过互联网紧密联系在一起,在线购物成为时尚。

### 1.1.3　沉浸式体验阶段

智能手机的普及和无线通信技术的发展,使得有更多的移动设备接入互联网,互联网应用更加多姿多彩,社交媒体、移动应用开始兴起。人们通过社交媒体共享文本、图片、音频和视频等多媒体信息,互联网应用开始进入沉浸式体验阶段。

### 1.1.4　物联网阶段

随着互联网的发展,通过互联网连接在一起的不仅仅是 PC、智能手机这样的固定和移动的智能设备,人们开始将构成物理世界的各种物体接入互联网,以此实现物理空间与信息空间的无缝连接,使得互联网能够为营造更加自动化的生产环境和更舒适的生活空间提供服务,互联网成为物联网。物联网通过人、机、物的深度融合,为人们提供一个智能世界,如智能家居、智慧城市和智能制造等。

## 1.2 物联网的定义和特征

认知物联网的第一步是了解物联网的定义和特征。通过物联网的定义和特征,知道物联网是什么。

### 1.2.1 物联网的定义

物联网本质上是一个将构成物理世界的物体连接在一起的互联网。目前普遍被人们接受的定义是:物联网是一种通过使用射频识别(Radio Frequency Identification,RFID)、传感器、红外感应器、全球定位系统、激光扫描器等信息采集设备,按约定的协议,把任何物体与互联网连接起来,进行信息交换和通信,以实现智能化识别、定位、跟踪、监控和管理的网络。

### 1.2.2 物联网的技术特征

物联网的技术特征包括全面感知、广泛互联、智能处理和自动控制四个方面,简称感联智控。

**1. 全面感知**

感知是对客观事物的信息直接获取并进行认知和理解的过程。全面感知是指通过多种技术来感知物理世界,这些技术包括各种各样的传感器、RFID 和各种各样的定位技术等。

**2. 广泛互联**

物联网中需要连接的物体的类型是多种多样的,这些物体有着不同的供电方式、处理能力、数据传输密度和传输距离等。同时,这些物体可以是固定物体,也可以是移动物体。不同类型的物体需要不同的连接网络技术。对于采用电池供电的物体,需要采用低耗传输网络。对于移动物体,需要采用无线传输网络。因此,为了实现物体的广泛互联,需要提供多种多样的传输网络,这些传输网络包括短距离传输网络、长距离传输网络、有线传输网络、无线传输网络、低功耗传输网络等。

**3. 智能处理**

全面感知获得的数据有以下特点:一是量大,数以百亿计的物体接入物联网,向物联网提供数据;二是多种类型结构,不同类型的物体提供不同类型和结构的数据;三是数据的价值密度很低,但大量数据综合分析后的结果非常有价值;四是时效性要求高。由于感知物理世界的目的是对物理世界进行控制,因此,需要通过实时处理感知获得的数据,对物理世界中的物体及时做出反应。为了能够存储、处理具有上述特征的数据,一是需要提供海量数据存储能力;二是需要提供云计算;三是需要能够通过人工智能算法对数据进行智能分析;四是需要通过边缘计算来满足实时反应的要求。

### 4. 自动控制

物联网通过物理空间与信息空间的无缝连接,营造更加自动化的生产环境和更舒适的生活空间。实现这一点,不仅需要感知物理世界,而且需要根据感知结果,自动控制物理世界。自动控制体现在以下几个方面:一是能够跟踪分析每一个人的行为习惯,为每一个人提供最舒适的生活空间;二是引入人工智能算法,对通过感知物理世界获得的数据进行学习,精确描绘周围生活环境;三是能够根据感知结果,自动对物理世界做出反应。

## 1.3 物联网体系结构

物联网体系结构与传统互联网体系结构不同,必须体现物联网是物理空间与信息空间的无缝连接这一本质特征。

### 1.3.1 物联网体系结构需要考虑的因素

物联网和传统的互联网不同,这些不同导致物联网体系结构和互联网体系结构之间的区别。

### 1. 规模

物联网用于实现物体之间互联,物体的类型和数量都不是终端可以比拟的。一个中等规模的互联网(如校园网)可能只用于实现数以千计的终端的连接过程,但一个中等规模的物联网可能需要实现数以百万计的物体的连接过程。为了实现数以百万计的物体的连接过程,物联网体系结构需要考虑为数以百万计的物体分配独立的地址,建立通往数以百万计的物体的传输路径的问题。

### 2. 安全

物联网有着以下传统互联网所没有的安全问题。

(1)大量传感器通过无线网络连接,放置在无法有效控制的区域。因此,黑客不但可以嗅探传感器之间传输的信息,甚至可以物理控制传感器。

(2)制造技术(Operational Technology,OT)系统连接到 IP 网络,使得黑客有可能挖掘制造技术系统的潜在漏洞,例如,震网病毒就是通过利用西门子可编程逻辑控制器(Programmable Logic Controller,PLC)中的漏洞实施对西门子监视控制与数据采集(Supervisory Control And Data Acquisition,SCADA)系统的攻击的。

(3)高度分散的物联网系统,使得传统互联网用于解决安全问题的一些方法变得无效,如基于分区的防火墙技术。

为了针对性地解决物联网安全问题,物联网体系结构需要考虑以下安全解决方案。

(1)标识和鉴别所有 IoT 设备。

（2）终端之间、终端与后台之间传输的数据需要加密。

（3）遵守当地数据保护法律，正确存储和保护数据。

（4）利用 IoT 连接管理平台，建立基于规则的安全策略，能够对 IoT 设备的不良行为及时做出反应。

（5）采用全面的网络级的安全措施。

**3. 受限设备和网络**

大部分传感器用于完成单一任务，因此是微小和便宜的，有着有限的电力、CPU 和存储器，只能传输重要的数据。由于这些设备数量巨大，且分布在广阔和不受控的环境中，因此，连接这些设备的网络通常是低速且有损的网络。物联网体系结构必须面对这一事实。

**4. 数据**

物联网与传统互联网的质的变化之一，是 IoT 设备能够产生海量数据，且大量数据是非结构化数据。通过对这些数据的处理、分析，可以提出用于增强用户体验的新的 IoT 服务，减少运行成本，获得新的营利机会。物联网体系结构必须考虑海量数据采集、传输、存储和处理的问题。

**5. 支持传统设备**

物联网将制造技术系统连接到 IP 网络，有些制造技术系统中的设备年代久远，这些设备只支持旧的通信协议，不支持 IP。物联网体系结构必须考虑这些设备连接到物联网的问题。

## 1.3.2　物联网体系结构定义原则

物联网体系结构定义需要遵循以下原则。
- 把复杂系统分层，使得每一层的功能相对简单，容易实现和理解。
- 清楚地定义和描述每一层的功能，统一术语。
- 优化每一层功能的实现机制。
- 标准化实现每一层功能的设备。
- 使得物联网的实现过程更具可操作性。

## 1.3.3　简化的三层结构

简化的三层体系结构如图 1.1 所示，将感联智控功能分布到每一层。第一层感知层完成全面感知和智能控制的功能，主要构件包括感知设备和控制设备。感知设备包括各种类型的传感器、标识设备、定位设备等。控制设备包括各种执行器，如灯光调节器、空调控制器等。

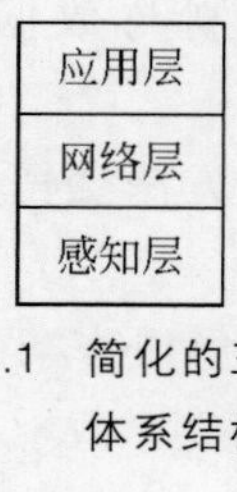

第二层网络层实现广泛互联功能，一是包括用于实现各种物体互联的传输网络，如 ZigBee、蓝牙（Bluetooth）、窄带物联网（Narrow Band Internet of Things，NB-IoT）、WiMAX；二是包括构成互联网的各种传

| 应用层 |
| 网络层 |
| 感知层 |

图 1.1　简化的三层体系结构

输网络。

第三层应用层实现智能处理功能,包括各种智能算法、应用程序、海量数据库等。

数据在三层体系结构中的流动是双向的,全面感知主要涉及感知层至应用层方向的流动,自动控制主要涉及应用层至感知层方向的流动。

三层结构可以简单描述感联智控功能的分层和实现过程,以及各层之间的相互关系。但各层功能的分配不够精细,无法对构建实际物联网提供有效指导。

### 1.3.4　IoTWF 体系结构

2014 年,物联网世界论坛(IoT World Forum,IoTWF)发布了一个 7 层的物联网体系结构参考模型,如图 1.2 所示。7 层的物联网体系结构参考模型为物联网提供了一个简单、清晰的视角。感知数据从物理设备流向应用,控制信息从应用流向物理设备。

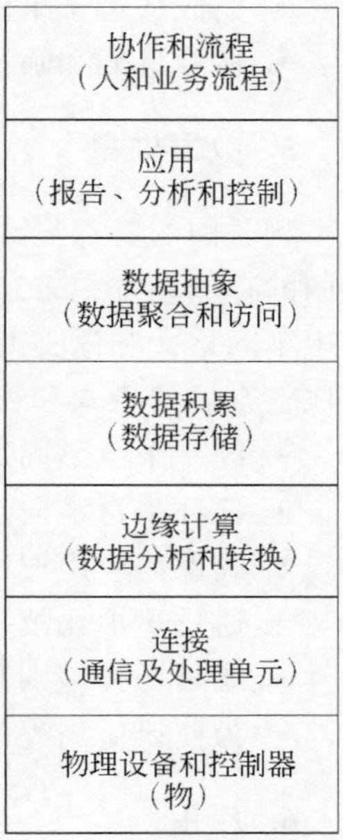

**1. 物理设备和控制器**

这一层主要定义用于感知物理世界的传感器和控制物理世界的执行器,以及所有连接到物联网的物体。这一层物理设备的类型极其丰富,但要求具有向网络提供数据,或通过网络接收数据并根据数据做出反应的基本功能。

**2. 连接**

这一层的核心功能是实现物理设备之间、物理设备与网络之间的数据传输过程。物联网主张通过现有的互联网实现数据传输过程,但有些物体不是基于 IP 网络的,需要通过网关设备实现互联网与这些物体之间的连接。因此,连接层需要具有以下功能。

- 实现物体与物体之间的可靠传输。
- 实现各种协议。
- 实现交换和路由。
- 完成各种协议之间的转换。
- 实现网络安全。

| 协作和流程 (人和业务流程) |
| 应用 (报告、分析和控制) |
| 数据抽象 (数据聚合和访问) |
| 数据积累 (数据存储) |
| 边缘计算 (数据分析和转换) |
| 连接 (通信及处理单元) |
| 物理设备和控制器 (物) |

图 1.2　物联网体系结构
参考模型

**3. 边缘计算**

这一层的主要功能是把网络数据流转换成适合存储和高层处理的格式。其核心任务是大容量数据分析和转换。用于感知物理世界的传感器产生海量数据,理想的处理方式是尽可能在接近数据源的位置对数据实施处理。这也是引发边缘计算(也称雾计算)的原因。边缘计算层具有的功能如下。

- 对数据进行过滤、清洗和聚合。
- 对数据内容进行监测。
- 根据标准对数据进行评估,确定是否需要提交给高层处理。
- 将数据格式转换成高层处理时要求的统一格式。

- 还原数据。
- 确定数据值是否是阈值或报警值,并将值为阈值或报警值的数据传输给特定的目的地。

### 4. 数据累积

前三层完成数据生成、传输和基本处理功能,这三层中的数据位于运动状态。由于许多应用无法实时处理数据,因此,需要对数据进行存储。存储过程中的数据是不变的,处于静止状态。由此导出数据累积层具有的功能如下。

- 将数据从运动状态转变为静止状态。
- 将数据格式从网络分组转换成关系数据库。
- 完成从基于事件到基于查询的转变。
- 通过过滤和筛选大量减少存储的数据。

### 5. 数据抽象

物联网的特点导致以下三种情况:一是传感设备产生的海量数据需要分散存储在多个不同的存储系统中;二是对应用程序提供数据的数据源是多种多样的;三是不同类型的物体产生不同格式和语义的数据。但应用程序希望提供的数据是对来自多种不同数据源的数据完成整合后的模式和视图统一的数据。由此导出数据抽象层具有的功能如下。

- 统一来自不同数据源的数据的格式。
- 保证来自不同数据源的数据语义的一致性。
- 确保为应用程序提供完整的数据。
- 通过虚拟化技术实现对不同存储系统中的数据的统一访问。
- 通过身份鉴别和授权对数据实施保护。
- 为使得应用程序能够快速访问数据,对数据进行规格化(或非规格化)和索引。

### 6. 应用

应用层中包含的应用是多种多样的,随着物联网垂直应用的不同而不同。物联网体系结构也没有对应用的具体功能做出定义。以下是几种可能的应用。

- 关键事务应用程序,如通用企业资源计划(Enterprise Resource Planning,ERP)和专门的行业解决方案。
- 具有交互功能的移动应用。
- 商业智能。
- 用于为商业决策提供支持的智能数据分析系统。
- 用于对物联网中物体实施控制的系统管理控制中心。

### 7. 协作和流程

物联网的实质是人、机、物的深度融合,因此,强调对人的赋能。人们通过物联网应用和物联网感知的数据来满足特定的需求,而且,经常是多个人通过相同的物联网应用来满足多种不同的需求。因此,物联网的目标不是应用,而是赋能人们,使得人们能够更好地完成他们的工作。应用只是在正确的时间、为人们提供正确的数据,从而使人们能够做正确的事情。

完成一件工作需要许多人相互合作,这些人之间也需要相互通信。人与人之间协作和通信可能需要多个步骤,超越多个应用,这也是将协作和流程作为应用层的高层的原因。

## 1.4 物联网组成

物联网由智能物体、通信网络、云平台和物联网应用组成。智能物体是指能够感知物理世界,对物理世界实施动作,且能够与其他智能物体和云平台相互通信的设备。通信网络用于实现智能物体之间、智能物体与云平台之间的通信过程。云平台用于实现数据存储、数据处理和控制命令发布等功能。物联网应用用于满足用户个性化需要。

### 1.4.1 物联网系统结构

物联网系统结构如图 1.3 所示,传感器和执行器构成感知层。传感器用于感知构成物理世界的物体,执行器用于对构成物理世界的物体实施动作。连接层实现感知层中传感器和执行器与云平台之间的数据传输过程。连接层涉及的网络技术是多种多样的,如图 1.3 所示,传感器 1 和执行器 1 通过远距离无线电(Long Range Radio,LoRa)与 LoRa 网关相互通信,LoRa 网关连接 Internet,并通过 Internet 实现与云平台之间的数据传输过程。图 1.3 中的传感器 1 和执行器 1 具有处理模块和通信模块,能够独立完成数据采集、数据格式转换、动作执行和 LoRa 通信功能。图 1.3 中的传感器 2 和执行器 2 本身不具有处理模块和通信模块,需要连接微控制单元(Microcontroller Unit,MCU)开发板,在 MCU 开发板控制下

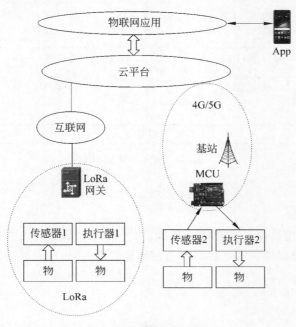

图 1.3 物联网系统结构

7

完成数据采集和动作执行过程,需要由 MCU 开发板完成数据格式转换和 4G/5G 通信功能。MCU 开发板通过 4G/5G 蜂窝移动通信网络实现与云平台之间的数据传输过程。

边缘计算层的功能分布在多个设备中,MCU 和 LoRa 网关可以完成简单的数据过滤和数据聚合功能,4G/5G 蜂窝移动通信网络中的基站可以完成数据评估和阈值检测等功能。

数据累积层功能主要由云平台实现,由云平台实现时序数据存储和数据库管理功能。

数据抽象层功能由云平台实现,由云平台实现不同协议格式数据与数据库格式数据之间的转换过程。

应用层功能由基于云平台提供的软件开发工具包(Software Development Kit,SDK)开发的各种物联网应用实现。

协作和流程层功能通过人与各种物联网应用之间的交互实现。如智能家居,物联网应用可以对家居中各个传感器感知的数据和各种物体的状态进行智能分析,向用户 App 实时推送分析结果,给出指导性的动作实施建议。由用户通过 App 将家居调整到最舒适状态。图 1.3 中手机可以通过 4G/5G 或者 Wi-Fi 接入 Internet,通过 Internet 与物联网应用相互通信。

### 1.4.2　智能物体

智能物体是指可以通过物联网实现互联,且能够感知物理世界,并对物理世界实施动作的设备。智能物体结构如图 1.4 所示,包含传感器模块、执行器模块、处理器模块、电源模块和通信模块等。传感器模块和执行器模块可以二者选一。

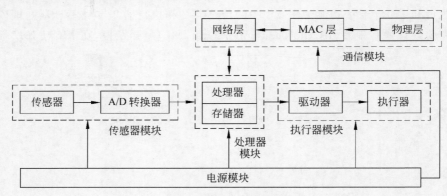

图 1.4　智能物体结构

#### 1. 处理器模块

处理器模块是智能物体具有智能的基础,用于实现对其他模块的控制功能。由于受体积和成本的限制,处理器模块的运算能力和存储能力都有限,这也是通常称物联网中智能物体为受限结点的原因。

#### 2. 传感器模块

传感器模块是实现物联网全面感知的基础。传感器模块通过获取外部物理世界的信息,实现感知外部物理世界的目的。

### 3. 执行器模块

执行器模块是实现物联网全面控制的基础。全面控制要求能够改变外部物理世界,执行器模块通过对外部物理世界实施动作,实现改变外部物理世界的目的。

### 4. 通信模块

通信模块是实现物联网广泛互联的基础,通过通信模块,实现上传传感器感知的数据,下传用于控制执行器动作的命令的功能。由于智能物体的特点,通信模块通常只支持无线通信功能。

### 5. 电源模块

由于智能物体的特点,大部分智能物体采用电池供电,且要求电池能够在不更换的情况下持续供电很长一段时间。因此,电源模块一是需要提高电能的使用效率,二是需要实施智能管理。

## 1.4.3　接入网

物联网中的接入网主要用于实现将智能物体接入互联网以及实现智能物体之间通信过程的功能。

### 1. 接入网分类标准

1）距离

接入网根据传输距离可以分为短距离、中距离和远距离接入网。短距离接入网的传输范围为几米至几十米,典型的短距离接入网有 802.15.1、蓝牙等。中距离接入网的传输范围为几百米至 1km,典型的中距离接入网有 802.11ah、802.15.4、802.15.4g 等。远距离接入网的传输范围为 1km 至十几千米甚至几十千米。典型的远距离接入网有 4G、5G、LoRa、NB-IoT 等。

2）频段

无线电频段是重要的战略资源,每一个国家都由专门的组织予以管理和审批,如美国的联邦通信委员会(Federal Communications Commission,FCC)。为了拓展无线通信的应用,每一个国家也开放一些频段供自由使用,因此,无线电频段分为授权频段和开放频段。授权频段是由国家的专门组织授权给某个单位使用的某个频段,该频段只能由该单位使用,如授权给电信、联通、移动用于 4G、5G 的频段。开放频段是供人们自由使用的频段,但需要对属于该频段的无线电信号的能量予以限制。

授权频段无线电信号的能量可以由授权单位自我调控,因此,使用授权频段的接入网通常都是远距离接入网,如 4G、5G。使用这些接入网的用户需要完成注册过程。提供接入网服务的服务提供者通常能够保证这些接入网的服务质量。但这些接入网显然不适合需要实现数以百万计的传感器连接过程的应用场景。目前使用授权频段的接入网有 3G、4G、5G 等蜂窝移动通信网络,以及 WiMAX 和 NB-IoT 等。

如图 1.5 所示的电磁波频段是称为 ISM(Industrial Scientific and Medical)频段的开放

频段。ISM频段指的是工业、科学和医疗所使用的电磁波频段,这些单位无须批准就可使用如图 1.5 所示的电磁波频段。一般将 2.401～2.483GHz 频段简称为 2.4GHz 频段,将 5.15～5.35GHz 和 5.725～5.825GHz 这两个频段简称为 5GHz 频段。

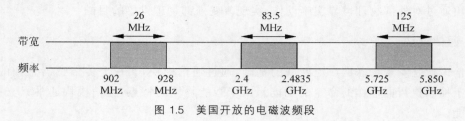

图 1.5　美国开放的电磁波频段

使用开放频段的接入网一般没有服务提供者,因此不需要注册过程。但由于自由使用开放频段,使得使用开放频段的接入网一是面临干扰;二是由于受信号能量的限制,传输距离不可能太远;三是没有服务提供者保证服务质量。目前使用开放频段的接入网有 802.11b/g/n、Bluetooth、802.15.4 等。LoRa 是一种使用开放频段,但实现远距离传输的接入网,LoRa 使用亚兆赫(sub-GHz)电磁波,这个频段的电磁波渗透能力强,传输距离远,但由于带宽较小,传输速率较低。

3）功耗

智能物体可以分为电源直接供电的智能物体和电池供电的智能物体,对于电源直接供电的智能物体,功耗不是问题,但移动性很差,放置位置受电源限制。对于电池供电的智能物体,移动性好,可以随意放置,但需要考虑电池续航时间。由于智能物体可能放置在一些不便更换电池的场合,因此,要求电池续航时间可以长达几年,甚至十年。这就对智能物体的耗电量有所限制,要求连接智能物体的接入网必须是低功耗网络,即智能物体可以用较低的功耗实现数据传输过程。

4）拓扑结构

常见的接入网拓扑结构有星状、网状和点对点。短距离接入网和远距离接入网通常采用星状拓扑结构,星状拓扑结构需要有中心控制结点,如蜂窝移动通信网络中的基站,智能物体与中心控制结点建立连接。

5）受限结点

受限结点一般是指 CPU 处理能力、内存储器容量、外存储器容量、供电能力都十分有限的智能物体,这样的智能物体无法实现复杂的协议和安全机制。无法实现完整的 IP 协议栈。支持受限结点的网络一般是耗电量小、协议简单、安全机制简单的传输网络,这样的网络无论是安全性还是可靠性都比普通网络要弱,因此称为低功耗有损网络(Low-power and Lossy Networks,LLNs)。低功耗是指耗电量小、适合电池供电的结点。有损是指由于恶劣的无线电环境的干扰导致网络性能无法得到保障。大量的传感器一般都是受限结点,连接传感器的网络通常都是 LLNs。

**2. 接入网性能指标**

1）数据传输速率和吞吐率

数据传输速率是指每秒通过网络发送或接收的二进制数位数,单位是 b/s。吞吐率是一段时间内的平均数据传输速率,即一段时间 $T$ 内实际发送或接收的二进制数位数 $X$ 除以时

间 $T$ 的结果($X/T$),单位也是 b/s。吞吐率小于或等于数据传输速率。不同的接入网有着不同的数据传输速率,如 802.11ac 和 5G,数据传输速率可以达到 1Gb/s。但有些 LLNs,数据传输速率只能达到几 kb/s,或几十 kb/s。

2)延迟和确定性

延迟是指发送端开始发送报文到接收端正确接收报文所需的时间。许多接入网的延迟是不确定的,如无线局域网,因为干扰、冲突和噪声,存在报文丢失和重传,使得传输延迟变化很大。

确定性是指延迟抖动,即同一个接入网的最大延迟变化范围。延迟变化范围越小,确定性越好。许多实时应用,要求较低的延迟和很好的确定性,因而引申出时间敏感网络(Time Sensitive Network,TSN)。TSN 的主要特点是低延迟和低延迟抖动。由于工业控制系统对实时性要求较高,因此,TSN 技术被广泛应用于监视控制与数据采集(SCADA)系统。

3)开销和有效载荷

开销是指接入网帧格式中控制信息字段的字节数,有效载荷是指接入网帧格式中数据字段的字节数。如果接入网的有效载荷较小,上层协议数据单元(Protocol Data Unit,PDU)较大,就会发生分片问题。假如某个接入网的有效载荷为 128B,需要封装的 IPv6 分组的长度为 1280B,需要将该 IPv6 分组通过分片转换为一组长度小于或等于 128B 的 IPv6 分组,然后将每一个长度小于或等于 128B 的 IPv6 分组作为接入网帧格式中的净荷。分片不但需要重复 IPv6 首部,也需要重复接入网帧格式的控制信息,因而增加开销。

**3. 典型接入网及性能特性**

典型短距离接入网及性能特性如表 1.1 所示。典型蜂窝移动通信网络及性能特性如表 1.2 所示。典型远距离接入网及性能特性如表 1.3 所示。

表 1.1　典型短距离接入网及性能特性

| | Bluetooth | Wi-Fi | ZigBee |
|---|---|---|---|
| 频段 | 2.4GHz | 2.4GHz<br>5GHz | 868MHz/ 915MHz<br>2.4GHz |
| 传输速率 | 1～3Mb/s | 11b: 11Mb/s<br>11g: 54Mb/s<br>11n: 600Mb/s<br>11ac: 1Gb/s<br>11ax: 9.6Gb/s | 868MHz:20kb/s<br>915MHz:40kb/s<br>2.4GHz:250kb/s |
| 典型距离 | 1～300m | 50～100m | 2.4GHz band: 10～100m |

表 1.2　典型蜂窝移动通信网络及性能特性

| | 2G | 3G | 4G | 5G |
|---|---|---|---|---|
| 频段 | 授权频段<br>(900MHz 为主) | 授权频段<br>(900MHz、<br>1800MHz 为主) | 授权频段<br>(1800～2600MHz) | 授权频段<br>C-band 毫米波 |
| 传输速率 | GSM:9.6kb/s<br>GPRS:56～114kb/s | D-SCDMA:2.8Mb/s<br>CDMA2000:3.1Mb/s<br>WCDMA:14.4Mb/s | 下行<br>Cat.6、7:300Mb/s<br>Cat.9、10:450Mb/s | 下行速率:4.6Gb/s<br>上行速率:2.5Gb/s |

表 1.3　典型远距离接入网及性能特性

| | LoRa | NB-IoT | eMTC |
|---|---|---|---|
| 频段 | SubG 免授权频段 | SubG 授权频段 | SubG 授权频段 |
| 传输速率 | 0.3～5kb/s | ＜250kb/s | ＜1Mb/s |
| 典型距离 | 1～20km | 1～20km | 2km |

## 1.4.4　网关

　　网关的作用如图 1.6 所示,一端连接接入网(如 LoRa)或工业物联网,另一端连接互联网。因此,网关一是需要配置多种不同类型的接口,如工业物联网网关需要配置连接互联网的接口,如 4G/5G、以太网接口等和连接工业控制系统的接口,如 CAN 总线等;二是需要完成多种不同协议之间的转换,如 SCADA 私有协议和互联网 TCP/IP 之间的转换;三是需要实现边缘计算功能,以此保障本地反应的实时性,减少向云平台传输的数据量;四是作为互联网设备参与建立通往互联网其他结点和云平台的传输路径的过程;五是作为接入网或 SCADA 的门户设备,必须保证通过互联网访问接入网中的智能物体或 SCADA 中的控制设备的过程是安全的。

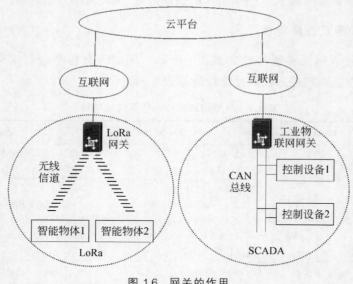

图 1.6　网关的作用

## 1. 接口

　　不同类型的网关有着不同类型的接口。一般情况下,网关需要具备以下类型的接口,一是连接互联网的接口,二是连接接入网的接口,三是连接工业控制系统的接口。

　　1) 连接互联网的接口

　　连接互联网的接口分为有线接口和无线接口,常见的有线接口为快速以太网接口和吉比特以太网接口。常见的无线接口为无线局域网接口(802.11b/g/n)和蜂窝移动通信网络接口（4G、5G）。

2）连接接入网的接口

连接接入网的接口通常都是无线接口，常见的接入网接口有 LoRa、Bluetooth、ZigBee、892.11ah 等。

3）连接工业控制系统的接口

这种类型的接口最为繁杂，如串行接口 RS232、RS422、RS485 等，工业总线接口 CAN、ModBus 等。

**2. 协议转换**

连接在接入网上的智能物体通常是受限设备，无法实现 IP 协议栈。连接在工业控制总线上的控制设备通常也不支持 IP 协议栈。但网关与云平台之间通过互联网连接，使得智能物体和控制设备与云平台之间无法直接交换数据，需要由网关完成协议转换过程。

**3. 边缘计算**

边缘计算是由网关完成数据处理、存储过程，并根据数据处理结果，对设备做出实时反应。网关向云平台传输的不再是原始数据，而是过滤、聚合后的数据。

如图 1.7(a)所示是网关不具备边缘计算功能的情况。在这种情况下，网关只是中继设备，负责向云平台转发设备感知的数据，由云平台负责数据的存储和处理过程，并将处理结果发送给网关，由网关转发给设备。网关转发给云平台的数据是原始数据，没有经过清洗、聚合等处理，因此，数据量很大。由于设备根据云平台发送的处理结果进行动作，因此，设备无法实时完成从感知到执行的操作过程。

如图 1.7(b)所示是网关具备边缘计算功能的情况。在这种情况下，网关负责数据的存储和处理过程，并将处理结果发送给设备。网关转发给云平台的数据不再是原始数据，而是经过清洗、聚合等处理后的结果，使得网关转发给云平台的数据量远远小于设备感知的原始数据的数据量。由于设备根据网关发送的处理结果进行动作，设备能够实时完成从感知到执行的操作过程。

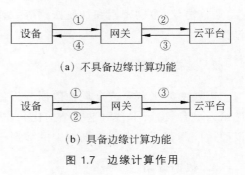

(a) 不具备边缘计算功能

(b) 具备边缘计算功能

图 1.7　边缘计算作用

**4. 路由**

网关一是需要参与互联网的路由过程，建立通往互联网中其他网络和云平台的传输路径；二是如果接入网是网状网络，需要参与接入网的路由过程，建立通往接入网中智能物体的传输路径。接入网路由通常是第二层路由，称为 Mesh-Under Routing。

**5. 安全机制**

在构建工业物联网之前，SCADA 和互联网是相互独立的，因此，传统 SCADA 的安全功能很弱。当 SCADA 和互联网连接在一起时，黑客可以通过互联网实施对 SCADA 的攻击。由于网关是工业物联网的门户，互联网中终端只能通过网关实施对 SCADA 的访问过程，因此，网关必须具有身份鉴别、数据加密、完整性检测、访问控制等安全功能。

### 1.4.5　互联网

物联网的通俗定义是实现物物相连的互联网,因此,物联网中包含互联网。互联网中存在由路由器实现互联的多个传输网络,这些传输网络划分为多个自治系统。通过多层路由机制建立互联网中端到端传输路径。通过各种安全协议和安全设备实现互联网中数据的可用性、保密性和完整性等。

### 1.4.6　云平台

传感器需要向云平台发送感知到的数据,由云平台对传感器感知到的数据进行存储和分析,根据分析结果生成命令,然后将命令发送给执行器。

网关的边缘计算功能使得网关可以承担一部分数据存储和分析的功能。但网关获取的只是一小部分传感器感知的数据,因此,仍然需要由云平台对全局性数据进行分析,产生可以影响整体状态的命令。

#### 1. 设备接入

云平台一是需要建立与传感器和执行器之间的数据传输通道;二是需要对传感器和执行器的身份进行鉴别;三是需要对云平台与传感器和执行器之间传输的数据进行加密和完整性检测。云平台实现上述功能的过程称为设备接入。

为了接入某个智能物体,需要在云平台上创建一个设备,指定该设备使用的传输网络类型、通信协议、鉴别密钥和加密密钥等。智能物体可以用创建该设备时约定的参数完成接入过程。

#### 2. 数据存储

需要由云平台完成全局性数据分析过程,因此,需要各个网关将清洗和聚合后的数据发送给云平台,由云平台对这些结构化和非结构化的数据进行存储,构成全局数据池。用户可以通过应用程序对全局数据池中的数据进行检索、统计等。

#### 3. 数据分析

云平台实施的数据分析过程有以下特点:一是对全局性数据实施的数据分析过程;二是需要很大计算力的数据分析过程;三是需要对历史数据进行统计、归纳的数据分析过程。网关等具有边缘计算功能的设备无法完成具有上述特点的数据分析过程。

### 1.4.7　应用程序

针对某个垂直应用,用户可以开发基于云平台 API 的应用程序。通过调用云平台 API,用户可以查询特定智能物体发送给云平台的数据,云平台数据分析模块对全局性数据的分析结果,可以检索、统计全局数据池中的数据。

## 1.5　物联网应用

物联网已经广泛应用于建筑、工业、农业、环保等多个领域,智能建筑和工业物联网是物联网在建筑和工业领域的应用实例。

### 1.5.1　智能建筑

智能建筑是指通过将建筑物的结构、系统、服务和管理根据用户的需求进行最优化组合,从而为用户提供的一个高效、舒适、便利的人性化建筑环境。

**1. 智能建筑的目的**

1) 舒适安全的环境

为建筑物保持合适的温度和通风、良好的消防和报警设施以及可靠的安防系统,以此为用户提供一个舒适安全的环境。

2) 合理的办公区域使用效率

实时监测建筑内人员分布情况,动态监控各个区域的使用过程,以此为依据调整办公区域分配,将办公区域的使用效率最大化。

3) 简单统一的管理机制

提供统一平台,由平台统一集成各个系统采集的数据,并由平台提供公共的数据分析模块,基于平台统一开发各个应用管理系统。

**2. 智能建筑需要解决的问题**

1) 多种系统并存且相互独立

一个建筑内,有着分别与结构、机械、电气、IT 等相关的多个系统,如供热通风与空气调节(Heating Ventilation and Air Conditioning,HVAC)系统、照明系统、消防系统、安防系统、门禁系统、闭路电视(Closed Circuit Television,CCTV)和信息系统等,这些系统相互独立,无法共享数据,很难协调一致。

2) 无法实时统计人员分布信息

传统的人员监测技术无法及时精准定位每一个人员的位置,而实时定位每一个人员,采集人员分布信息是对建筑实施智能管控的基础。

3) 不合理的办公区域使用效率

传统的办公区域分配是基于静态规划的,由于没有对人员分布信息进行实时统计,因此,基于静态规划分配的办公区域无法随着实际的人员分布情况做动态调整,会发生使用效率不高和办公区域分配不合理的情况。

**3. 基于物联网的智能建筑结构**

1) 智能物体

基于物联网的智能建筑结构如图 1.8 所示,感知层一是安装大量传感器,这些传感器包

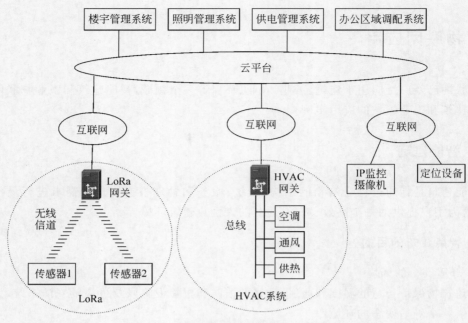

图 1.8　智能建筑结构

括监测建筑结构的传感器、监测建筑环境的传感器、监测人员的传感器、定位人员位置的传感器等；二是安装大量执行器，如控制建筑环境的执行器、控制电力调配的执行器、控制灯光照明的执行器、实施消防的执行器、实施门禁的执行器等。

2）统一网络连接

传感器和执行器这些智能物体连接到接入网，通过网关设备连接互联网。HVAC 系统、照明系统、消防系统、安防系统、门禁系统等或者直接连接到互联网，或者通过相应的网关设备连接到互联网。

3）统一平台

建立云平台与智能物体、HVAC 系统、照明系统、消防系统、安防系统、门禁系统等之间的数据传输通道，传感器和这些系统采集的数据统一上传到云平台，云平台生成的命令可以统一下发给执行器和这些系统中的控制设备。云平台可以对统一上传的数据进行基本处理和分析。

4）统一管理界面

基于云平台开发智能建筑的各种应用程序，应用程序一是可以统一共享云平台采集的数据；二是可以统一调用云平台的数据处理和分析模块；三是可以统一通过云平台下发生成的各种命令。移动终端可以通过浏览器或定制 App 按照权限访问应用程序生成的信息，可以根据授权对智能建筑中的执行器和各种控制设备进行操作。

## 1.5.2　工业物联网

工业物联网（Industrial Internet of Things，IIoT）是将具有感知、监控能力的各类传感器或控制器，以及移动通信、智能分析等技术融入工业生产过程的各个环节，从而大幅提高制造效率,改善产品质量,降低产品成本和资源消耗,最终实现将传统工业提升到智能化的一种物联网应用。

**1. 工业物联网的目的**

1) 反应敏捷

企业能够时刻监控用户需求和市场变化,根据用户需求和市场变化加速新产品和服务的开发,及时提供满足用户需要、适应市场需求的产品,以此抢占市场机会。

2) 多快好省

生产管理者在能源和原材料上涨的情况下能够管控生产成本,通过改造生产工艺提高生产效率和产品质量。

3) 保障设备

实时采集设备运行过程中的各种数据,通过对数据的智能分析,及时掌握设备状态,预测设备性能变化趋势,减少设备计划外停机时间。

4) 保障安全

一是需要保障信息系统安全,防止信息被窃取、篡改和破坏;二是需要保障 SCADA 系统的安全,确保设备运行正常和产品制造过程顺利进行;三是需要保障工厂与互联网之间的正常连接,确保工厂与用户、合作伙伴之间的正常通信。

5) 降低布线成本

多个系统有机集成、统一布线,将大大减少线缆的数量和种类,降低布线成本。

6) 提高工人工作效率

工人可以通过移动设备实时获取与产品制造过程和工厂环境相关的数据,实时掌握产品的状态,调控产品的生产工艺和流程,以此最大程度地提高设备的操作敏捷性,从而提高工人的工作效率。

**2. 工业物联网需要解决的问题**

1) 不同部门和人员之间缺乏有效连接

一个工厂的运行过程涉及多个不同的部门和多种不同类型的人员,如生产系统、业务系统、供应链、用户和合作伙伴等。这些部门和人员之间只有做到及时沟通和协调,才能最大程度地提高生产效率、降低生产成本、满足用户需求。做到及时沟通和协调的前提是实现这些部门和人员之间的连接。但目前大量工厂缺乏这些部门和人员之间的有效连接。

2) 缺乏运行过程的可视性

对生产过程实施精准控制的前提是及时、精确掌握产品的生产过程,即实施产品生产过程的可视化。对供应链实施精准控制的前提是及时、精确掌握原材料的采购、库存和消耗过程,即实施供应链的可视化。对产品开发和销售实施精准控制的前提是及时、精确掌握产品的销售过程和用户对产品的反馈,即实施产品销售过程的可视化。但目前大量工厂没有实现运行过程的可视化。

3) 缺乏对海量连接的支持

现代工厂需要连接海量的传感器和执行器,且这些海量的传感器和执行器的连接方式都不尽相同。但目前大量工厂无法实现这些海量的且连接方式不尽相同的传感器和执行器的连接过程。

4）缺乏对数据的智能分析

海量传感器能够感知到海量数据，海量数据中隐藏着有着巨大价值的信息，从海量数据中提取出有着巨大价值的信息需要具备对海量数据的存储和分析能力。随着人工智能技术的发展，数据分析过程中需要引入人工智能技术。但目前大量工厂无法对海量数据进行智能分析。

5）缺乏资产定位和追踪

为了全面、实时地掌握工厂内人、车、物和工具等的位置，需要对人、车、物和工具等进行定位和追踪，但目前大量工厂无法对人、车、物和工具等实施定位和追踪。

### 3. 工业物联网结构

1）数据集成

工业物联网结构如图 1.9 所示，它的最大特点是通过云平台集成数据，集成的数据类型包括通过传感器采集的生产流程中各道工序的数据和工厂环境的数据，SCADA 系统上传的数据，各个应用管理系统如电子商务系统（E-commerce）、企业资源规划系统（Enterprise Resource Planning，ERP）、产品生命周期管理系统（Product Lifecycle Management，PLM）、供应链管理系统（Supply Chain Management，SCM）、客户关系管理系统（Customer Relationship Management，CRM）等收集的数据，通过对这些数据的综合分析，才能对用户需求及时做出反应，开发出符合用户需求的新产品；才能发现工艺流程中可能存在的问题，及时革新处理，保障产品质量和生产效率；才能有效管控原材料库存，降低原材料成本；才能及时调整产品种类和产量，最大程度地抢占市场份额。

2）广泛连接

如图 1.9 所示，一是工业物联网中存在海量传感器，这些传感器的通信接口千差万别；二是工业物联网需要将各种类型的工业控制系统统一连接到互联网中；三是工业物联网需要集成多种应用管理系统。因此，工业物联网需要支持多种不同类型的通信协议和通信接口。

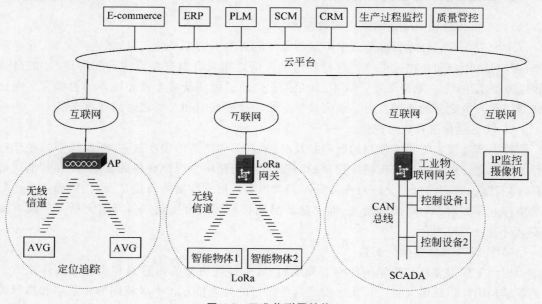

图 1.9　工业物联网结构

3）可视化

为了精准管控产品生产过程、工厂环境、原材料库存和市场销售等,需要直观了解产品每一道工艺的状态、生产控制设备的状态、原材料库存和消耗的变化过程、产品产量和销量的变化过程以及产品质量的监测结果等。因此,需要通过对云平台集成的数据的统计、分析,提供可视化的工艺运行分析、生产数据分析、设备运行状态、产线产能分析、故障诊断和定位等。

4）资产定位和追踪

对工厂人、机、物和工具实施精准管控的前提是精准定位工厂中的人、机、物和工具。根据用途不同,工厂中存在固定的机器设备、动态经过不同工序的产品、动态运往不同位置的原材料、移动的工人和存放在不同位置的工具等。原材料和最终的产品等通常通过无人搬运车(Automatic Guided Vehicle,AGV)完成传送过程。因此,工业物联网中需要提供多种不同的定位技术,如对产品和原材料需要提供精准定位技术,定位精度可能需要达到厘米级。对人员和工具需要提供相对精准的定位技术,定位精度可能只需要控制在米级。

## 本章小结

- 物联网是互联网的延伸。
- 感联智控是物联网的特征。
- 物联网体系结构与互联网体系结构不同。
- 物联网组成包括智能物体、通信网络、云平台和物联网应用等。
- 智能建筑和工业物联网是物联网在建筑和工业领域的应用实例。

## 习题

1.1　简述互联网和物联网之间的关系和区别。

1.2　简述互联网发展为物联网的过程。

1.3　为什么说感联智控是物联网的特征？

1.4　导致互联网体系结构与互联网体系结构不同的原因是什么？

1.5　IoTWF 体系结构中各层的功能是什么？

1.6　简述物联网组成以及各个部件的功能。

1.7　简述物联网在智能建筑中的作用。

1.8　简述工业物联网的特点。

# 第 2 章　智　能　物　体

智能物体是物联网的末端设备,用于实现对物理世界的感知和控制,是大数据的主要来源,是真正实现物理空间与信息空间无缝连接的基础。

## 2.1　智能物体结构和分类

智能物体是指具有处理功能,可以通过物联网实现互联,且能够感知物理世界,并对物理世界实施动作的设备。智能物体与物联网应用密切相关,因此,有着多种对应不同物联网应用的智能物体。

### 2.1.1　智能物体结构

智能物体结构如图 2.1 所示,由处理器模块、传感器模块、执行器模块、通信模块和电源模块等组成。传感器模块和执行器模块可以二者选一。

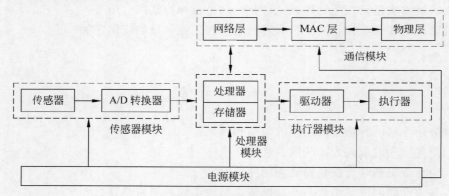

图 2.1　智能物体结构

**1. 处理器模块**

智能物体的核心模块是处理器模块,处理器模块主要完成以下 4 个功能:一是接收传感器模块发送的数据,并对数据进行处理和分析;二是根据需要完成控制过程,产生用于驱动执行器的信号;三是控制通信模块完成通信过程;四是对智能物体的其他模块,如电源模块等进行管理。

存在多种功能和性能不同的处理器,根据应用需要选择合适的处理器。目前使用最多的处理器类型是 Microchip 公司的微处理器(Microcontroller Unit,MCU)。

**2. 传感器模块**

传感器是一种检测装置,能感受到被测量的信息,并能将感受到的信息按一定规律变换成为电信号或其他所需形式的信息输出,以满足信息的传输、处理、存储、显示、记录和控制等要求。

目前传感器的种类非常多,几乎可以测量一切值得测量的物体。传感器大大增强了人们感知物理世界的能力。

**3. 执行器模块**

传感器和执行器是相互补充的,它们之间的关系如图 2.2 所示。传感器用于感知物理世界,将物体的物理量转换成电信号,然后由 A/D 转换器将电信号转换成二进制数。处理模块对感知到的数据进行处理,根据处理结果对物理世界实施动作,这些动作包括移动物体、对物体施加外力等。执行器就是一种根据输入的电信号或其他数字表示对物体产生动作的设备。

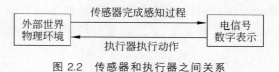

图 2.2 传感器和执行器之间关系

执行器可以分为机械执行器、电子执行器等多种类型,每一种类型都存在多种执行器。

**4. 通信模块**

携带传感器和执行器的智能物体的应用场合是多种多样的,有的应用场合要求智能物体只能电池供电,且放置智能物体后,较长时间内无法更换电池。有的应用场合要求对环境进行高密度监测,因此,需要密集分布大量的携带传感器的智能物体。所以,智能物体通信技术往往具有以下特点。

- 无线通信。
- 低功耗。
- 通信协议容易实现。
- 能够根据需要实现远距离通信。
- 能够根据需要构成无线 mesh 网络。

**5. 电源模块**

大部分智能物体采用电池供电,且供电系统需要考虑省电功能。因此,一是需要提高电能的使用效率;二是需要对电源实施智能管理。由于通信模块是耗电比较大的模块,因此,要求通信模块在不需要通信时能够进入休眠状态,且尽量降低通信时发射的信号能量。同样,处理器模块能够根据需要启动处理能力,尽量降低工作时的能耗。传感器模块和执行器模块也需要工作在省电模式。

## 2.1.2 智能物体分类

根据智能物体的处理能力和存储能力分类智能物体,将智能物体分为以下 3 类。

**1. 智能物体种类 0**

这一类智能物体的处理能力和存储能力非常有限,存储器容量一般小于 10KB,闪存容量小于 100KB。因此,一是无法实现完整的 IP 协议栈;二是无法实现较强的安全功能;三是无法实现对自身的管理和诊断功能。由于采用电池供电,通信模块需要有较多时间处于休眠状态,导致通信间隔较长,通信速率较低。

**2. 智能物体种类 1**

这一类智能物体的处理能力和存储能力与智能物体种类 0 相比,有所提高。电池供电能力有所增强,更换电池相对容易。因此,一是虽然无法实现完整的 IP 协议栈,但可以实现优化后的针对受限智能物体的 IP 通信协议栈;二是可以实现基本的安全功能;三是能够提供基本的管理功能;四是通信模块可以提供较高的数据传输速率。

**3. 智能物体种类 2**

这一类智能物体具有和 PC 相似的处理能力、存储能力和电源供电能力,因此,一是能够实现完整的 IP 协议栈;二是能够实现所需的安全功能。但通信模块的传输速率无法与 PC 等相提并论。

## 2.1.3 智能物体发展趋势

**1. 尺寸越来越小**

智能物体的尺寸将越来越小,这样,可以在较小的空间布置大量的智能物体。随着微机电系统(Micro-Electro-Mechanical System,MEMS)的发展和应用,智能物体的尺寸已经小到肉眼无法看见的程度,这样的智能物体可以嵌入任何日常物体中。

**2. 耗电量越来越低**

各个模块尽量使用低功耗技术。传感器采用被动工作方式,通信模块采用低功耗通信协议,采用智能化的电源管理技术对电源工作过程实施管理。

**3. 处理能力越来越强**

处理器尺寸越来越小,处理能力越来越强,使得智能物体的应用领域越来越广泛。处理器也能实现相对复杂的通信协议栈,如 IP 协议栈。

**4. 通信能力不断改善**

在满足低功耗的前提下,传输速率不断提高,传输距离不断增加,适用于物联网的通信协议不断被开发,使得物联网的应用领域和应用场景不断拓展。

**5. 通信协议越来越标准化**

物联网的广泛应用和物联网设备研发厂家的不断增多,要求对通信协议进行标准化。

越来越多的联盟和组织参与通信协议的标准化工作,使得不同厂家的智能物体之间的互连越来越成为可能。物联网应用将进入一个新的阶段。

## 2.2  传感器

传感器用于实现对物理世界的感知功能,用于获取反映物理世界物理特性的大量数据。不同的被测量物理量对应着不同的传感器。传感器的发展是物联网得到广泛应用的基础。

### 2.2.1  传感器分类

可以根据不同特性对传感器进行分类。

**1. 主动传感器和被动传感器**

主动传感器要求外部供电,传感器在外部供电下感知外部环境,并产生和输出信号。被动传感器不需要外部供电,在接收到外部提供的信号时,利用外部信号的能量感知外部环境,并产生和输出信号。

**2. 侵入性传感器和非侵入性传感器**

侵入性传感器需要成为感知的外部环境的一部分,非侵入性传感器只需要在外部环境的外面感知外部环境。

**3. 接触式传感器和非接触式传感器**

接触式传感器需要物理接触感知的外部环境,非接触式传感器不需要物理接触感知的外部环境。

**4. 绝对传感器和相对传感器**

绝对传感器输出的值是感知外部环境后得到的绝对值,相对传感器输出的值是感知外部环境后得到的相对某个参考值的相对值。

**5. 应用领域**

可以根据传感器的应用领域对传感器分类,如工业物联网传感器、智能家居传感器等。

**6. 测量原理**

可以根据传感器感知外部环境的物理学机制对传感器分类,如热电传感器、电化学传感器、压阻式传感器、光学传感器、电传感器、流体力学传感器、光电传感器等。

**7. 测量对象**

可以根据传感器测量的物理量对传感器分类,如测量物体温度的温度传感器、测量物体湿度的湿度传感器、测量光线强度的光敏传感器等。

### 2.2.2　常见传感器类型及应用

传感器是目前发展较快,应用极其广泛的设备,是实现物联网的基础。针对可以想象到的物理世界中的每一种物理量,都存在对应的传感器。现有的传感器类型几乎可以测量所有应该测量的物理量,表 2.1 列出几种常见的传感器类型及其功能描述。

表 2.1　常见的传感器类型及其功能描述

| 传感器类型 | 功　能 | 传感器例子 |
| --- | --- | --- |
| 定位传感器 | 用于测量物体的位置。测量的位置可以是物体位置的绝对值,也可以是物体位置的相对值,如物体针对某个位置的位移量 | 电位计<br>倾角计<br>近距离传感器 |
| 占用和移动传感器 | 占用传感器用于检测在监视区域内是否存在人或动物。移动传感器用于检测监视区域内的人或物体是否发生移动 | 电子眼<br>雷达 |
| 速度和加速度传感器 | 速度传感器用于检测物体沿着直线的移动速度(线性传感器)或者物体的旋转速度(角速度传感器)。加速度传感器用于检测物体速度的变化量 | 加速度计<br>陀螺仪 |
| 力传感器 | 用于检测是否有物理力作用到某个物体上以及作用的力的大小是否超过阈值 | 测力计<br>黏度计<br>触觉传感器 |
| 压强传感器 | 用于检测液体或气体作用在物体上的力,通常测量单位面积内作用的力的大小 | 气压计<br>压强计 |
| 流传感器 | 用于检测液体流动的速度。用于测量指定时间间隔内通过某个系统的液体的量 | 流量传感器<br>水量计(水表) |
| 声传感器 | 用于测量声级,并将被测量信息转换成数字或模拟信号 | 麦克风<br>地音探听器<br>水诊器 |
| 湿度传感器 | 用于测量空气中的湿度,测量值可以是绝对湿度、相对湿度 | 湿度计<br>保湿器<br>土壤水分传感器 |
| 光线传感器 | 用于检测光线的存在和亮度 | 红外传感器<br>光电探测器<br>火焰检测器 |
| 温度传感器 | 用于检测物体的热度或冷度。通常分为接触式检测和非接触式检测,接触式检测需要物理接触被检测物体。非接触式检测通过对流和辐射检测物体温度 | 温度计<br>热量计<br>温度测试表 |
| 化学传感器 | 用于检测系统中化学物质的浓度,对于混合物,需要选择特定化学物质传感器,如用二氧化碳传感器检测混合物中的二氧化碳 | 酒精测试仪<br>嗅觉计<br>烟雾探测器 |
| 生物传感器 | 用于检测各种生物元素,如各种微生物、组织、细胞、酶、抗体和核酸等 | 脉搏血氧仪<br>心电图 |
| 辐射传感器 | 用于检测环境中是否存在辐射及辐射强度 | 盖革-米勒计数器<br>闪烁体<br>中子探测器 |

### 2.2.3 智能手机与传感器

传感器尺寸越来越小、价格越来越便宜,使得可以在物体中嵌入大量传感器,以此增强该物体的功能。一部智能手机可能配置十几个传感器,如表 2.2 所示。智能手机之所以如此普及,与配置的传感器密不可分。移动互联网开辟的大量新的应用领域也与智能手机配置的传感器密不可分。

表 2.2 智能手机中的传感器及功能

| 传感器名称 | 功 能 |
|---|---|
| 距离传感器 | 检测物体与屏幕之间的距离,主要用于检测是否有物体靠近屏幕 |
| 磁力计 | 测试磁场强度和方向,可以测量出手机与东南西北四个方向之间的夹角,从而定位手机的方位 |
| 加速传感器 | 感知任意方向上的加速度,轴向的加速度大小和方向($X$、$Y$、$Z$)。测量手机三轴方向的受力情况 |
| 陀螺仪 | 测量三维坐标系内陀螺转子的垂直轴与设备之间的夹角,并计算角速度。通过夹角和角速度来判别物体在三维空间的运动状态。三轴陀螺仪可以同时测定上、下、左、右、前、后 6 个方向(合成方向同样可分解为三轴坐标)。可以据此判断出手机的移动轨迹和加速度 |
| 湿度传感器 | 手机接触的空气的湿度 |
| 麦克风 | 用于完成声电转换 |
| 指纹传感器 | 用于识别个体指纹特征 |
| 数字气压传感器 | 测量气体的绝对压强,通过测量大气压强计算出手机的海拔高度 |
| 温度计 | 用于测量手机自身电池、CPU 等元件的温度 |
| 触摸屏 | 检测对屏的触摸动作和触摸位置 |
| 光线传感器 | 检测手机所处环境的光线亮度 |
| 全球定位系统(Global Positioning System,GPS) | 获取移动手机的位置信息,即经纬度坐标 |
| 照相机 | 景物反射的光线通过相机的镜头透射到电荷耦合元件(Charge-Coupled Device,CCD)上,CCD 将光线转换成对应的电信号 |
| 计步器 | 是陀螺仪和加速传感器综合应用的结果,陀螺仪获知手机在三维空间的运动状态,加速传感器可以获知手机三轴方向上的加速度,以此综合判别手机携带者的步数 |

## 2.3 执行器

物联网感知物理世界的目的是为了控制物理世界,执行器是实现对物理世界控制的末端设备。控制物理世界需要对物理世界加载各种各样的动作,因此,存在多种能够对物理世界加载不同动作的执行器。

### 2.3.1 执行器分类

可以根据执行器的不同特性对执行器分类。

**1. 移动方式**

可以根据执行器的移动方式来分类执行器,如直线移动的线性执行器、旋转移动的旋转执行器、三个轴方向移动的三轴执行器等。

**2. 输出功率**

可以根据执行器的输出功率来分类执行器,如大功率执行器、中功率执行器和微功率执行器等。

**3. 输出状态**

可以根据执行器的输出状态来分类执行器,如离散状态执行器、连续状态执行器。离散状态执行器可以是输出高电平和低电平两种不同电平的执行器。连续状态执行器可以是输出模拟信号的执行器。

**4. 应用领域**

可以根据执行器的应用领域来分类执行器,如智能家居执行器、工业物联网执行器等。

**5. 能量**

可以根据驱动执行器完成动作的能量类型分类执行器,如机械执行器、电子执行器等。

### 2.3.2 常见执行器类型

执行器的功能是对物理世界加载动作。执行器需要在能量的驱动下完成动作,根据驱动执行器的能量的不同,可以将执行器划分为如表 2.3 所示的不同类型。

表 2.3 根据能量分类的执行器实例

| 类 型 | 实 例 |
| --- | --- |
| 机械执行器 | 杠杆、螺旋千斤顶、手动曲柄 |
| 电子执行器 | 晶体闸流管、双极型晶体管、二极管 |
| 电子机械执行器 | 交流电机、直流电机、步进电机 |
| 电磁执行器 | 电磁铁、线性电子阀 |
| 液压与气动执行器 | 液压缸、气压缸、活塞、压力控制阀、空气发动机 |
| 智能材料执行器 | 形状记忆合金、离子交换液、磁约束材料、双金属片、双压电晶片 |
| 微-纳执行器 | 静电微电机、微型阀、梳齿驱动器 |

### 2.3.3 传感器和执行器互动实例

实际物联网应用中,传感器用于感知物理世界,执行器根据传感器感知物理世界的结果对物理世界实施动作。

#### 1. 智能家居结构

如图 2.3 所示是一个用于说明传感器和执行器互动过程的简单智能家居结构。该智能家居中存在 3 个传感器,分别是二氧化碳传感器、一氧化碳传感器和温度传感器。存在 3 个执行器,分别是空调、换气扇和窗户。传感器用于感知家居环境参数,执行器用于调整家居环境。智能家居的目的是将家居环境维持在一个舒适的程度。为了实现这一目标,一是需要设定符合舒适程度的家居环境参数值;二是需要传感器不断感知实际的家居环境参数值;三是在传感器感知到的实际家居环境参数值与符合舒适程度的家居环境参数值之间存在偏差时,通过执行器调整家居环境过程,使得实际家居环境参数值达到符合舒适程度的家居环境参数值。

如图 2.3 所示的简单智能家居中,传感器可以将感知到的实际家居环境参数值上传给云平台。云平台可以生成用于控制执行器动作的命令,并将命令发送给执行器。云平台中可以配置控制策略,通过控制策略对传感器和执行器之间的互动过程实施控制。

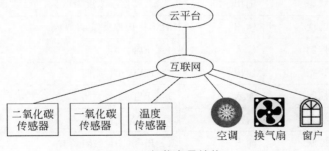

图 2.3 智能家居结构

#### 2. 传感器和执行器

图 2.4 给出智能家居中使用的传感器和执行器的输入/输出接口。如图 2.4(a)所示是三个传感器的输出接口,二氧化碳和一氧化碳传感器分别有用于输出浓度和状态的两个输出接口。温度传感器有用于输出摄氏温度的一个输出接口。如图 2.4(b)所示是三个执行器的输入/输出接口,这三个执行器分别存在用于输入控制信号的一个输入接口和用于输出执行器状态的一个输出接口。

#### 3. 传感器和执行器属性

传感器和执行器通过输入/输出接口输入/输出的数字量的格式和含义如表 2.4 所示。

27

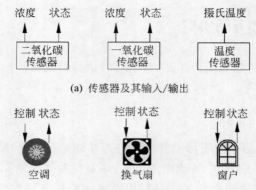

(a) 传感器及其输入/输出

(b) 执行器及其输入/输出

图 2.4 传感器和执行器

表 2.4 传感器和执行器属性

| 设 备 名 称 | 数据含义 | 输入/输出 | 数 据 格 式 |
|---|---|---|---|
| 一氧化碳传感器 | 浓度 | 输出 | 以百分制方式给出的实数值 |
| 一氧化碳传感器 | 状态 | 输出 | 1：一氧化碳浓度＞20％。0：一氧化碳浓度≤20％ |
| 二氧化碳传感器 | 浓度 | 输出 | 以百分制方式给出的实数值 |
| 二氧化碳传感器 | 状态 | 输出 | 1：二氧化碳浓度＞60％。0：二氧化碳浓度≤60％ |
| 温度传感器 | 温度 | 输出 | 表示摄氏温度的实数值 |
| 空调 | 控制 | 输入 | 1：开启。0：关闭 |
| 空调 | 状态 | 输出 | 1：开启。0：关闭 |
| 换气扇 | 控制 | 输入 | 1：开启。0：关闭 |
| 换气扇 | 状态 | 输出 | 1：开启。0：关闭 |
| 窗户 | 控制 | 输入 | 1：开启。0：关闭 |
| 窗户 | 状态 | 输出 | 1：开启。0：关闭 |

**4. 控制策略**

为了将智能家居的环境维持一个舒适的程度，制定以下控制策略，通过控制策略对传感器和执行器的互动过程实施控制。如控制策略①要求通过一氧化碳传感器与空调和换气扇这两个执行器之间的互动，将一氧化碳浓度维持在 20％以下。

① 通过关联一氧化碳传感器与换气扇和窗户将一氧化碳浓度控制在 20％以下。

② 通过关联二氧化碳传感器与换气扇和窗户将二氧化碳浓度控制在 60％以下。

③通过关联温度传感器与空调，将温度控制在 30℃以下。

**5. 条件和动作**

实际操作过程中，用条件和动作描述传感器和执行器之间的互动过程，通过条件指定启动执行器动作的实际家居环境参数值。通过动作指定执行器为调整家居环境而实施的动作。如名称为 Y1 的条件和动作中的条件"一氧化碳浓度＞20％ ‖ 二氧化碳浓度＞60％"用于指定启动执行器动作的实际家居环境参数值为：一氧化碳浓度＞20％或者二氧化碳浓度＞60％。动作"开窗、开换气扇"用于指定执行器为调整家居环境实施的动作是：打开窗户和启动换气扇。上述三条控制策略对应的条件和动作如表 2.5 所示。

表 2.5　条件和动作

| 名　称 | 条　件 | 动　作 |
|---|---|---|
| Y1 | 一氧化碳浓度＞20％ ‖ 二氧化碳浓度＞60％ | 开窗、开换气扇 |
| Y2 | 温度＞30℃ | 开空调 |

## 2.4　智能物体实例

不同的物联网应用场景，需要配置不同的智能物体，通过对一些常用的智能物体的介绍，了解智能物体的特性，掌握智能物体在不同物联网应用场景中的作用。

### 2.4.1　智能物体特性

#### 1. 传感器或执行器

智能物体包含传感器或执行器模块，传感器模块如图 2.5(a)所示，感知元件用于感知需要测量的物理量，针对不同的物理量，有着不同的感知元件，如将光敏电阻作为用于测量光线强度的感知元件。感知元件将被测量的物理量转换为有着对应关系的另一个物理量，如光敏电阻将被测量的光线强度转换为有着对应关系的电阻值。转换电路将感知元件感知后的物理量转换为电信号，如将光敏元件感知后的电阻值转换为对应幅度的电信号。A/D 转换器将电信号转换为数字。传感器模块的输出是感知被测量的物理量后得到的有着对应关系的数字。

执行器模块如图 2.5(b)所示，输入是数字，D/A 转换器将数字转换为电信号，驱动电路将电信号转换为执行机构需要的驱动信号。执行机构完成输入数字对应的动作。

#### 2. I/O 接口

有些智能物体包含输入输出接口(I/O 接口)，传感器模块的数字输出可以通过输出接口传输给外接电路，同样，外接电路可以通过输入接口输入用于控制执行器完成对应动作的数字输入。

#### 3. 网络接口

智能物体通过网络接口连接接入网络或直接接入互联网，智能物体的网络接口包括以太网接口、无线局域网接口、蓝牙接口、NB-IoT 接口、蜂窝移动网络接口、LoRa 接口、ZigBee接口等。

### 4. 连接到云平台的功能

智能物体通过互联网将传感器模块感知到的数据上传到云平台,或者从云平台接收控制命令,让执行器完成控制命令要求的动作。智能物体与云平台之间交换数据前,需要建立与云平台之间的连接。通常情况下,需要在云平台为每一个智能物体创建一个项目,创建项目时,为该项目指定名称、唯一标识符和共享密钥等。智能物体连接到互联网后,需要发起与云平台之间的连接建立过程,建立连接时,需要提供创建项目时为该项目指定的唯一标识符和共享密钥等。云平台完成对智能物体的身份鉴别后,建立与该智能物体之间的连接,然后,通过建立的连接,完成与智能物体之间的数据交换过程。

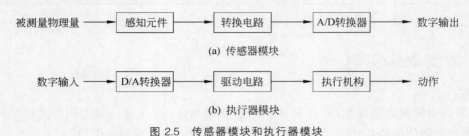

(a) 传感器模块

(b) 执行器模块

图 2.5　传感器模块和执行器模块

## 2.4.2　常见智能物体介绍

### 1. 二氧化碳传感器

二氧化碳传感器主要用于感知外部环境的二氧化碳浓度。它的数字输出包括两部分,一是表示二氧化碳浓度的值,范围是 0~100,表示二氧化碳在空气中所占的比例,0 表示所占比例是 0,100 表示所占比例是 100%;二是一位状态位,如果二氧化碳浓度超过 60%,即传感器值超过 60.0,状态位为 1,否则状态位为 0。

二氧化碳传感器的网络接口类型可选,可以选择以太网接口、无线局域网接口、3G/4G接口和蓝牙接口等。

二氧化碳传感器可以与云平台之间建立连接,开始建立连接前,需要在云平台创建项目,并在二氧化碳传感器中配置云平台的域名或 IP 地址以及云平台创建项目时指定的唯一标识符和共享密钥。二氧化碳传感器与云平台之间建立连接后,自动向云平台传输传感器的数字输出。所有授权访问二氧化碳传感器数字输出的用户可以通过登录云平台查看二氧化碳传感器的数字输出。

### 2. 湿度传感器

湿度传感器主要用于感知外部环境的湿度。它的数字输出是表示外部环境相对湿度的值,范围是 0~100,0 表示相对湿度是 0,100 表示相对湿度是 100%。

湿度传感器的网络接口类型以及与云平台建立连接的方式和二氧化碳传感器相同。

### 3. 温度传感器

温度传感器主要用于感知外部环境的温度。它的数字输出是表示外部环境摄氏温度的值,范围是$-100\sim100$,$-100$表示温度是零下100℃,100表示温度是零上100℃。

温度传感器的网络接口类型以及与云平台建立连接的方式和二氧化碳传感器相同。

### 4. 烟雾传感器

烟雾传感器主要用于感知外部环境的烟雾浓度。它的数字输出包括两部分,一是表示烟雾浓度的值,范围是$0\sim100$,表示烟雾在空气中所占的比例,0表示所占比例是0%,100表示所占比例是100%;二是一位状态位,如果烟雾浓度超过40%,即传感器值超过40.0,状态位为1,否则状态位为0。

烟雾传感器的网络接口类型以及与云平台建立连接的方式和二氧化碳传感器相同。

### 5. 移动探测器

用于探测监视范围内是否有人、动物或物体移动。数字输出是一位状态位,如果探测到监视范围内有人、动物或物体移动,状态位为1。如果连续5s没有探测到监视范围内有人、动物或物体移动,状态位为0。

移动探测器的网络接口类型以及与云平台建立连接的方式和二氧化碳传感器相同。

### 6. 智能路灯

智能路灯的功能有三个,一是能够检测外部环境的光线强度,在检测到光线强度低于阈值时,自动开灯,而且灯光强度随着检测到的外部环境光线强度的变化而变化,外部环境的光线强度越弱,灯光的强度越强;二是能够监测是否有人、动物和物体靠近它,并且能够判别靠近它的人、动物和物体数量;三是可以在与云平台建立连接后,将检测到的外部环境的光线强度以及人、动物和物体靠近它的过程传输给云平台。

光线强度检测结果包括两个数字输出,一是光线强度的数字输出,其范围是$0\sim1000$,0表示光线强度最弱,1000表示光线强度最强,自动开灯的阈值是330。二是梯度信号,用于表示光线强度的变化过程,$-1$表示光线强度减弱,0表示光线强度不变,1表示光线强度增强。

移动检测结果也包括两个数字输出,一是监测到的靠近它的人、动物和物体的数量;二是梯度信号,用于表示靠近它的人、动物和物体的数量的变化过程,$-1$表示数量减少,0表示数量不变,1表示数量增加。

智能路灯的网络接口类型以及与云平台建立连接的方式和二氧化碳传感器相同。

### 7. 数字摄像机

数字摄像机在接收到开机命令后,启动摄像过程,并按照约定格式将视频转换成二进制位流,上传到云平台。数字摄像机的数字输入是一位控制位,用于控制数字摄像机开机(控制位为1)和关机(控制位为0)。数字摄像机的数字输出是特定格式的二进制位流。

数字摄像机的网络接口类型以及与云平台建立连接的方式和二氧化碳传感器相同。

### 8. RFID 读卡器

RFID读卡器用于近距离、无接触读取RFID卡中的信息。与云平台建立连接后,可以通过云平台设置有效RFID卡号范围。正常工作时,RFID读卡器包括两个数字输出,一是读取到的RFID卡号,其范围是大于或等于0的整数;二是两位状态位,00表示卡号有效,01

表示卡号无效,10 表示处于等待状态。与云平台建立连接后,RFID 读卡器可以实时地将状态和读取的 RFID 卡号上传到云平台。

RFID 读卡器的网络接口类型以及与云平台建立连接的方式和二氧化碳传感器相同。

### 9. 制冷空调

制冷空调用于降低温度和湿度。可以通过 I/O 接口直接控制空调开机和关机。在建立与云平台之间的连接后,可以通过云平台控制空调的开机和关机。通过网络实现的数字输入有一位控制位,用于控制空调的开机(控制位为 1)和关机(控制位为 0)。I/O 接口设置一路数字输入接口,通过该数字输入接口输入 1,空调开机;通过该数字输入接口输入 0,空调关机。

制冷空调的网络接口类型以及与云平台建立连接的方式和二氧化碳传感器相同。

### 10. 智能门

智能门可以通过 I/O 接口控制开锁和上锁、开门和关门。在建立与云平台之间的连接后,可以通过云平台远程控制开锁和上锁。

与云平台交换的有一位控制位和两位状态位。一位控制位用于远程控制开锁(控制位为 0)和上锁(控制位为 1)。一位状态位用于报告门的状态:开门(状态位为 0)或关门(状态位为 1)。一位状态位用于报告锁的状态:开锁(状态位为 0)或上锁(状态位为 1)。

I/O 接口设置一路数字输入接口,通过该数字输入接口输入 00,智能门关门、上锁;通过该数字输入接口输入 01,智能门关门、开锁;通过该数字输入接口输入 11,智能门开门、开锁。

智能门的网络接口类型以及与云平台建立连接的方式和二氧化碳传感器相同。

### 11. 智能鼓风机

智能鼓风机可以通过 I/O 接口控制开机和风速。在建立与云平台之间的连接后,可以通过云平台远程控制开机和风速。

与云平台交换的有两位控制位和两位状态位。两位控制位用于远程控制关机(控制位为 00)、低速(控制位为 01)和高速(控制位为 10);两位状态位用于报告鼓风机的状态,关机(状态位为 00)、低速(状态位为 01)和高速(状态位为 01)。

I/O 接口设置一路数字输入接口,通过该数字输入接口输入 00,鼓风机关机;通过该数字输入接口输入 01,鼓风机低速;通过该数字输入接口输入 10,鼓风机高速。

智能鼓风机的网络接口类型以及与云平台建立连接的方式和二氧化碳传感器相同。

### 12. 智能暖气机

智能暖气机可以通过 I/O 接口控制开机和关机。在建立与云平台之间的连接后,可以通过云平台远程控制开机和关机。

与云平台交换的有一位控制位和一位状态位。一位控制位用于远程控制关机(控制位为 0)和开机(控制位为 1)。一位状态位用于报告暖气机的状态:关机(状态位为 0)和开机(状态位为 1)。

I/O 接口设置一路数字输入接口,通过该数字输入接口输入 0,暖气机关机;通过该数字输入接口输入 1,暖气机开机。

智能暖气机的网络接口类型以及与云平台建立连接的方式和二氧化碳传感器相同。

**13. 智能报警器**

智能报警器可以通过 I/O 接口关闭和开启报警器。在建立与云平台之间的连接后,可以通过云平台远程关闭和开启报警器。

与云平台交换的有一位控制位和一位状态位。一位控制位用于远程关闭(控制位为 0)和开启报警器(控制位为 1);一位状态位用于报告报警器的状态:关闭(状态位为 0)和开启(状态位为 1)。

I/O 接口设置一路数字输入接口,通过该数字输入接口输入 0,关闭报警器;通过该数字输入接口输入 1,开启报警器。

智能报警器的网络接口类型以及与云平台建立连接的方式和二氧化碳传感器相同。

## 本章小结

- 智能物体是具有处理能力、存储能力、通信能力、传感或执行能力的物体。
- 智能物体根据处理能力和存储能力的不同可以分为 3 类。
- 传感器用于实现对物理世界的感知功能。
- 存在多种用于分类传感器的特性。
- 传感器对拓展手机应用领域意义巨大。
- 执行器的功能是对物理世界加载动作。
- 控制策略用于控制传感器和执行器之间的互动过程。
- 用条件和动作描述控制策略实施过程。
- 有些智能物体既可直接通过 I/O 接口完成输入/输出,也可通过网络接口完成输入/输出。

## 习题

2.1　简述智能物体的定义。

2.2　简述智能物体分类的依据,以及每一类的特点。

2.3　简述智能物体的发展趋势。

2.4　列出用于分类传感器的特性。

2.5　列举几种传感器,并简述它们的用途。

2.6　简述传感器与拓展手机应用领域之间的关系。

2.7　列举几种执行器,并简述它们的用途。

2.8　简述智能家居中传感器和执行器之间的互动过程。

2.9　简述控制策略与条件和动作之间的关系。

2.10　智能物体为什么需要与云平台建立连接?

2.11　智能物体直接通过 I/O 接口完成输入/输出与通过网络接口完成输入/输出有什么区别?

# 第 3 章　无线通信网络

物联网的传输网络由接入网和互联网组成,接入网用于实现智能物体之间、智能物体与网关之间的通信过程,鉴于智能物体的特性,接入网通常为无线通信网络。

## 3.1　无线通信网络分类

无线通信网络分类标准有通信距离、传输速率、频段特性、功耗和拓扑结构等。

### 3.1.1　物联网和无线通信网络

物联网和无线通信网络之间的关系如图 3.1 所示。图 3.1 中的 LoRa、Bluetooth LE 和 ZigBee 等无线通信网络主要用于实现将智能物体接入互联网以及实现智能物体之间通信过程的功能。为了讨论方便以及与互联网相区别,将图 3.1 中用于实现将智能物体接入互联网以及实现智能物体之间通信过程的功能的无线通信网络称为接入网,因此,讨论物联网中的通信网络时,主要讨论物联网中的接入网。

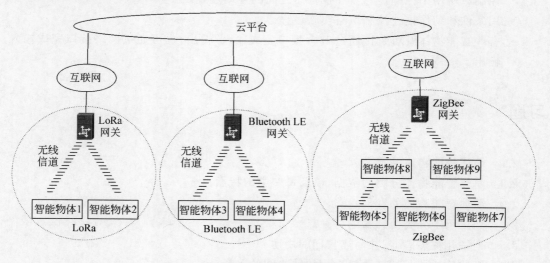

图 3.1　物联网和无线通信网络之间的关系

### 3.1.2　无线通信网络分类标准

#### 1. 通信距离

根据通信距离可以将无线通信网络分为短距离、中距离和远距离无线通信网络。

1）短距离无线通信网络

短距离无线通信网络的通信距离在几十米以内，典型的短距离无线通信网络有 Bluetooth LE 等。

2）中距离无线通信网络

中距离无线通信网络是主要的接入网，通信距离在几十米至几百米，许多无线通信网络可以归于这一类，典型的中距离无线通信网络有 ZigBee 和 802.11AH 等。

3）远距离无线通信网络

远距离无线通信网络的通信距离在 1km 以上，典型的远距离无线通信网络有 LoRa、NB-IoT、4G、5G 等。

**2. 频段**

1）授权频段

电磁波频段是重要的资源，由专门部门进行分配。授权频段是指由该专门部门授权某个单位使用的频段。使用授权频段的无线通信网络一般是远距离无线通信网络，如 4G、NB-IoT 和 WiMAX 等，这些无线通信网络通常由服务提供者部署通信基础设施。因此，使用这些无线通信网络的设备需要完成注册过程，使用过程中通常需要支付一定的费用。由于存在服务提供者，因此，通信质量有所保障。但对于大量智能物体之间需要完成通信过程的情况，使用服务提供者实现的无线通信网络是比较复杂和昂贵的。

2）非授权频段

非授权频段一般是指专门开放给工业、科学和医疗（Industrial，Scientific，and Medical，ISM）使用的电磁波频段 。由于这些频段自由使用，一是存在干扰的可能，二是需要对 ISM 频段的发射能量有所限制。因此，使用非授权频段的无线通信网络一般是短距离或中距离无线通信网络，如 Bluetooth LE、ZigBee 和 802.11AH 等。

由于自由使用非授权频段，因此，可以自由构建使用非授权频段的无线通信网络，从而容易实现大量智能物体之间的通信过程。但无法保障这些无线通信网络的通信质量。

需要说明的是，ISM 频段中存在 Sub-GHz 频段，对于这个频段的电磁波，由于能够更好地渗透建筑物，绕过障碍物，从而可以实现远距离传播。因此，可以通过 Sub-GHz 频段实现远距离无线通信网络，如 LoRa。但同样无法保障 LoRa 这样使用非授权频段的无线通信网络的通信质量。

**3. 功耗**

智能物体的供电方式分为直接供电和电池供电两种。直接供电方式对功耗没有限制，但对智能物体的安放位置和移动性有所限制。电池供电方式对功耗有所限制，但对智能物体的安放位置和移动性没有限制。电池供电方式一般对电池续航时间有所要求，有的应用场景，要求电池续航时间在 10 年左右，这就对智能物体的功耗提出了严格限制。

无线通信网络需要满足低功耗的要求，以便电池供电的智能物体能够实现通信过程。典型的低功耗无线通信网络是低功耗广域网（Low-Power Wide-Area，LPWA），LoRa 就是一种 LPWA。

### 4. 拓扑结构

无线通信网络常见拓扑结构有星状、树状和网状这三种。短距离和远距离无线通信网络中,星状拓扑结构占主导地位,如 Bluetooth LE、蜂窝移动通信网络(4G 等)和 LPWA 等。中距离无线通信网络中,星状、树状和网状都是常见拓扑结构。

星状拓扑结构如图 3.2(a)所示,存在中心结点,中心结点一般也是控制结点,如蜂窝移动通信网络中的基站,需要通过中心结点完成其他结点之间的通信过程。

树状拓扑结构如图 3.2(b)所示,存在全功能结点和精简功能结点,精简功能结点通常是叶结点,全功能结点连接叶结点,通常是叶结点的父结点。树状拓扑结构的特点是任何两个结点之间只存在单条传输路径,即结点之间不存在环路。

网状拓扑结构如图 3.2(c)所示,与树状拓扑结构不同的是,两个结点之间可以存在多条传输路径,即允许结点之间存在环路。

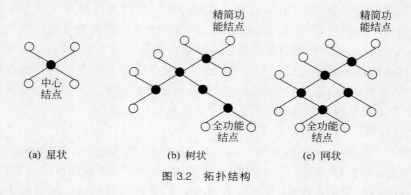

(a) 星状　　　　　　(b) 树状　　　　　　(c) 网状

图 3.2　拓扑结构

网状拓扑结构和树状拓扑结构与星状拓扑结构不同,位于通信范围内的任何两个结点之间可以相互通信,因此称为点对点(Peer-to-Peer)拓扑结构。

为了实现网状拓扑结构和树状拓扑结构中结点之间的通信过程,需要第二层转发协议或第三层转发协议,第二层转发协议称为 mesh-under 转发协议,第三层转发协议称为 mesh-over 转发协议。

需要说明的是,电池供电的智能物体一般不适合作为全功能结点。

### 5. 受限结点

智能物体可以根据 CPU 处理能力、内存储器容量、外存储器容量、供电方式等进行分类,类型 0 智能物体有着非常有限的 CPU 处理能力,非常小的内存储器容量和外存储器容量,采用电池供电方式,这种类型的智能物体称为受限结点,表示结点的能力非常有限。

类型 1 智能物体比类型 0 智能物体有所改善,无论是 CPU 处理能力,还是内存储器和外存储器容量都比类型 0 有所增强。但依然无法正常实现完整的通信协议栈。

类型 2 是具有正常能力的智能物体,可以实现无线通信网络要求的完整协议栈。

可以根据对连接的智能物体的能力要求分类无线通信网络。实现受限结点之间通信过程的无线通信网络必须是低功耗、协议实现简单的无线通信网络,这种类型的网络称为低功耗有损网络(LLNs)。连接具有正常能力的智能物体的网络可以是 Wi-Fi、蜂窝移动通信网络等,具有正常能力的智能物体可以是笔记本电脑和智能手机等。

## 3.2　Bluetooth LE

Bluetooth LE 是一种通信距离短、传输速率较高、使用 2.4GHz 非授权频段的无线通信网络。

### 3.2.1　拓扑结构和特性

#### 1. Bluetooth LE 拓扑结构

早期的 Bluetooth LE 规范只支持微微网,微微网如图 3.3(a)所示,是星状拓扑结构。其中一个设备是主设备,其他设备是从设备,从设备建立与主设备之间的连接后,可以与主设备相互交换数据。后来的 Bluetooth LE 规范支持散射网,如图 3.3(b)所示的散射网中,某个微微网中的从设备又是另一个微微网中的从设备,该从设备可以同时与多个位于不同微微网中的主设备建立连接。如图 3.3(c)所示的散射网中,某个微微网中的从设备又是另一个微微网中的主设备,该设备既可以作为从设备建立与位于某个微微网中的主设备之间的连接。又可以作为主设备建立与多个位于另一个微微网中的从设备之间的连接。本节主要讨论 Bluetooth LE 的星状拓扑结构。

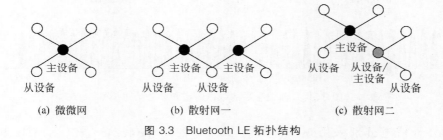

图 3.3　Bluetooth LE 拓扑结构

#### 2. Bluetooth LE 特性

Bluetooth LE 具有如下特性。
- 传输距离近。
- 功耗小。
- 成本低。
- 网络设备容量大。

### 3.2.2　物理层

Bluetooth LE 物理层实现经过无线信道传输二进制位流的功能,涉及信道使用的频段、调制和解调技术等。

### 1. 信道

Bluetooth LE 使用的频带范围是 2401～2481 MHz,划分为 40 个信道,40 个物理信道的编号分别是 0～39,如图 3.4 所示。每一个信道占用 2MHz 带宽,每一个信道的中心频率和信道编号之间的关系如式(3.1)所示。例如,信道 0 的中心频率($f_0$)是 2402MHz,表明信道 0 的频带范围是 2401～2403MHz;信道 12 的中心频率($f_{12}$)是 2426MHz,表明信道 12 的频带范围是 2425～2427MHz。

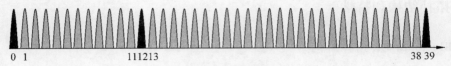

图 3.4　40 个物理信道及其编号

$$f_k = 2402 + k \times 2 (\text{MHz}); k = 0, 1, 2, \cdots, 39 \tag{3.1}$$

40 个物理信道分为公告信道和数据信道。公告信道的作用有三个,一是用于发现设备;二是用于建立主设备和从设备之间的连接;三是用于以广播方式发送和接收数据。数据信道的作用是实现主设备和指定从设备之间的数据传输过程。编号为 0、12 和 39 的 3 个物理信道作为公告信道,其他 37 个信道作为数据信道。为了便于调频,将 37 个数据信道重新编号为 0～36,将 3 个公告信道重新编号为 37、38 和 39,如图 3.5 所示。

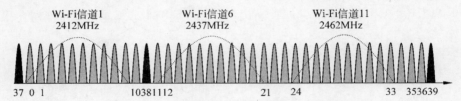

图 3.5　重新编号后的数据信道和公告信道编号

3 个公告信道分别采用频带范围为 2401～2403MHz、2425～2427MHz 和 2479～2481MHz 的物理信道的目的是为了尽可能减少干扰。Bluetooth LE 使用的频带范围与无线局域网使用的频带范围是高度重叠的,无线局域网中频带范围完全没有重叠的信道分别是信道 1、6 和 11,因此,无线局域网最有可能使用的信道分别是信道 1、6 和 11。为了尽可能减少干扰,需要使得公告信道的频带范围与无线局域网信道 1、6 和 11 的频带范围之间没有重叠。无线局域网信道 1 的中心频率如图 3.5 所示,是 2412MHz,无线局域网的每一个信道占用 22MHz 带宽,因此,无线局域网信道 1 的频带范围是 2401～2423MHz。但无线局域网每一个信道实际只使用 20MHz 带宽,频带范围 2401～2403MHz 只是作为隔离频带,从而使得 Bluetooth LE 频带范围为 2401～2403MHz 的公告信道与无线局域网信道 1 实际使用的频带之间没有重叠,如图 3.5 所示。无线局域网信道 6 的中心频率是 2437MHz,频带范围是 2426～2448MHz。同样,频带范围 2426～2428MHz 只是作为隔离频带,从而使得 Bluetooth LE 频带范围为 2425～2427MHz 的公告信道与无线局域网信道 6 实际使用的频带之间没有重叠。无线局域网信道 11 的中心频率是 2462MHz,频带范围是 2451～2473MHz,从而使得 Bluetooth LE 频带范围为 2479～2481MHz 的公告信道与无线局域网信道 11 实际使用的频带之间没有重叠。

**2. 跳频和调制**

主设备与从设备之间每一次通信所使用的数据信道都是变化的,信道编号根据式(3.2)计算所得。其中,$n_k$ 是第 $k$ 次主设备与从设备之间传输数据时使用的信道的编号;$n_{k+1}$ 是第 $k+1$ 次主设备与从设备之间传输数据时使用的信道的编号;hop 是用户指定的跳数,范围为 5～16。

$$n_{k+1} = (n_k + \text{hop}) \bmod 37 \tag{3.2}$$

通过信道传输数据时,采用高斯频移键控(Gaussian Frequency-Shift Keying,GFSK)调制技术。如果信道中心频率为 $f$,则用 $f+0.180\text{MHz}$ 表示二进制数 1,用 $f-0.180\text{MHz}$ 表示二进制数 0。假如信道中心频率是 2402MHz,则用频率 2402.180MHz 表示二进制数 1,用频率 2401.820MHz 表示二进制数 0。信道数据传输速率的上限是 1Mb/s。

### 3.2.3　链路层

**1. 设备状态**

设备状态及变换过程如图 3.6 所示,设备状态分为待机、公告、扫描、启动和连接等。

1)待机状态

待机状态是设备的初始状态,设备可以从任何其他的状态转换到待机状态。

2)公告状态

公告状态中的设备发送公告报文,侦听对应公告报文的扫描请求报文,并在接收到扫描请求报文后,发送扫描响应报文。处于待机状态的设备需要开始发送公告报文时进入公告状态。处于公告状态的设备称为公告者。需要说明的是,公告状态中的设备发送的公告报文中可以包含数据,以此实现向其他设备广播数据的目的。

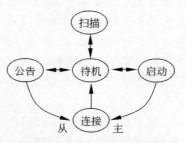

图 3.6　设备状态及变换过程

3)扫描状态

扫描状态中的设备侦听公告者发送的公告报文,接收到公告报文后,如果需要获取更多公告者信息,向公告者发送扫描请求报文。处于待机状态的设备需要开始扫描时进入扫描状态。

4)启动状态

启动状态中的设备侦听公告者发送的公告报文,在确定公告者可以建立连接的情况下,通过发送连接请求报文发起连接建立过程。处于启动状态的设备称为发起者,即连接发起者。处于待机状态的设备需要发起与公告者之间的连接时,可以直接进入启动状态。

5)连接状态

公告者接收到发起者发送的连接请求报文后,作为从设备进入连接状态。发起者发送连接请求报文后,作为主设备进入连接状态。需要说明的是,Bluetooth LE 规范 4.1 后,一个设备可以在某个微微网中作为从设备,同时在另一个微微网中作为主设备。或者同时在多个微微网中作为从设备。

### 2. 设备地址

1）公共设备地址

Bluetooth LE 设备有着 48 位的全球唯一的公共设备地址,该公共设备地址与以太网的 MAC 地址相似,由两部分组成,高 24 位是机构唯一标识符(Organizationally Unique Identifier,OUI),是由 IEEE 注册机构分配的企业标识符;低 24 位是企业分配给每一个由该企业制造的 Bluetooth LE 设备的标识符。

2）随机地址

随机地址是私有地址,其用途是为了隐藏 Bluetooth LE 设备的公共设备地址,防止黑客跟踪该 Bluetooth LE 设备。Bluetooth LE 设备可以随时改变随机地址。对于接收端,需要建立随机地址与真正发送端之间的关联,建立随机地址与真正发送端之间的关联的过程称为随机地址解析过程。

### 3. 公告和扫描过程

处于待机状态的设备,根据用户命令进入公告、扫描或启动状态。进入公告、扫描或启动状态的设备分别称为公告者、扫描者或发起者。公告者进入公告状态后,周期性地通过 3 个公告信道广播通用公告指示(ADV_IND),公告周期由参数公告间隔指定。为了避免多个公告者同时通过公告信道广播通用公告指示,每一个公告设备相邻两次公告过程的间隔时间由式(3.3)决定。其中,T_advEvent 是相邻两次公告过程的实际间隔时间;advInterval 是指定的公告间隔;advDelay 是公告延迟。advDelay 是在 $0\sim10\mathrm{ms}$ 中随机产生的值,其作用是使得各个设备即使 advInterval 相同,也有着不同的公告过程开始时间。

$$T\_advEvent = advInterval + advDelay \tag{3.3}$$

如果设备进入扫描或启动状态,需要有时间侦听公告信道,因此,需要为进入扫描或启动状态的设备指定扫描间隔和扫描窗口,如图 3.7 所示,扫描窗口内持续侦听公告信道。

图 3.7　扫描间隔和扫描窗口

公告与扫描匹配过程如图 3.8 所示,扫描者在每一个扫描窗口内持续侦听某个公告信道,不同扫描窗口依次侦听不同的公告信道。公告者每经过公告间隔依次通过三个公告信道广播通用公告指示(ADV_IND),如图 3.8 所示。如果公告者通过某个公告信道发送 ADV_IND 的时间与扫描者扫描该公告信道的扫描窗口重叠,则扫描者接收到该 ADV_IND。如图 3.8 所示,扫描者分别在扫描 37 公告信道、38 公告信道的扫描窗口内接收到公告者发送的 ADV_IND。

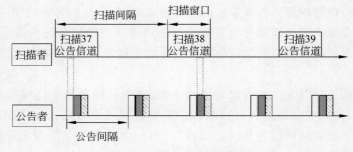

图 3.8　公告与扫描匹配过程

　　扫描者的扫描方式分为被动扫描方式和主动扫描方式。被动扫描方式下,扫描者只侦听公告信道,接收公告设备广播的通用公告指示。主动扫描方式下,扫描者接收到通用公告指示后,可以通过扫描请求(SCAN_REQ)要求公告者通过扫描响应(SCAN_RSP)提供更多信息。被动扫描和主动扫描过程如图 3.9 所示。

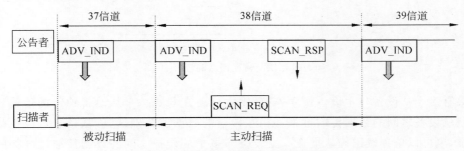

图 3.9　被动扫描和主动扫描过程

### 4. 连接建立过程

　　连接建立过程如图 3.10 所示,当进入启动状态的设备(发起者)接收到公告者发送的通用公告指示后,向公告者发送一个连接请求(CONNECT_REQ),连接请求中给出有关连接的相关参数,这些参数包括可用的数据信道序列、跳数、连接间隔、传输窗口大小、传输窗口偏移等。公告者接收到发起者发送的连接请求后,成功建立连接。当前连接中,公告者是从设备,发起者是主设备。主设备和从设备的状态转换过程分别如图 3.11(a)和图 3.11(b)所示。

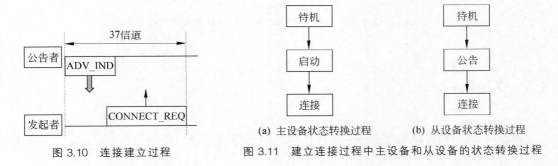

图 3.10　连接建立过程　　　　图 3.11　建立连接过程中主设备和从设备的状态转换过程

### 5. 数据传输过程

　　主设备和从设备之间每经过连接间隔,启动一次数据传输过程,数据传输过程需要在传输窗口内完成。主设备和从设备建立连接后需要确定针对该连接的锚点,从锚点开始,每经过连接间隔开始新的数据传输窗口。确定锚点的过程如图 3.12 所示,主设备发送完连接请求(CONNECT_REQ)后,经过传输窗口延迟和传输窗口偏移,开始建立连接后的第一次数据传输窗口。主设备在传输窗口内发送第一个数据报文的开始时间作为主设备针对该连接的锚点。从设备接收到连接请求(CONNECT_REQ)后,经过传输窗口延迟和传输窗口偏移,开始建立连接后的第一次数据传输窗口,在数据窗口内侦听主设备发送的数据报文,开始接收主设备发送的数据报文的时间作为从设备的锚点。

　　从第一次用于数据传输的数据信道编号由可用信道序列给出,跳数用于确定后续数据传输过程使用的数据信道。

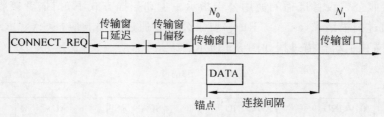

图 3.12　确定锚点的过程

如果有多个从设备与主设备建立连接,则主设备在与每一个从设备约定的传输窗口内完成与该从设备之间的数据传输过程。相互传输的数据需要确认,确认信息可以捎带在数据报文中,也可以单独发送确认报文。主设备与多个从设备之间的数据传输过程如图 3.13 所示。

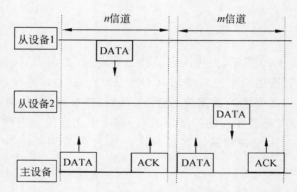

图 3.13　主设备与多个从设备之间的数据传输过程

## 3.3　ZigBee

ZigBee 是一种可以通过 mesh 结构扩大通信范围、功耗低、传输速率较低、使用 2.4GHz 非授权频段的无线通信网络。

### 3.3.1　性能特性和体系结构

#### 1. 性能特性

ZigBee 具有以下性能特性。
- 功耗低。
- 成本低。
- 数据传输速率低。
- 网络设备容量大。
- 底层协议的适用性好。

**2. 体系结构**

ZigBee 体系结构如图 3.14 所示,物理层和 MAC 层遵循 802.15.4 标准,网络层和应用层由 ZigBee 联盟定义。本节主要讨论物理层、MAC 层和网络层的功能及实现机制。

| |
|---|
| 应用层 |
| 网络层 |
| MAC层 |
| 物理层 |

图 3.14　ZigBee 体系结构

(1) 物理层的功能。

• 激活和休眠射频收发器。

• 信道能量检测。

• 链路质量指示(Link Quality Indication,LQI)。

• 空闲信道评估(Clear Channel Assessment,CCA)。

• 收发数据。

(2) MAC 层的功能。

• 协调器产生并发送信标帧,其他设备通过信标帧与协调器同步。

• 支持个域网(Personal Area Network,PAN)的关联和取消关联操作。

• 支持无线信道通信安全。

• 使用 CSMA-CA 机制访问信道。

• 支持保障时隙(Guaranteed Time Slot,GTS)机制。

• 支持不同设备 MAC 层间可靠传输。

(3) 网络层的功能。

对于树状和网状拓扑结构,网络层的功能如下。

• 生成路径。

• 选择路径。

### 3.3.2　拓扑结构和设备角色

ZigBee 根据设备功能将设备分为全功能设备(Full Function Device,FFD)和精简功能设备(Reduced Function Device,RFD)这两种类型。FFD 具有规范要求的全部功能,RFD 具有规范要求的部分功能,是一种低成本和低功耗设备。

ZigBee 网络拓扑结构如图 3.15 所示,分为星状、树状和网状三种。ZigBee 网络将设备角色分为协调器、路由器和终端设备这三种,每一个 ZigBee 网络必须且只能有一个协调器,由协调器创建 ZigBee 网络。树状和网状拓扑结构中需要具有路由器,由路由器完成不同终

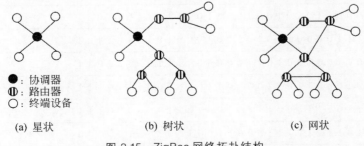

● 协调器
◐ 路由器
○ 终端设备

(a) 星状　　　　(b) 树状　　　　(c) 网状

图 3.15　ZigBee 网络拓扑结构

端设备之间的路径选择功能。每一个 ZigBee 网络通常具有若干终端设备。协调器和路由器必须是 FFD,终端设备通常是 RFD。

星状拓扑结构中,终端设备之间通过协调器实现通信过程。树状和网状拓扑结构中,设备之间通信过程采用点对点(Peer-to-Peer)结构。

### 3.3.3 物理层

**1. 信道**

中国使用 2.4GHz 频段,该频段共有 16 个信道,信道编号分别是 11~26。相邻信道中心频率间隔 5MHz。信道 $i$ 的中心频率($f_i$)$=2405$MHz$+5\times(i-11)$MHz,$i=11,12,\cdots,26$。

**2. 调制技术**

物理层将二进制位流转换为调制信号的过程如图 3.16 所示,二进制位流以 4 位为单位进行分组,4 位二进制数对应 0~15 的符号,每一个符号用一组 32 位的码片表示,码片之间为准正交的关系。32 位码片通过偏移正交相移键控(Offset Quadrature Phase-Shift Keying,O-QPSK)调制技术调制后,成为调制信号。0~15 的符号与码片之间的映射关系如表 3.1 所示。2.4GHz 频段实现的数据传输速率为 250kb/s。

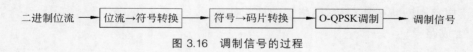

图 3.16　调制信号的过程

表 3.1　符号与码片之间的映射关系

| 符号 | 码 片 |
|---|---|
| 0 | 11011001110000110101001000101110 |
| 1 | 11101101100111000011010100100010 |
| 2 | 00101110110110011100001101010010 |
| 3 | 00100010111011011001110000110101 |
| 4 | 01010010001011101101100111000011 |
| 5 | 00110101001000101110110110011100 |
| 6 | 11000011010100100010111011011001 |
| 7 | 10011100001101010010001011101101 |
| 8 | 10001100100101100000011101111011 |
| 9 | 10111000110010010110000001110111 |
| 10 | 01111011100011001001011000000111 |
| 11 | 01110111101100011100100101110000 |
| 12 | 00000111011110111001100101010110 |

续表

| 符号 | 码 片 |
|------|-------|
| 13 | 0 1 1 0 0 0 0 0 0 1 1 1 0 1 1 1 1 0 1 1 1 0 0 0 1 1 0 0 1 0 0 1 |
| 14 | 1 0 0 1 0 1 1 0 0 0 0 0 0 1 1 1 0 1 1 1 1 0 1 1 1 0 0 0 1 1 0 0 |
| 15 | 1 1 0 0 1 0 0 1 0 1 1 0 0 0 0 0 0 1 1 1 0 1 1 1 1 0 1 1 1 0 0 0 |

### 3. 物理帧结构

ZigBee 物理帧结构如图 3.17 所示,前导码和帧开始分界符构成同步首部,用于同步接收时钟和确定物理层首部的起始字节。物理层首部由帧长度字段和保留位组成。

图 3.17 ZigBee 物理帧结构

前导码:4B,32 位全 0 的二进制数。

帧开始分界符:1B,从高位到低位的 8 位二进制数是 10100111。

帧长度:7 位二进制数,用于指明物理层净荷字节数。

保留位:1 位二进制数,没有分配。

物理层净荷:0～127B,实际字节数由帧长度字段指定。

### 4. CCA

CCA 根据配置可以在以下三种方式中选择一种作为信道忙的标准。

- 信道上检测到的信号能量超过阈值。
- 信道上检测到的信号具有扩频和调制信号的特性。
- 信道上检测到的信号具有扩频和调制信号的特性且能量超过阈值。

## 3.3.4 MAC 层

### 1. 地址

ZigBee 中每个结点一般都有两个地址,一个是由 IEEE 分配的 64 位扩展通用标识符(64-bit Extended Universal Identifier,EUI-64),EUI-64 是全球唯一的 IEEE 64 位扩展地址。另一个是星状或树状拓扑结构下由父结点分配的 16 位短地址。

### 2. 使用信标帧模式和超帧结构

使用信标帧模式称为 Beacon 模式。Beacon 模式下,针对星状和树状拓扑结构,协调器或路由器可以定期发送信标帧,终端采用基于时隙的接入方式,协调器或路由器通过超帧控制终端的接入过程。

1）超帧结构

协调器或路由器定期发送的超帧的结构如图 3.18 所示，以信标帧作为超帧的开始和结束，超帧分为两部分，一是活跃阶段，二是非活跃阶段。活跃阶段又分为竞争接入阶段（Contention Access Period，CAP）和非竞争接入阶段（Contention Free Period，CFP）。竞争接入阶段，终端通过基于时隙的 CSMA/CA 算法实现接入过程。非竞争接入阶段，由协调器和路由器为终端分配时隙，终端可以通过分配的保障时隙（GTS）保证服务质量。非活跃阶段，允许所有终端设备进入休眠状态。

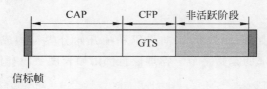

图 3.18　超帧结构

2）信标帧的功能

- 标识超帧的开始。
- 同步终端设备。
- 公告已经创建的个域网（PAN）。
- 协调器或路由器通知等待传输数据的接收终端，即给出等待传输数据的接收终端的地址列表。
- CAP 在超帧中占用的时隙数。
- GTS 说明，即每一个分配 GTS 的终端的短地址和分配的 GTS 的时隙数。

3）GTS

保障时隙（GTS）允许设备独享超帧中的部分时隙，以此保障该设备的数据传输速率和服务质量。GTS 是由 PAN 协调器负责分配，只能用于协调器和设备之间的通信。一个 GTS 可占用一个或多个超帧时隙。在超帧结构中有足够时隙资源的情况下，PAN 协调器最多可以同时分配 7 个 GTS。PAN 协调器分配 GTS 时，遵循先到先服务的原则。PAN 协调器接收到某个设备的 GTS 请求后，根据设备的 GTS 请求以及当前超帧的容量来决定是否分配 GTS 给该设备。PAN 协调器为了方便管理 GTS，需要存储管理 7 个 GTS 所必需的信息，这些信息包括每个 GTS 的开始时隙、长度、方向和关联设备的地址。

**3. CSMA/CA**

CSMA/CA 算法用于竞争信道，超帧情况下使用基于时隙的 CSMA/CA 算法（简称为时隙 CSMA/CA 算法），如图 3.19 所示，NB 是延迟次数，初始值为 0。CW 是连续通过 CCA 检测到信道空闲的次数，初始值为 2，表明需要连续两次通过 CCA 检测到信道空闲后，才允许发送数据。BE 是确定随机数范围的幂，对其设定了下限和上限，初始值为下限。基于时隙的 CSMA/CA 算法的特点是以补偿时间（Backoff Period，BP）边界作为一切操作的起点。延迟时间＝$r$×补偿时间，其中，$r$ 是在 $[0, 2^{BE}-1]$ 中随机选择的一个整数。

终端如果需要发送数据，通过信标帧同步过程确定补偿时间边界，计算出延迟时间。在延迟时间结束后，持续补偿时间通过 CCA 确定信道是否空闲，如果连续两个补偿时间通过 CCA 确定信道空闲，终端发送数据；否则，NB 加 1，增加一次延迟次数。CW 重新设置为 2。

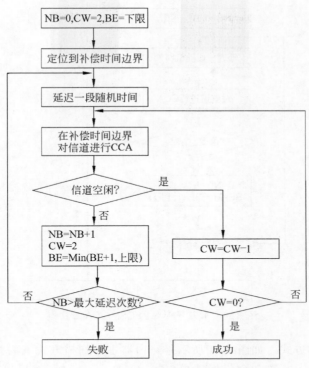

图 3.19 时隙 CSMA/CA 算法

$BE=BE+1$，直到上限。增加 BE 的目的是增大$[0,2^{BE}-1]$的范围，尽量使得当前终端选择的随机数 $r$ 与其他终端不同。如果延迟次数 NB 已经超过允许的最大延迟次数，则向上层报告数据发送失败。

设定连续两个补偿时间通过 CCA 确定信道空闲后，终端才能发送数据的原因是，保证接收端在接收到数据后，可以无须通过 CSMA/CA 直接发送 ACK。

如图 3.20 所示的非基于时隙的 CSMA/CA 算法与时隙 CSMA/CA 算法的不同点有两个，一是没有了以补偿时间边界作为一切操作的起点的限制；二是没有了 CW 变量，即在延迟时间结束后，只要通过 CCA 检测到信道空闲后，就可以发送数据。需要强调的是，非基于时隙的 CSMA/CA 算法通过 CCA 检测信道空闲的持续时间必须是保证接收端在接收到数据后，可以无须通过 CSMA/CA 直接发送 ACK 所需的帧间间隔。

**4. 创建 WPAN 过程**

多个使用相同物理信道的结点构成一个无线个域网（Wireless Personal Area Network，WPAN）。每一个独立的 PAN 选择唯一的 PAN 标识符。

1）协调器创建 ZigBee 网络

指定某个 FFD 为协调器，为协调器配置相应参数，启动协调器创建 ZigBee 过程。协调器开始扫描信道，选择没有其他设备使用的信道作为该 ZigBee 网络使用的信道，选择 16 位的个域网标识符（Personal Area Network ID，PAN ID），将自己的 16 位短地址设置为 0。

2）路由器加入 ZigBee 网络

路由器加入 ZigBee 网络之前，首先需要通过扫描发现 ZigBee 网络，扫描方式分为主动

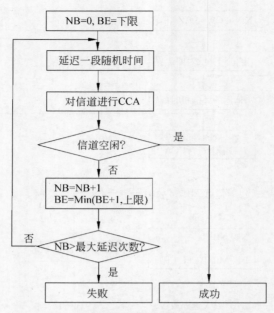

图 3.20　非基于时隙的 CSMA/CA 算法

扫描方式和被动扫描方式。如图 3.21 所示是路由器主动扫描方式下的扫描过程,路由器逐个信道进行以下操作:发送一个信标请求(Beacon Request)帧,然后等待协调器发送信标(Beacon)帧。协调器发送的 Beacon 帧中包含该 ZigBee 网络的相关信息(如 PAN ID)以及协调器的地址(16 位全 0 短地址和 64 位 EUI)。路由器对所有信道完成上述操作后,获取所有已经建立的 ZigBee 网络及 ZigBee 网络使用的信道。为路由器指定需要加入的 ZigBee 网络。路由器接收到加入指定 ZigBee 网络的命令后,向协调器发送关联请求(Association Request)帧,协调器接收到路由器发送的关联请求帧后,向路由器发送确认应答(ACK)帧,并开始处理路由器发送的关联请求。协调器如果允许路由器加入指定 ZigBee 网络,为路由器分配 16 位短地址,向路由器发送关联响应(Association Response)帧,关联响应帧中包含协调器为路由器分配的 16 位短地址。协调器在发送的信标帧中表明存在向路由器发送的数据,路由器向协调器发送数据请求(Data Request)帧,协调器然后向路由器发送关联响应帧。路由器通过协调器加入指定 ZigBee 网络的过程如图 3.22 所示。

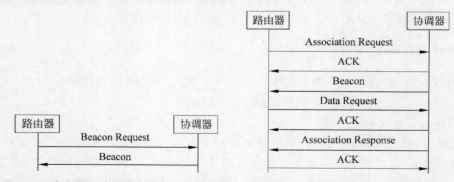

图 3.21　路由器主动扫描方式下的扫描过程　　图 3.22　路由器加入 ZigBee 网络过程

3）终端设备加入 ZigBee 网络

如图 3.15 所示的树状拓扑结构中,终端设备无法直接与协调器通信,需要通过路由器中继。在这种情况下,终端设备只能通过路由器加入指定 ZigBee 网络,即只能与某个路由器建立关联,建立关联的路由器成为终端设备的父结点。

**5. 数据传输过程**

ZigBee 网络中,终端设备长时间处于休眠状态,因此,不能由协调器或路由器随时发起向终端设备传输数据的过程。ZigBee 网络的数据传输过程可以分为 Beacon 模式和非Beacon 模式。Beacon 模式下,由协调器或路由器通过周期性发送 Beacon 帧启动超帧周期,如果终端设备需要向路由器或协调器发送数据,则可以在超帧的竞争访问阶段(CAP)内通过时隙 CSMA/CA 算法向路由器或协调器发送数据。Beacon 模式下,终端设备向路由器或协调器传输数据的过程如图 3.23(a)所示。Beacon 模式下,如果路由器或协调器需要向终端设备发送数据,则在 Beacon 帧中给出该终端设备的地址,当该终端设备可以接收数据时,在超帧的 CAP 内通过时隙 CSMA/CA 算法向路由器或协调器发送数据请求(Data Request)帧。然后由路由器或协调器向终端设备发送数据。Beacon 模式下,路由器或协调器向终端设备传输数据的过程如图 3.24(a)所示。

非 Beacon 模式下,终端设备随时可以通过 CSMA/CA 算法向路由器或协调器发送数据,或数据请求帧。非 Beacon 模式下,终端设备向路由器或协调器传输数据过程如图 3.23(b)所示。路由器或协调器向终端设备传输数据过程如图 3.24(b)所示。

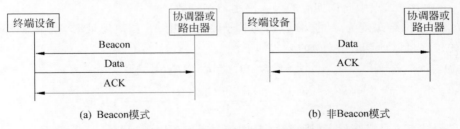

(a) Beacon模式　　　　　　　　　　(b) 非Beacon模式

图 3.23　终端设备至路由器或协调器数据传输过程

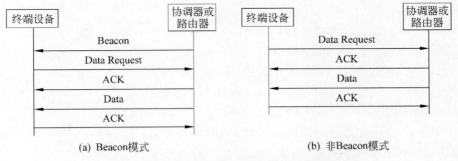

(a) Beacon模式　　　　　　　　　　(b) 非Beacon模式

图 3.24　路由器或协调器至终端设备数据传输过程

**6. Beacon 模式和非 Beacon 模式比较**

1）拓扑结构要求

Beacon 模式要求星状或树状拓扑结构。星状拓扑结构下,由协调器定期发送信标帧。

树状拓扑结构下,父结点承担协调器的功能。网状拓扑结构不支持 Beacon 模式。星状、树状和网状拓扑结构均支持非 Beacon 模式。

2）终端数据发送密度

Beacon 模式适合终端与协调器或父结点（路由器）之间需要密集交换数据的应用方式，如果终端只是随机发送少量数据,适合非 Beacon 模式。

### 3.3.5　网络层

树状拓扑结构和网状拓扑结构需要通过网络层实现路径生成和数据转发过程。

#### 1. 树状拓扑结构路径生成和数据转发过程

1）地址分配方式

如果结点 $i$ 加入 ZigBee 网络时,与结点 $k$ 相连,结点 $k$ 成为结点 $i$ 的父结点,结点 $i$ 成为结点 $k$ 的子结点。假如结点 $k$ 的 16 位短地址为 $A_k$,深度为 $d_k$,结点 $k$ 为结点 $i$ 分配的 16 位短地址为 $A_i$,结点 $i$ 的深度为 $d_i$ $(d_i = d_k + 1)$。

为了使得结点 $k$ 能够根据自身 16 位短地址 $A_k$ 计算出结点 $i$ 的 16 位短地址,需要定义以下参数。

$L_m$：网络最大深度。

$C_m$：父结点允许拥有的最大子结点数。

$R_m$：$C_m$ 个子结点中允许拥有的最大路由器结点数。

$C_{\text{skip}}(d)$：网络深度为 $d$ 的父结点,为其子结点分配 16 位短地址时,子结点 16 位短地址之间的位移量。计算 $C_{\text{skip}}(d)$ 的公式如下。

$$C_{\text{skip}}(d) = \begin{cases} 1 + C_m \times (L_m - d - 1); & R_m = 1 \\[2mm] \dfrac{1 + C_m - R_m - C_m \times R_m^{(L_m - d - 1)}}{1 - R_m}; & \text{其他} \end{cases}$$

如果子结点 $i$ 是终端设备,则 $A_i = A_k + C_{\text{skip}}(d) \times R_m + n$, $1 \leqslant n \leqslant C_m - R_m$。

如果子结点 $i$ 是路由器,则 $A_i = A_k + 1 + C_{\text{skip}}(d) \times (n-1)$, $1 \leqslant n \leqslant R_m$。

针对如图 3.25 所示的树状结构,$L_m = 3$, $C_m = 4$, $R_m = 2$。协调器的深度 $d = 0$,计算出 $C_{\text{skip}}(0) = (1 + 4 - 2 - 4 \times 2^2)/(1-2) = 13$。协调器子结点的深度 $d = 1$,计算出 $C_{\text{skip}}(1) = (1 + 4 - 2 - 4 \times 2^1)/(1-2) = 5$。编号为 5、6 和 7 的路由器结点的深度 $d = 2$,计算出 $C_{\text{skip}}(2) = (1 + 4 - 2 - 4 \times 2^0)/(1-2) = 1$。由此推导出如表 3.2 所示的图 3.25 中各个结点的 16 位短地址。表中用 $A_i$ 表示编号为 $i$ 的结点的地址。

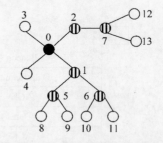

图 3.25　ZigBee 网络中各个结点

2）路由过程

假定路由器 $k$ 接收到目的地址为 $D$ 的帧,且该路由器的地址为 $A$,深度为 $d$。

（1）如果 $A < D < A + C_{\text{skip}}(d-1)$,转步骤（2）处理,否则转步骤（4）处理。

表 3.2　各个结点的 16 位短地址

| 结点编号 | 地　　　　址 | 结点编号 | 地　　　　址 |
|---|---|---|---|
| 0 | $0(A_0)$ | 7 | $14(A_2)+1+5\times0=15(A_7)$ |
| 1 | $0(A_0)+1+13\times0=1(A_1)$ | 8 | $2(A_5)+1\times2+1=5(A_8)$ |
| 2 | $0(A_0)+1+13\times1=14(A_2)$ | 9 | $2(A_5)+1\times2+2=6(A_9)$ |
| 3 | $0(A_0)+13\times2+1=27(A_3)$ | 10 | $7(A_6)+1\times2+1=10(A_{10})$ |
| 4 | $0(A_0)+13\times2+2=28(A_4)$ | 11 | $7(A_6)+1\times2+2=11(A_{11})$ |
| 5 | $1(A_1)+1+5\times0=2(A_5)$ | 12 | $15(A_7)+1\times2+1=18(A_{12})$ |
| 6 | $1(A_1)+1+5\times1=7(A_6)$ | 13 | $15(A_7)+1\times2+2=19(A_{12})$ |

（2）如果 $D>A+R_m\times C_{skip}(d)$，下一跳是路由器 $k$ 直接连接的终端设备子结点，即下一跳结点的地址 $N=D$。否则转步骤（3）处理。

（3）下一跳是路由器 $k$ 直接连接的路由器子结点，该子结点地址 $N=A+1+INT((D-(A+1))/C_{skip}(d))\times C_{skip}(d)$。其中，INT 是取整函数。

（4）下一跳是路由器 $k$ 的父结点。

下面以结点 8 至结点 10 数据传输过程为例，讨论如图 3.25 所示的树状网络拓扑结构的路由过程。

结点 8 将传输给结点 10 的数据封装成目的地址 $D=10$ 的帧，将该帧传输给路由器 5。路由器 5 的地址 $A=2$，深度 $d=2$。由于 $A+C_{skip}(d-1)=2+5=7$，因此，$D\geqslant A+C_{skip}(d-1)$，下一跳是路由器 5 的父结点路由器 1。

路由器 5 将目的地址 $D=10$ 的帧传输给路由器 1。路由器 1 的地址 $A=1$，深度 $d=1$。由于 $A+C_{skip}(d-1)=1+13=14$，$A+R_m\times C_{skip}(d)=1+2\times5=11$，因此，$D<A+C_{skip}(d-1)$ 且 $D<A+R_m\times C_{skip}(d)$，下一跳是路由器 1 直接连接的路由器子结点。

路由器子结点地址 $N=A+1+INT((D-(A+1))/C_{skip}(d))\times C_{skip}(d)=1+1+1\times5=7$，即 $N$ 等于路由器 6 的地址。

路由器 1 将目的地址 $D=10$ 的帧传输给路由器 6。路由器 6 的地址 $A=7$，深度 $d=2$。由于 $A+C_{skip}(d-1)=7+5=12$，$A+R_m\times C_{skip}(d)=7+2\times1=9$，因此，$D<A+C_{skip}(d-1)$ 且 $D>A+R_m\times C_{skip}(d)$，下一跳是路由器 6 直接连接的终端设备子结点。路由器 6 直接将该帧传输给结点地址为 10 的结点 10。

**2. 网状拓扑结构路径生成和数据转发过程**

Ad hoc 按需距离向量（Ad hoc On-Demand Distance Vector，AODV）是一种建立网状拓扑结构中任意两个结点之间传输路径的路由协议。AODVjr 是 AODV 的简化版。以建立如图 3.26(a)所示的拓扑结构中 C 结点至 J 结点的传输路径为例，讨论 AODVjr 按需建立任意两个结点之间的传输路径的过程。

1）C 结点广播 RREQ

C 结点为了建立至 J 结点的传输路径，向其相邻结点广播路由请求报文（Route Request，RREQ），如图 3.26(b)所示。RREQ 中给出源结点 C 结点的地址、目的结点 J 结点的地址和报文序号，同一结点发送的不同 RREQ 有着不同的报文序号。C 结点的相邻结点

A 结点、D 结点和 F 结点接收到 C 结点发送的 RREQ 后,建立 A 结点、D 结点和 F 结点至 C 结点的传输路径。

2)C 结点的相邻结点广播 RREQ

由于 C 结点的相邻结点中没有 RREQ 中指定的目的结点 J 结点。这些结点向其相邻结点广播 RREQ,如图 3.26(c)所示。这种情况下,结点可能重复接收到 RREQ,如 B 结点分别接收到 A 结点和 D 结点广播的 RREQ,F 结点也会重复接收到 D 结点广播的 RREQ。由于可以通过源结点地址和报文序号唯一标识 RREQ,因此,每一个结点需要记录下接收到的 RREQ 的源结点地址和报文序号,如果接收到的 RREQ 与已经接收过的某个 RREQ 有着相同的源结点地址和报文序号,该结点将丢弃该 RREQ。A 结点、D 结点和 F 结点的相邻结点 B 结点、E 结点、G 结点和 I 结点分别建立至 C 结点的传输路径。

3)C 结点的相邻结点的相邻结点广播 RREQ

B 结点、E 结点、G 结点和 I 结点向其相邻结点广播 RREQ,如图 3.26(d)所示。H 结点和 J 结点接收到 RREQ 后,分别建立 H 结点和 J 结点至 C 结点的传输路径。

4)J 结点发送 RREP

由于 J 结点是 RREQ 报文的目的结点,因此,J 结点将沿着已经建立的至 C 结点的传输路径以单播方式发送路由响应报文(Route Reply,RREP),如图 3.26(e)所示。RREP 中有

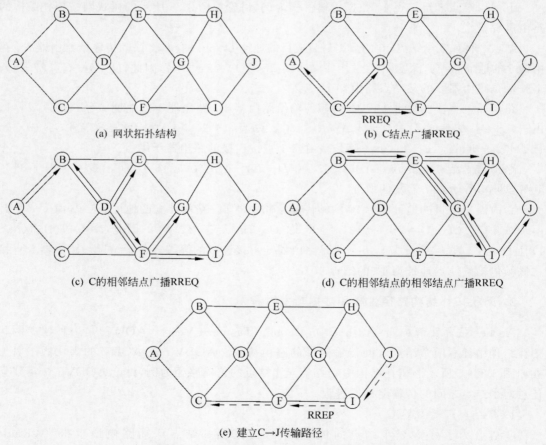

(a) 网状拓扑结构　　　　　　　　　　　　　　(b) C结点广播RREQ

(c) C的相邻结点广播RREQ　　　　　　　　　(d) C的相邻结点的相邻结点广播RREQ

(e) 建立C→J传输路径

图 3.26　AODVjr 建立结点间传输路径的过程

着对应的 RREQ 相同的源结点 C 结点的地址和目的结点 J 结点的地址。I 结点接收到 J 结点发送的 RREP，建立至 J 结点的传输路径，沿着已经建立的至 C 结点的传输路径转发 RREP。F 结点接收到 I 结点发送的 RREP，建立至 J 结点的传输路径，沿着已经建立的至 C 结点的传输路径转发 RREP。C 结点接收到 F 结点发送的 RREP，建立至 J 结点的传输路径。此时，C 结点完成通过 AODVjr 按需建立至 J 结点的传输路径的过程。

5）C 结点向 J 结点发送数据

C 结点在建立至 J 结点的传输路径后，可以向 J 结点传输数据，J 结点在接收到 C 结点发送的数据后，向 C 结点发送确认响应（ACK）。

## 3.4　802.11ah

802.11ah 是一种低功耗的无线局域网（Wireless Local Area Network，WLAN），具有适用于 IoT 的特性，使用 Sub 1GHz 频段。

### 3.4.1　无线局域网组成和结构

#### 1. 基本构件

无线局域网的基本构件包括移动终端、AP、无线信道和分配系统。

1）移动终端

移动终端（也称工作站）是采用无线通信技术、不需要连接线缆的网络终端。由于采用无线通信技术，移动终端通常具有便于携带和移动的特性，而便于携带和移动的特性又要求移动终端采用电池供电方式。

2）AP

接入点（Access Point，AP）是一种实现将移动终端接入分配系统（Distribution System，DS）的设备。通过 AP，可以实现移动终端与 DS 之间的数据转发过程。在一个存在 AP 的 WLAN 中，由 AP 负责管理 WLAN 中的移动终端，控制 WLAN 的性能。必须经过 AP 转发实现移动终端之间、移动终端与分配系统之间的数据传输过程。

3）无线信道

无线信道是一段用于在自由空间实现电磁波传输过程的无线电频带。数据经过调制技术调制成属于该段频带的电磁波后，实现无线信道两端之间的传输过程。

4）分配系统

分配系统是一个用于将多个 AP 连接在一起的网络，通过 AP 和分配系统，可以实现属于不同基本服务集（Basic Service Set，BSS）的移动终端之间、移动终端与连接在其他类型网络上的终端之间的通信过程。

#### 2. WLAN 结构

1）IBSS

无线局域网的最小构成单位是基本服务集（BSS），基本服务集所覆盖的地理范围称为基本服务区(Basic Service Area,BSA),基本服务集是一个冲突域,属于同一基本服务集的设备共享一个无线信道。如图 3.27 所示的完全由工作站组成的基本服务集称为独立基本服务集(Independent BSS,IBSS),IBSS 只能实现属于同一基本服务集的工作站之间的相互通信过程。

2) BSS

BSS 与 IBSS 的不同之处在于 BSS 中存在一个称为接入点(AP)的设备,该设备用于实现无线局域网与其他网络互联。IBSS 只能实现属于相同 BSS 的终端之间的通信过程。BSS 通过 AP 可以和其他网络实现互联,能够实现属于某个 BSS 中的终端与连接在其他网络上的终端之间的通信过程,如图 3.28 所示。

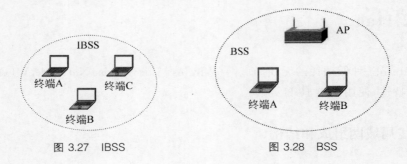

图 3.27　IBSS　　　　　　　　图 3.28　BSS

3) ESS

由单个基本服务集组成的无线局域网的作用范围是很小的。为了扩大无线局域网的作用范围,构建多个基本服务集,并通过一个分配系统(DS)将这些基本服务集互连在一起,构成扩展服务集(Extended Service Set,ESS),如图 3.29 所示。扩展服务集为上层提供和基本服务集相同的服务。每一个基本服务集通过称为接入点(AP)的设备接入分配系统。分配系统可以是以太网,或是其他网络。

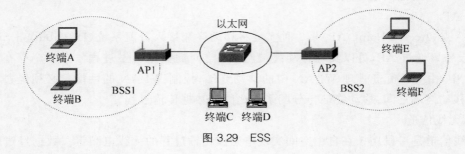

图 3.29　ESS

### 3.4.2　无线局域网发展过程

#### 1. 无线局域网协议系列

自 1997 年发布无线局域网协议 802.11 以来,无线局域网已经得到飞速发展,产生了一系列协议,如表 3.3 所示。

表 3.3  无线局域网协议系列

| 协议名称 | 发布年份 | 频　段 | 数据传输速率 |
|---|---|---|---|
| 802.11 | 1997 | 2.4GHz | 1Mb/s 和 2Mb/s |
| 802.11a | 1999 | 5GHz | 54Mb/s |
| 802.11b | 1999 | 2.4GHz | 5.5Mb/s 和 11Mb/s |
| 802.11g | 2003 | 2.4GHz | 54Mb/s |
| 802.11n(Wi-Fi 4) | 2009 | 2.4GHz 和 5GHz | 600Mb/s |
| 802.11ac(Wi-Fi 5) | 2012 | 5GHz | 6Gb/s |
| 802.11ah | 2014 | Sub 1GHz | 150kb/s～78Mb/s |
| 802.11ax(Wi-Fi 6) | 2019 | 2.4GHz 和 5GHz | 9Gb/s |

**2. 频段**

如表 3.3 所示的无线局域网协议系列所使用的频段可以分为三种,第一种是 ISM 中的 2.4GHz 频段,中国等国家 2.4GHz 频段使用的频率范围是 2.4～2.4835GHz。第二种是 ISM 中的 5GHz 频段,中国等国家 5GHz 频段使用的频率范围是 5.150～5.850GHz。第三种是 1GHz 以下频段,中国使用的 1GHz 以下频段的频率范围是 755～787MHz。大量无线通信网络都使用 2.4GHz 频段,因此,2.4GHz 频段是比较拥挤的频段,干扰相对比较严重。5GHz 频段干扰相对较少,但实现成本较高,传输距离不及 2.4GHz 频段。1GHz 以下频段专用于 802.11ah 协议,该协议定义了一个适用于 IoT 的无线局域网。

**3. 数据传输速率**

无线局域网推出一系列协议的目的在于提高数据传输速率,由于 5GHz 频段干扰较少,因此,首先推出了在 5GHz 频段实现了 54Mb/s 传输速率的协议 802.11a。然后,鉴于实现成本和与 802.11 的兼容性,推出了一系列在 2.4GHz 频段提高数据传输速率的协议,如 802.11b、802.11g 和 802.11n 等。802.11ac 只支持 5GHz 频段,802.11ax 支持 2.4GHz 频段和 5GHz 频段。802.11ax 的最大数据传输速率可以达到 9Gb/s。802.11ah 协议定义了一个适用于 IoT 的无线局域网,因此,它的核心目标与其他无线局域网不同。

**4. 传输距离**

频率越高的电磁波,波长越短,绕射能力越弱,传输距离越近。在信号能量受限的情况下,2.4GHz 频段的无线局域网的信号传播范围限制在 100m 左右。5GHz 频段的无线局域网的信号传播范围更小,大约为 50m。802.11ah 协议由于使用 1GHz 以下频段的电磁波,信号传播范围可以超过 1000m,远远大于其他协议定义的无线局域网的传输距离。

## 3.4.3　无线局域网物理层

无线局域网物理层主要实现信道划分和信号调制等功能。

## 1. OFDM

正交频分复用（Orthogonal Frequency Division Multiplexing，OFDM）将信道划分为若干个正交的子信道，相邻子信道的频率范围允许重叠，如图 3.30 所示。无线局域网标准802.11n 和 802.11ac 指定相邻子信道之间的间隔为 312.5kHz。需要传输的数据分配到各个子信道，各个子信道用对应的子载波完成对数据的调制过程。由于相邻子信道的频率范围允许重叠，因此，OFDM 提高了频率利用率。

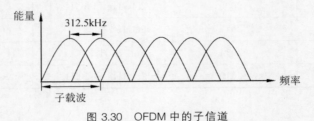

图 3.30　OFDM 中的子信道

OFDM 先将一个带宽较宽的信道划分为多个子信道，然后分别对子信道进行调制操作，这样做的原因是，信道的传输速率取决于码元传输速率和码元状态数，由于码元状态数受信道质量和调制技术限制，为了将数据传输速率提高到香农公式给出的理想值，需要提高码元传输速率。码元传输速率只受信道带宽限制，带宽较宽的信道可以取得较高的码元传输速率。但由于不同频率的信号经过传输媒体（导向媒体和非导向媒体）传播时，存在传播时延偏差，在码元传输速率较高时，可能发生属于当前码元的传播时延较大的信号和属于下一个码元的传播时延较小的信号叠加在一起的情况，造成码元间干扰。另外，衰减造成的信号失真也可能使码元变宽，导致相邻码元的信号能量叠加。这就要求相邻两个码元的时间间隔不能太小，从而限制了码元传输速率。将带宽较宽的信道划分为多个子信道，使得每一个子信道的带宽较小，从而可以做到既使每一个子信道的码元传输速率接近带宽的限制，以提高信道的带宽利用率，又使相邻两个码元的时间间隔大到足以避免码元间干扰。

综上所述，OFDM 具有抗衰减能力强、频率利用率高、适合高速数据传输、抗码间干扰（Inter-Symbol Interference，ISI）能力强等优势。

## 2. MIMO

多进多出（Multiple Input Multiple Output，MIMO）是一种通过在发射端和接收端分别使用多个发射天线和接收天线，从而在发射端与接收端之间构成无线信道矩阵，以此提高无线信道容量的技术。MIMO 结构如图 3.31 所示。

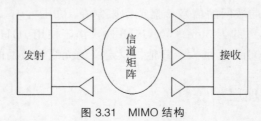

图 3.31　MIMO 结构

香农定理给出了在既定带宽 $B$ 和信噪比 $S/N$ 的前提下，计算信道容量（信道最大传输速率)的公式：$C = B \times \log_2(1 + S/N)$。其中，$C$ 是信道容量，$B$ 是信道带宽，$S/N$ 是信道的信噪比。

如果需要计算单位 Hz 的信道容量，可以得出以下对带宽 $B$ 归一化后的计算单位 Hz 的信道容量的公式：$C = \log_2(1 + S/N)$。其中，$C$ 是单位 Hz 的信道容量，$S/N$ 是信道的信噪比。

采用 MIMO 技术后，如果发射端的天线数是 $M$，接收端的天线数是 $N$，则可以得出以下计算单位 Hz 的信道容量的公式：$C = \min(M, N) \times \log_2(1 + S/N)$。其中，$C$ 是采用 MIMO 技术后的单位 Hz 的信道容量，$\min(M, N)$ 是发射端天线数 $M$ 和接收端天线数 $N$ 中的较小值，$S/N$ 是信道的信噪比。因此，在 $M = N$ 的情况下，MIMO 技术可以将单位 Hz 的信道容量提高 $M$ 倍。这就是 MIMO 技术提高无线信道容量的基本原理。

**3. 无线局域网传输速率计算过程**

无线信道数据传输速率＝空间流的数量×(1/(码元长度＋间隔))×码元表示的二进制数位数×码率×有效载波数量

1) 空间流的数量

在采用 MIMO 技术的前提下，如果发射端的天线数是 $M$，接收端的天线数是 $N$，则空间流的数量＝$\min(M, N)$。一般情况下，使得 $M = N$，则空间流的数量等于发射端或接收端的天线数。

2) 波特率

波特率等于单位时间内发送的码元数量，单位时间内发送的码元数量＝(1/(码元长度＋间隔))。

3) 码元表示的二进制数位数

码元表示的二进制数位数＝$\log_2$ 码元的状态数。码元的状态数与采用的调制技术有关，如果采用 64QAM，则码元的状态数为 64，每一个码元表示的二进制数位数为 6。QAM 是 Quadrature Amplitude Modulation(正交调幅)的缩写。

4) 码率

为了实现可靠传输，通过无线信道传输的二进制数位流中包含数据和纠错码，码率＝表示数据的二进制数位数/总的二进制数位数。总的二进制数位数＝表示数据的二进制数位数＋作为纠错码的二进制数位数。

5) 有效载波数量

OFDM 将一个带宽较宽的信道划分为多个子信道，这些子信道分为有效子信道和导航子信道，真正用于传输数据的是有效子信道，导航子信道只是用于监测子信道的通信质量。有效子信道的数量就是有效载波数量。

6) 数据传输速率计算实例

数据传输速率计算实例如表 3.4 所示。

表 3.4　数据传输速率计算实例

| 协议 | 空间流的数量 | 码元长度＋间隔 | 码元表示的二进制数位数 | 码率 | 有效载波数量 | 数据传输速率 |
|---|---|---|---|---|---|---|
| 802.11ac | 1 | $3.2\mu s + 0.4\mu s$ | 8 | 5/6 | 234 | 433.33Mb/s |
| 802.11ax | 1 | $12.8\mu s + 0.8\mu s$ | 10 | 5/6 | 980 | 600.49Mb/s |

对于 802.11ac,波特率$=1/((3.2+0.4)\times10^{-6})=277\ 777.7778\text{Bd/s}$。数据传输速率$=1\times277\ 777.7778\times8\times(5/6)\times234=433.33\times10^{6}\text{b/s}=433.33\text{Mb/s}$。

对于 802.11ax,波特率$=1/((12.8+0.8)\times10^{-6})=73\ 529.411\ 76\text{Bd/s}$。数据传输速率$=1\times73\ 529.411\ 76\times10\times(5/6)\times980=600.49\times10^{6}\text{b/s}=600.49\text{Mb/s}$。

需要说明的是,802.11ac 的信道带宽为 80MHz,相邻子载波之间间隔为 312.5kHz,可以划分的子信道数量$=80\times10^{3}/312.5=256$,其中有效子载波数量是 234。802.11ax 的信道带宽同样为 80MHz,相邻子载波之间间隔为 78.125kHz,可以划分的子信道数量$=80\times10^{3}/78.125=1024$,其中有效子载波数量是 980。

表 3.4 假定的空间流的数量为 1,实际的 802.11ac 和 802.11ax 的空间流的数量最大可以为 8,因此,实际的数据传输速率比表 3.4 中给出的要高。

### 3.4.4 无线局域网 MAC 层

#### 1. MAC 帧格式

无线局域网 MAC 帧格式如图 3.32 所示,2B 控制字段主要给出协议版本号、MAC 帧类型及其他一些信息。持续时间字段以 μs 为单位给出某次数据传输过程所需要的时间。关联标识符用于确定属于特定关联的终端。地址字段用于确定源终端和目的终端、发送端和接收端的 MAC 地址。顺序控制字段给出 MAC 帧的序号,用于接收端检测是否是重复接收的 MAC 帧。数据字段作为净荷字段用于传输高层协议要求传输的数据。帧检验序列(FCS)字段是 32 位循环冗余检验码,用于接收端检测 MAC 帧传输过程中发生的错误。无线局域网除了用于数据传输的数据帧,还有用于鉴别、建立关联等 MAC 层操作的管理帧和用于解决隐藏站问题的控制帧。不同类型的 MAC 帧,帧格式存在很大差距,如图 3.32 所示的是一般帧结构。

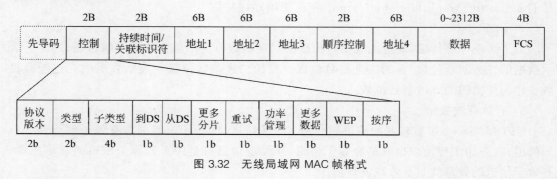

图 3.32 无线局域网 MAC 帧格式

无线局域网 MAC 帧中四个地址字段值与无线局域网的应用方式有关,表 3.5 给出不同应用方式下四个地址字段值的含义。

表 3.5 各种应用方式下的地址字段含义

| 应 用 方 式 | 到 DS | 从 DS | 地址 1 | 地址 2 | 地址 3 | 地址 4 |
|---|---|---|---|---|---|---|
| IBSS | 0 | 0 | 目的终端地址 | 源终端地址 | BSSID | 无 |
| 终端→AP | 1 | 0 | BSSID | 源终端地址 | 目的终端地址 | 无 |

| 应 用 方 式 | 到 DS | 从 DS | 地址 1 | 地址 2 | 地址 3 | 地址 4 |
| --- | --- | --- | --- | --- | --- | --- |
| AP→终端 | 0 | 1 | 目的终端地址 | BSSID | 源终端地址 | 无 |
| WDS AP-Repeater | 1 | 1 | 接收端地址 | 发送端地址 | 目的终端地址 | 源终端地址 |

注：对于 IBSS,BSSID 是创建 IBSS 时选择的 64 位二进制数,对于存在 AP 的 BSS,BSSID 是 AP 的 MAC 地址。

### 2. DCF 和 CSMA/CA

无线局域网 MAC 层主要实现多点接入控制功能,而用于实现多点接入控制功能的方法是分布协调功能（Distributed Coordination Function,DCF）和点协调功能（Point Coordination Function,PCF）。DCF 方法下,每一个终端平等、独立、自由地争用无线信道,且保证每一个终端使用无线信道的机会是均等的。DCF 采用载波侦听多点接入/冲突避免（Carrier Sense Multiple Access/Collision Avoidance,CSMA/CA）算法解决 IBSS 和 BSS 中多个终端争用无线信道的问题。

1) CSMA/CA 操作过程

(1) 信道空闲和 NAV。

CSMA/CA 的操作过程如图 3.33 所示,当终端或 AP 需要传输 MAC 帧时,终端或 AP 首先检测无线信道是否空闲,判定无线信道忙的依据是:信道存在电磁波且电磁波能量超过设定阈值。但允许终端或 AP 传输 MAC 帧必须同时满足以下两个条件:一是信道不忙,二是网络分配向量（Network Allocation Vector,NAV）为 0。

每一个终端保持一个 NAV,可以将 NAV 看成一个计数器,如果 NAV 的值不为 0,每隔 1 μs 减 1,直到为 0。终端或 AP 将 NAV 不为 0 等同于无线信道处于忙状态,因此,判别 NAV 是否为 0 的过程被称为虚拟电磁波侦听过程,因此,只有物理侦听和虚拟侦听结果都表示信道不忙时,才认为信道空闲。NAV 赋值和更新过程如下:①建立关联时,终端 NAV 的初值由 AP 分配;②当终端完整接收某个有效 MAC 帧且终端 MAC 地址不等于该 MAC 帧的接收端地址时,如果该 MAC 帧的持续时间字段值大于终端保持的 NAV,就用该 MAC 帧的持续时间字段值取代终端保持的 NAV,否则不改变 NAV。当然,无论是否重新对 NAV 赋值,NAV 的计数器功能不受影响。无线局域网设置 NAV 的原因是允许预留信道。

(2) 初始检测信道的两种结果。

当终端需要发送 MAC 帧时,终端首先判断 NAV 是否为 0,如果 NAV 不为 0,则终端一直等待,直到 NAV 为 0。当终端需要发送 MAC 帧且 NAV 为 0 时,终端检测信道。初始检测信道时有两种结果:一是信道不忙(信道上没有电磁波);二是信道忙(信道上有电磁波)。对于第一种结果,如果终端持续 DCF 规定的帧间间隔（DCF InterFrame Space,DIFS）检测到信道不忙,表明没有多个终端同时争用信道,终端可以立即传输数据。帧间间隔是两帧 MAC 帧之间,维持无线信道空闲的时间。存在帧间间隔的原因如下:一是帧对界要求 MAC 帧之间存在一段没有电磁波的时间;二是接收端连续接收 MAC 帧时,中间需要有腾空缓冲器的时间;三是天线完成接收状态和发送状态之间转换需要时间。不同类型的 MAC 帧有着不同的帧间间隔。

对于第二种结果,在信道忙的这段时间里,可能出现多个终端等待信道不忙的情况,如图 3.34 所示的终端 B、终端 C 和终端 D,因此,如果允许终端在信道不忙且持续 DIFS 信道

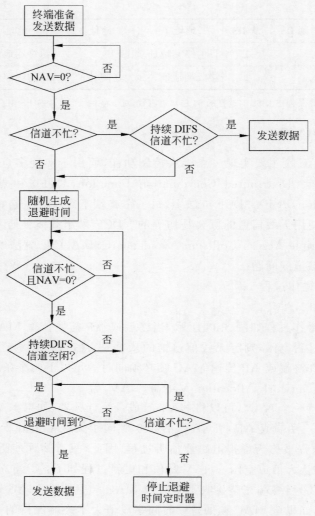

图 3.33　CSMA/CA 的操作过程

不忙后，立即发送数据，所有在信道忙时开始等待信道不忙的多个终端将同时发送数据，导致冲突发生，如图 3.34 所示。由于无线局域网一是很难做到边发送，边检测冲突是否发生。二是因为存在隐藏站问题，即使做到边发送，边检测冲突，也无法检测出所有可能发生的冲突，因此，必须避免发生在信道持续 DIFS 不忙后，多个终端同时发送数据的情况。

　　无线局域网为了避免发生在信道持续 DIFS 不忙后，多个终端同时发送数据的情况，规定：如果终端初始检测信道时，检测结果是信道忙，要求终端在信道持续 DIFS 不忙后，还需延迟一段时间才能发送数据。这段延迟时间的产生算法和截断二进制指数类型的后退算法相似，使得各个终端独立产生随机的延迟时间，以此保证各个终端产生不同的延迟时间，延迟时间短的终端成功通过信道发送数据。因此，终端在初始检测到信道忙的情况下，每个终端需要通过类似以太网后退算法的退避算法独立产生随机的延迟时间，这个延迟时间称为退避时间。在信道持续 DIFS 不忙后，只有在退避时间内一直检测到信道不忙的终端，才能发送数据。这种在信道持续 DIFS 不忙后，只有在退避时间内一直检测到信道不忙的终端才能发送数据的机制，称为退避机制。

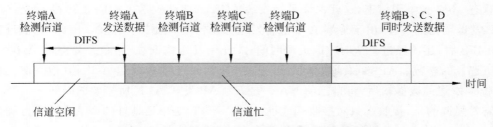

图 3.34　终端检测信道时信道空闲和忙这两种情况

某个终端随机生成的退避时间作为退避时间定时器的初值,该终端检测到信道持续 DIFS 不忙后,启动退避时间定时器,退避时间定时器每经过规定时隙就减 1。该终端一旦在退避时间内检测到信道忙,将停止退避时间定时器,重新等待信道空闲,此时退避时间定时器中的值称为该终端的剩余退避时间。该终端在再次检测到信道持续 DIFS 不忙后,只要在剩余退避时间内信道一直不忙,即可发送数据。一旦某个终端选定了退避时间,该终端只有在 DIFS 之后的信道空闲时间累积到退避时间时,才能发送数据。

如果终端 X 初始检测信道时,检测结果是信道不忙,在信道持续 DIFS 不忙后,和终端 Y 发生冲突的唯一可能是终端 Y 和终端 X 同时检测信道。由于多个终端同时检测信道且检测结果是信道不忙的概率是相当小的,因此,对于初始检测结果是信道不忙的情况,在信道持续 DIFS 不忙后,允许终端直接发送数据,无须启动退避机制,以此提高无线信道的使用效率。

值得强调的是,如果某个终端需要连续发送多帧 MAC 帧,除了第一帧 MAC 帧可能满足不用启动退避机制的条件,后续 MAC 帧必须启动退避机制。因此,终端除了在发送第一帧 MAC 帧时就检测到信道空闲且信道持续 DIFS 不忙这种情况,都需要启动退避机制。

2) 退避算法

退避算法和截断二进制指数类型的后退算法类似,终端设置最大和最小争用窗口($CW_{MIN}$ 和 $CW_{MAX}$),初始时 $CW = CW_{MIN}$,终端检测到信道忙时,在 $0 \sim CW$ 中随机选择整数 $R$,并使退避时间 $T = R \times ST$,$ST$ 是固定时隙,取决于无线局域网的物理层协议标准和数据传输速率。尽管 $R$ 是 $0 \sim CW$ 中随机选择的整数,两个以上终端选择相同 $R$ 的可能性依然存在,而且,这种可能性随着等待信道空闲的终端的增多而增加。一旦两个以上终端选择了相同的随机数 $R$,它们将同时发送数据,导致冲突发生。虽然发送端无法检测到冲突发生,但一旦发生冲突,接收端将无法接收到正确的 MAC 帧,因此,不能向发送端发送确认应答。发送端在发送 MAC 帧后,直到重传定时器溢出,都没有接收到确认应答,就认定冲突发生,发送端将通过 CSMA/CA 算法重新发送该 MAC 帧,但在计算退避时间时,增大 CW 值。如果 $i$ 是重传次数,则 $CW = 2^{3+i} - 1$,直到 $CW = CW_{MAX}$。一旦发送端接收到确认应答,则将 CW 设置成初值 $CW_{MIN}$。802.11 标准中,$CW_{MIN} = 7$,$CW_{MAX} = 255$。

3) 确认应答过程

接收端接收到正确的 MAC 帧后,向发送端发送确认应答(ACK),接收端经过短帧间间隔(Short InterFrame Space,SIFS)后,直接向发送端发送 ACK,无须执行 CSMA/CA 算法,也不用检测信道状态。为确保接收端成功发送 ACK,一是使 SIFS 小于 DIFS;二是发送端发送 MAC 帧时,持续时间字段的值=接收端发送 ACK 所需要的时间+SIFS,BSS 中所有其他终端将 MAC 帧中持续时间字段值作为 NAV,这些终端在 NAV 减至 0 前,认为信道处于忙状态,不会去争用信道,这就保证了接收端 ACK 的成功发送。如图 3.35 所示是终端 A 向 AP 发送数据的过程,由于终端 A 在准备发送数据帧时,检测到信道忙,因此,在信道持续空闲 DIFS 后,还需经过 4 个时隙的退避时间,才开始发送数据帧,整数 4 是终端 A 在 0～7 中随机选择的整数。AP 接收到数据帧后,经过 SIFS,向终端 A 发送 ACK,其他终端在侦听到终端 A 发送的数据帧后,将自己的 NAV 更新为 AP 发送 ACK 所需的时间＋SIFS。

需要强调的是,接收端只对接收端地址(地址字段 1)是单播地址的 MAC 帧进行确认应答,如果 MAC 帧的接收端地址是组播或广播地址,所有接收该 MAC 帧的接收端都不发送确认应答。

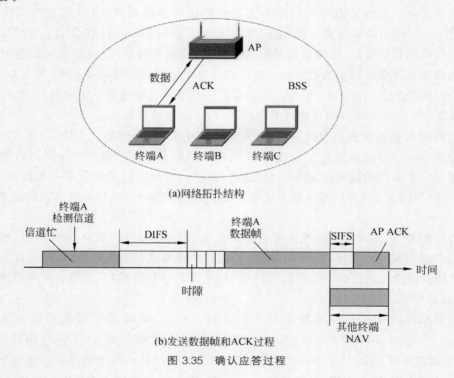

(a)网络拓扑结构

(b)发送数据帧和ACK过程

图 3.35  确认应答过程

### 3.4.5  802.11ah 特点

802.11ah 是一种适用于 IoT 的无线局域网协议。作为一种适用于 IoT 的无线通信网络,需要平衡通信距离、连接的设备数目、数据传输速率、能效和 IP 集成简便性等指标。

**1. 远距离通信**

802.11ah 为了能够适用于 IoT,将通信距离提高到 1km 以上,这样的通信距离,使得 802.11ah 能够应用于多种 IoT 应用场景。

**2. 大容量接入**

为了能够大量连接传感器等智能物体,802.11ah 将允许同时接入的设备数量提高到 8000 以上,使得可以通过 802.11ah 实现用于将大量传感器互连在一起的传感器网络。

### 3. 节能

大量的智能物体通过电池供电,所以必须尽可能降低智能物体的电量消耗,因此,802.11ah 的通信过程必须尽可能避免智能物体的电量消耗,尽量让智能物体处于休眠状态。

### 4. 提高有效吞吐率

传感器每次上传的数据量都很小,而传统无线局域网 MAC 帧首部和尾部的开销都很大,导致有效吞吐率很低。802.11ah 为了提高有效吞吐率,降低了 MAC 帧首部和尾部的开销。

### 5. 较高的数据传输速率

较高的数据传输速率可以拓展 802.11ah 的应用范围,因此,802.11ah 将数据传输速率提高到 150kb/s～86.7Mb/s。

### 6. IP 集成简便性

很容易将 IP 分组封装成 802.11ah MAC 帧,并通过 802.11ah 标准的无线局域网实现 BSS 内两个结点之间的 MAC 帧传输过程。

## 3.4.6　802.11ah 物理层

为了最大程度地提高数据传输速率,802.11ah 物理层采用 802.11n 和 802.11ac 采用的 MIMO、OFDM 等技术。为了提高传输距离,802.11ah 使用 Sub 1GHz 频段。

### 1. 信道绑定

802.11ah 使用 Sub 1GHz 频段,不同国家分配给 802.11ah 使用的频段是不同的,中国分配给 802.11ah 使用的频段是 755～787MHz。802.11ah 把频段划分为多个信道,信道的基本带宽是 1MHz,但可以通过信道绑定技术,将相邻两个带宽是 1MHz 的信道合并为一个带宽为 2MHz 的信道,同样将相邻两个带宽是 2MHz 的信道合并为一个带宽为 4MHz 的信道,这样的过程可以一直进行下去,以此获得高带宽信道。信道绑定过程如图 3.36 所示。

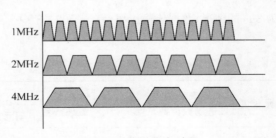

图 3.36　信道绑定过程

OFDM 技术将信道划分为多个子信道,每一个子信道有着对应的子载波。802.11ah 相邻子载波之间的间隔为 31.25kHz,因此,带宽为 1MHz 的信道可以划分为 1000/31.25＝32

个子信道,其中,实际传输数据的有效子信道数量为 24。带宽为 2MHz 的信道可以划分为 2000/31.25＝64 个子信道,其中,实际传输数据的有效子信道数量为 52。因此,高带宽信道由于存在更多的有效子信道,可以极大地提高数据传输速率。

### 2. 数据传输速率计算

无线信道数据传输速率＝空间流的数量×(1/(码元长度＋间隔))×码元表示的二进制数位数×码率×有效载波数量。如果假定空间流的数量等于 1,信道带宽为 2MHz,相邻子载波之间的间隔是 31.25kHz。则空间流的数量和有效子载波的数量维持不变。根据相邻子载波之间的间隔 31.25kHz 可以得出码元长度为 $1/(31.25×10^3)=32\mu s$,当码元之间间隔为 $8\mu s$ 时,可以得出波特率＝$1/((32＋8)×10^{-6})=2500$。当码元之间间隔为 $4\mu s$ 时,可以得出波特率＝$1/((32＋4)×10^{-6})=2777.78$。在这种情况下,导致无线信道数据传输速率变化的主要因素是码元表示的二进制数位数和码率,每一个码元表示的二进制数位数取决于调制技术,码率取决于编码技术。在假定空间流的数量等于 1,信道带宽为 2MHz,相邻子载波之间的间隔为 31.25kHz,码元之间间隔分别为 $8\mu s$ 和 $4\mu s$ 的前提下,根据采用的不同调制技术和编码技术可以得出如表 3.6 所示的不同数据传输速率。根据不同的调制技术和编码技术得出的不同的数据传输速率,称为调制编码方案(Modulation and Coding Scheme, MCS)。

对应表 3.3 中的 MCS0,采用的调制技术是二进制相移键控(Binary Phase Shift Keying,BPSK),每一个码元表示的二进制数位数是 1,采用的编码技术使得码率为 1/2,即表示数据的二进制数位数/总的二进制数位数＝1/2。

因此,对应码元之间间隔为 $4\mu s$ 的情况,数据传输速率＝$1×2777.78×1×(1/2)×52=722\,222b/s=722.2kb/s$。

对应码元之间间隔为 $8\mu s$ 的情况,数据传输速率＝$1×2500×1×(1/2)×52=650\,000b/s=650kb/s$。

对应表 3.6 中的 MCS8,采用的调制技术是 256QAM,每一个码元表示的二进制数位数是 8,采用的编码技术使得码率为 3/4,即表示数据的二进制数位数/总的二进制数位数＝3/4。

因此,对应码元之间间隔为 $4\mu s$ 的情况,数据传输速率＝$1×2777.78×8×(3/4)×52=8\,666\,666b/s=8666.7kb/s$。

对应码元之间间隔为 $8\mu s$ 的情况,数据传输速率＝$1×2500×8×(3/4)×52=7\,800\,000b/s=7800kb/s$。

表 3.6 数据传输速率

| MCS 索引 | 调制技术 | 码元长度 | 码元表示的二进制数位数 | 码率 | 有效载波数量 | 数据传输速率 | |
|---|---|---|---|---|---|---|---|
| | | | | | | 码元间隔 $4\mu s$ | 码元间隔 $8\mu s$ |
| MCS0 | BPSK | $32\mu s$ | 1 | 1/2 | 52 | 722.2kb/s | 650kb/s |
| MCS1 | QPSK | $32\mu s$ | 2 | 1/2 | 52 | 1444.4kb/s | 1300kb/s |
| MCS2 | QPSK | $32\mu s$ | 2 | 3/4 | 52 | 2166.7kb/s | 1950kb/s |
| MCS3 | 16QAM | $32\mu s$ | 4 | 1/2 | 52 | 2888.9kb/s | 2600kb/s |

续表

| MCS 索引 | 调制技术 | 码元长度 | 码元表示的二进制数位数 | 码率 | 有效载波数量 | 数据传输速率 | |
|---|---|---|---|---|---|---|---|
| | | | | | | 码元间隔 4μs | 码元间隔 8μs |
| MCS4 | 16QAM | 32μs | 4 | 3/4 | 52 | 4333.3kb/s | 3900kb/s |
| MCS5 | 64QAM | 32μs | 6 | 2/3 | 52 | 5777.8kb/s | 5200kb/s |
| MCS6 | 64QAM | 32μs | 6 | 3/4 | 52 | 6500kb/s | 5850kb/s |
| MCS7 | 64QAM | 32μs | 6 | 5/6 | 52 | 7222.2kb/s | 6500kb/s |
| MCS8 | 256QAM | 32μs | 8 | 3/4 | 52 | 8666.7kb/s | 7800kb/s |

需要说明的是,增加码元之间的间隔,会降低波特率,从而降低数据传输速率,但可以增加传输距离,提高数据传输的可靠性。

## 3.4.7 802.11ah MAC 层

### 1. AID 的层次结构

802.11ah 允许建立关联的终端数超过 8000,因此,将关联标识符(Association Identifier,AID)的二进制数位数设定为 13 位,以此,将允许建立关联的最大终端数上限指定为 8192。为了实现分级管理,AID 分为页、块、子块和终端四个层次,如图 3.37 所示。13 位 AID 的最高 2 位为页索引(页号),因此,可以将终端分为 4 页,每一页最多可以有 2048 个终端。13 位 AID 的第 10 位至第 6 位(共 5 位二进制数)为块索引(块号),因此,可以将每一页分为 32 块,每一块最多可以有 64 个终端。13 位 AID 的第 5 位至第 3 位(共 3 位二进制数)为子块索引(子块号),因此,可以将每一块分为 8 个子块,每一个子块最多可以有 8 个终端。AID 分层结构导致的页、块、子块和终端四层结构以及每一页包括的块数、每一块包含的子块数、每一子块包含的终端数如图 3.38 所示。可以根据 AID 的页号、块号、子块号划分终端,从而对终端实施分级管理。

图 3.37 关联标识符结构

### 2. 短首部和 NDP

1) 短首部

传感器上传的数据一般都比较短,如果采用传统的 MAC 帧首部,首部和尾部开销将占很大比例,因而降低了数据传输效率。为此,需要减少 MAC 帧首部开销。短首部格式如图 3.39 所示,短首部与传统首部相比,一是删除了一些字段,如持续时间字段;二是减少了一些地址字段的字节数,如终端至 AP 传输过程中,地址 1 可以是终端的 2 字节 AID,而不是 6 字节的 MAC 地址;AP 至终端传输过程中,地址 2 可以是终端的 2 字节 AID,而不是 6 字节的 MAC 地址。

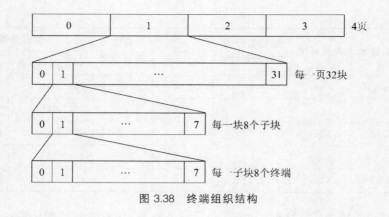

图 3.38  终端组织结构

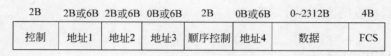

图 3.39  短首部格式

2）NDP

802.11ah MAC 可以分为数据帧、控制帧和管理帧,有些控制帧如 CTS、ACK 等,并没有携带大量有用信息,因此,802.11ah 不再将这些控制帧先封装为 MAC 帧,然后将 MAC 帧作为物理层帧的服务数据单元,再封装成物理层帧,而是直接将这些控制帧封装成物理层帧,并在物理层帧首部中提供这些控制帧需要携带的有用信息。这种技术称为空数据报(Null Data Packet,NDP)。通过 NDP,将有效减少传输这些控制帧所需的字节数。

**3. RAW**

802.11ah 的一大特点是大容量接入,允许同时接入 8000 多个智能物体。由于这些智能物体共享同一个无线信道,通过 DCF 实现信道争用过程,因此会引发冲突,降低无线信道的利用率。受限接入窗口(Restricted Access Window,RAW)是一种在大容量接入的情况下,解决无线信道冲突的有效手段。

受限接入窗口(RAW)是一段保留时间,如图 3.40 所示。这段保留时间内只允许一组指定终端访问无线信道。AP 在信标帧中给出这一段保留时间的范围和允许访问的一组终端的 AID 范围。为了精确控制终端访问过程,将这一段保留时间划分为多个时隙。建立终端 AID 与时隙之间的映射,每一个终端只允许在其映射的时隙内访问无线信道。终端 AID 与时隙之间的映射过程如图 3.41 所示。$f(x)$ 用于计算出 AID$=x$ 的终端所对应的时隙的编号 $i$。函数 $f(x)$ 中的 $x$ 是某个终端的 AID,$N_{offset}$ 是一个随机数,这里是信标帧 FCS 字段中的最后 2 字节,$N$ 是 RAW 中的时隙数,mod 是取余运算。$f(x)$ 用于将终端均匀地分布到每一个时隙。因此,如果 RAW 中的时隙数为 $N$,允许访问 RAW 的终端数也是 $N$,通过 RAW 实现了分时复用(Time Division Multiplexing,TDM)过程,每一个终端分配到 RAW 中的其中一个时隙。如果 RAW 中的时隙数为 $N$,允许访问 RAW 的终端数为 $2 \times N$,只有两个终端通过 DCF 争用 RAW 中的每一个时隙,有效降低了发生冲突的概率,大大提高了无线信道的利用率。

信标帧间隔中允许存在多个 RAW,可以为不同的 RAW 指定不同的终端组。信标帧间

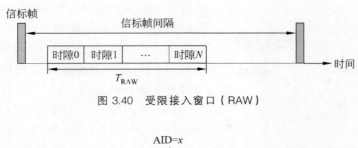

图 3.40 受限接入窗口（RAW）

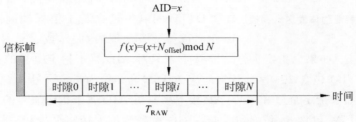

图 3.41 终端 AID 与时隙之间的映射过程

隔中的其他时间段，允许终端通过 DCF 自由争用无线信道。

### 4. TIM

由于大量智能物体通过电池供电，因此，节能是最基本的要求。为了实现节能的目标，应尽可能使得智能物体处于休眠状态。当某个智能物体向处于休眠状态的另一个智能物体发送 MAC 帧时，需要由 AP 实现该 MAC 帧的缓冲过程，并在该 MAC 帧的目的智能物体结束休眠状态时，将该 MAC 帧发送给目的智能物体。

当 AP 缓存了发送给某个智能物体的 MAC 帧时，通过流量指示图（Traffic Indication Map，TIM）告知该智能物体，每一个与 AP 建立关联的智能物体对应流量指示图中其中一位二进制数。该位二进制数为 1，表示 AP 中已经缓存了发送给该智能物体的 MAC 帧，该位二进制数为 0，表示 AP 中没有缓存了发送给该智能物体的 MAC 帧。AP 在周期性发送的信标帧中给出流量指示图，如图 3.42 所示。当某个智能物体接收到信标帧，检测信标帧 TIM 中与其对应的二进制数，如果为 1，向 AP 发送 PS-Poll 帧，AP 接收到智能物体发送的 PS-Poll 帧后，向该智能物体发送缓存的数据帧（DATA），智能物体接收到该数据帧后，向 AP 发送确认帧（ACK），整个过程如图 3.43 所示。智能物体通过 DCF 机制发送 PS-Poll 帧，AP 接收到 PS-Poll 帧，经过 SIFS 后，直接发送数据帧（DATA）。智能物体接收到数据帧后，经过 SIFS 后，直接发送确认帧（ACK）。

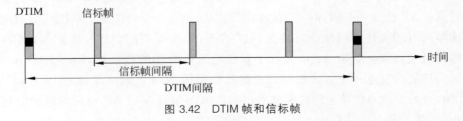

图 3.42 DTIM 帧和信标帧

由于最多可以有 8000 多个智能物体与 AP 建立关联，因此，信标帧中的 TIM 最多需要 8000 多位，这将大大增加信标帧的传输开销。为了缩短信标帧，需要减少 TIM 的二进制数

67

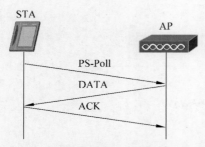

图 3.43　AP 向智能物体发送数据帧过程

位数。如图 3.37 所示,智能物体(STA)的 AID 是层次结构的,分为页、块和子块。因此,可以对智能物体实现分级管理,一段时间内只对属于某个页、或者某个块,甚至某个子块的智能物体进行管理。实现分级管理的过程如图 3.42 所示,存在两种间隔,一是发送配送流量指示图(Delivery Traffic Indication Map,DTIM)间隔;二是信标帧间隔,DTIM 间隔中包含若干信标帧间隔。DTIM 中给出进行分级管理的页号,或者页号和块号,甚至页号、块号和子块号。如果只指定页号,AP 接下来只对 AID 属于指定页号的智能物体实施管理,信标帧中的 TIM 包含 2048 位,依次对应 AID 最高 2 位为指定页号,低 11 位从全 0 到全 1 的智能物体。如果指定页号和块号,AP 接下来只对 AID 属于指定块号的智能物体实施管理,信标帧中的 TIM 包含 64 位,依次对应 AID 最高 7 位为指定页号和块号,低 6 位从全 0 到全 1 的智能物体。如果指定页号、块号和子块号,信标帧中的 TIM 包含 8 位,依次对应 AID 最高 10 位为指定页号、块号和子块号,低 3 位从全 0 到全 1 的智能物体。DTIM 可以为每一个信标帧间隔指定不同的 AID 范围,当智能物体接收到 DTIM,确定自己的 AID 不属于 DTIM 指定的 AID 范围时,该智能物体在接下来的 DTIM 间隔中可以处于休眠状态。如果确定自己的 AID 属于 DTIM 为某个信标帧间隔指定的 AID 范围时,则该智能物体在该信标帧之前可以处于休眠状态,以此实现节能目标。

　　TIM 和 RAW 一起作用时,当某个智能物体接收到信标帧,发现自己 AID 对应的 TIM 位置 1 时,该智能物体在 RAW 中自己对应的时隙通过 DCF 完成 PS-Poll 帧发送过程,如图 3.44 所示。

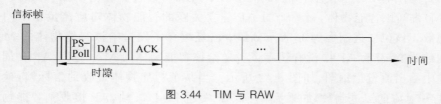

图 3.44　TIM 与 RAW

### 5. TWT

　　为了最大程度地节省终端的电能,尽可能使得终端处于休眠状态,802.11ah 引进目标唤醒时间(Target Wake Time,TWT)。当终端与 AP 之间建立关联时,终端和 AP 之间可以协商唤醒时间。AP 建立一张时间调度表,调度表中给出每一个终端的下一次唤醒时间。终端在下一次唤醒时间前从休眠状态转换为活跃状态,如果需要向 AP 发送数据,则通过 DCF 完成数据帧发送过程。如果 AP 中缓存了发送给某个终端的数据帧,则在该终端的下一次唤醒时间向该终端发送一个包含缓存数据帧状态位的 NDP。该终端通过 DCF 向 AP 发送 PS-Poll 帧,开始接收 AP 发送的数据帧的过程。每一个终端与 AP 协商的唤醒时间间隔可以是几小时,甚至几天。这将极大地减少终端的电能消耗。

## 3.5 LoRa 和 LoRaWAN

远距离无线电(Long Range Radio,LoRa)是 Semtech 公司发明的一种具有远距离、低速和低功耗特性的无线通信技术,LoRaWAN 是 LoRa 联盟定义的基于 LoRa 实现的低功耗广域网(Low Power Wide Area Networks,LPWAN)协议体系结构。

### 3.5.1 LoRa 特性

LoRa 的特性是远距离、低功耗、低成本、大容量、低速和高抗干扰能力。远距离是指无中继无线传输距离可以达到十几、甚至几十千米。低功耗是指可以在电池供电的情况下持续工作几年,甚至十年。低成本是指实现通信协议的成本很低。大容量是指一个 LoRa 网络中可以激活大量智能物体,这些用于接入 LoRa 网络的智能物体称为终端设备。低速是指终端设备的上行和下行数据传输速率不会很高。高抗干扰能力是指 LoRa 网络可以在一个有着较高干扰的环境下正常工作。

### 3.5.2 LoRaWAN 结构

LoRaWAN 结构如图 3.45 所示。LoRa 网关与作为终端设备的智能物体之间通过无线信道实现通信过程,LoRa 网关与网络服务器之间通过 IP 网络实现通信过程。LoRa 网关作为中继设备,将通过无线信道接收到的智能物体发送给网络服务器的数据通过 IP 网络转发给网络服务器,或者相反,将通过 IP 网络接收到的网络服务器发送给智能物体的数据通过无线信道转发给智能物体。网络服务器作为 LoRaWAN 的接入控制设备,对智能物体接入 LoRaWAN 的过程实施控制。应用服务器用于实现对数据的处理过程和应用系统的执行过程。不同的物联网应用系统有着不同功能的应用服务器。网络服务器和应用服务器可以是同一个物理服务器,对于有着多个不同应用系统的 LoRaWAN,可以有着多个不同的应用服务器。

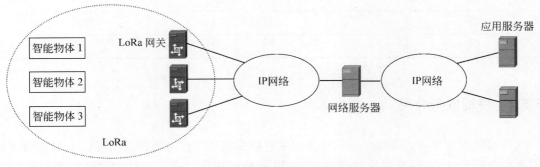

图 3.45 LoRaWAN 结构

### 3.5.3 信道和调制技术

#### 1. 信道和带宽

1）信道带宽

LoRa 常见的信道带宽有三种，分别是 125kHz、250kHz 和 500kHz。信道带宽越大，信道能够实现的传输速率越高。

2）信道

中国目前用于 LoRa 的频段是 470～510MHz，该频段划分为 96 个上行信道和 48 个下行信道。96 个上行信道的编号分别是 0～95，信道 0 的中心频率是 470.3MHz，相邻信道的中心频率相差 0.2MHz，因此，上行信道 $i$ 的中心频率$(f_i)$＝470.3 MHz＋$i$×0.2 MHz，$(i=0,1,2,\cdots,95)$。每一个信道实际使用的带宽是 125kHz。48 个下行信道的编号分别是 0～47，信道 0 的中心频率是 500.3MHz，相邻信道的中心频率相差 0.2MHz，因此，下行信道 $j$ 的中心频率$(f_j)$＝500.3MHz＋$j$×0.2 MHz，$(j=0,1,2,\cdots,47)$。每一个信道实际使用的带宽是 125kHz。

#### 2. 调制技术和关键参数

LoRa 采用基于线性扩频（Chirp Spread Spectrum，CSS）的调制技术，该调制技术的特点是远距离、低功耗和抗干扰。缺点是传输速率较低。LoRa 通过扩频因子来平衡传输距离、抗干扰和传输速率。以下是不同扩频因子下的实际数据传输速率。扩频因子越大，数据传输速率越低，传输距离越远。如表 3.7 所示是不同扩频因子下的关键参数值。

表 3.7　关键参数之间关系

| 数据传输速率类型 | 扩频因子（SF） | 带宽（B） | 实际数据传输速率（b/s） |
| --- | --- | --- | --- |
| D0 | 12 | 125kHz | 250 |
| D1 | 11 | 125kHz | 440 |
| D2 | 10 | 125kHz | 980 |
| D3 | 9 | 125kHz | 1760 |
| D4 | 8 | 125kHz | 3125 |
| D5 | 7 | 125kHz | 5470 |

### 3.5.4 终端设备分类

终端设备分为 A、B 和 C 三类，分类的主要依据在于工作时需要的功耗。A 类终端设备需要的功耗最少，不需要传输数据时，终端设备处于休眠状态。当终端设备需要传输数据时，可以随时通过上行信道发起数据传输过程。只有当终端设备通过上行信道发起数据传输过程后，网络服务器才能通过下行信道向终端设备传输数据。由于网络服务器只有在终端设备发起数据传输过程后，才能向终端设备传输数据，使得下行数据的传输时延是不确定的,且往往很大。因此,A 类终端设备通常是只需要发送数据的传感器。

对于 B 类终端设备,除了在终端设备发起数据传输过程后,网络服务器可以向终端设备传输数据外,网络服务器可以周期性地发起向 B 类终端设备传输数据的过程。因此,对于 B 类终端设备,即使没有数据需要发送,也需要周期性地从休眠状态转换为工作状态。显然,B 类终端设备需要的功耗明显大于 A 类终端设备。但 B 类终端设备的下行数据传输时延小于 A 类终端设备。

对于 C 类终端设备,网络服务器可以随时发起向终端设备传输数据的过程,因此,C 类终端设备需要时刻处于工作状态。显然,C 类终端设备需要的功耗是这三类设备中最大的。但 C 类终端设备的下行数据传输时延也是这三类设备中最小的。

三类终端设备对应的发送和接收数据的方式分别称为 A 类操作方式、B 类操作方式和 C 类操作方式。

### 3.5.5 数据传输过程

#### 1. A 类终端设备数据传输过程

A 类终端设备与网络服务器之间交换数据的过程如图 3.46 所示。当 A 类终端设备需要向网络服务器发送数据时,A 类终端设备在选择的上行信道空闲时发送数据,该数据可能被多个 LoRa 网关接收到,这些 LoRa 网关将接收到的数据转发给网络服务器。如果网络服务器接

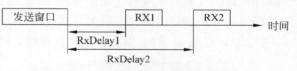

图 3.46 A 类终端设备数据传输过程

收到由多个 LoRa 网关转发的数据,将丢弃重复接收到的数据,并选择其中一个 LoRa 网关作为与该终端设备绑定的 LoRa 网关。以后网络服务器发送给该终端设备的所有数据都由该 LoRa 网关转发。终端设备只能在指定下行信道和接收窗口接收数据,如图 3.46 所示。终端设备发送完数据后,经过 RxDelay1 时间开始第一个接收窗口(RX1),经过 RxDelay2 时间开始第二个接收窗口(RX2)。对应中国使用的 470~510MHz 频带,第一个接收窗口对应的下行信道的编号 $j = i \bmod 48$,其中,$i$ 是终端设备用于发送数据的上行信道的编号。第二个接收窗口对应的下行信道的编号固定为 25(信道中心频率=505.3MHz)。

#### 2. B 类终端设备接收数据过程

B 类终端设备除了和 A 类终端设备一样,在通过上行信道发送完数据后,可以通过下行信道的两个接收窗口接收数据外,还可以通过下行信道周期性地 ping 时隙接收数据。B 类终端设备通过下行信道 ping 时隙接收数据的过程如图 3.47 所示。

终端设备进入 B 类操作方式前,必须同步信标帧,即接收到 LoRa 网关发送的信标帧,并根据信标帧携带的时间信息完成时间和时钟同步过程。终端设备与网络服务器之间通过 B 类操作方式实现数据传输过程前,必须完成以下信息同步过程。由于终端设备都是以 A 类操作方式加入网络,因此,通过 A 类操作方式完成以下信息的交换过程。

- ping 时隙间隔。
- 下行信道编号。

图 3.47　B 类终端设备接收数据过程

• 下行信道数据速率类型。

相邻信标帧之间的间隔＝$2^{12}$×slotLen，其中，slotLen 是每一个时隙的长度，这意味着相邻信标帧之间的间隔被均匀划分为 $2^{12}$ 个时隙。每一个终端设备与网络服务器之间可以在信标帧间隔中指定多个时隙用于传输下行数据，指定的时隙数＝pingNb，且 pingNb＝$2^k$（$k$＝0,1,…,7）。信标帧间隔中用于传输下行数据的时隙称为 ping 时隙，相邻 ping 时隙之间的间隔称为 ping 时隙间隔，ping 时隙间隔＝pingPeriod×slotLen，其中，pingPeriod＝$2^{12}$/pingNb，pingNb 等于信标帧间隔中用于传输下行数据的 ping 时隙数。为了将不同的时隙作为不同终端设备的 ping 时隙，针对每一个终端设备计算 pingOffset，pingOffset＝AES$_{Key}$（devAddr ‖ 信标帧时间 ‖ 16 位填充）mod pingPeriod，即 pingOffset 是 0～pingPeriod 的一个随机值，该随机值的生成与终端设备的 32 位设备地址（devAddr）、信标帧携带的时间（信标帧时间）等有关，因此，对应不同的终端设备和不同的信标帧间隔有着不同的 pingOffset。

通过图 3.47 可以发现，以完整接收信标帧为时间原点：

ping 时隙 0＝pingOffset×slotLen

ping 时隙 1＝pingOffset×slotLen＋ pingPeriod×slotLen

…

ping 时隙 $N$＝ pingOffset×slotLen＋ $N$×pingPeriod×slotLen（$N$＝0,1,…,pingNb-1）

为了建立终端设备与 LoRa 网关之间的绑定，终端设备需要先向网络服务器发送数据。网络服务器发送给终端设备的数据先发送给与该终端设备绑定的 LoRa 网关，由该 LoRa 网关通过指定的下行信道，在指定的 ping 时隙，以指定的数据速率类型向终端设备发送数据。

终端设备需要侦听信标帧，根据信标帧携带的时间和终端设备的 32 位设备地址计算出 ping 时隙 $N$（$N$＝0,1,…,pingNb-1）的起始时间，然后侦听每一个 ping 时隙。终端设备不需要侦听信道的时间，可以进入休眠状态。

### 3. C 类终端设备数据传输过程

C 类终端设备除了发送数据外，一直处于侦听信道和接收数据的状态，如图 3.48 所示。终端设备在通过上行信道发送完数据后，立即进入 A 类操作方式的接收窗口 2（RX2），直到开始 A 类操作方式的接收窗口 1（RX1）。在 A 类操作方式的接收窗口 1（RX1）结束后，立即再次进入 A 类操作方式的接收窗口 2（RX2），直到该终端设备需要通过上行信道发送数据，即再次进入发送窗口。

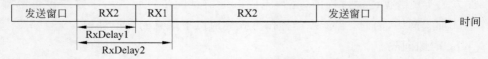

图 3.48　C 类终端设备数据传输过程

**4. A、B 和 C 三类终端设备的比较**

A、B 和 C 三类终端设备在发送上行数据上是相同的,即随时可以通过上行信道发送数据,差别在于接收下行数据的过程。

A 类终端设备只有在通过上行信道完成数据发送过程后,才能通过在下行信道按照规定设置的两个接收窗口(RX1 和 RX2)内完成下行数据接收过程。

B 类终端设备除了在通过上行信道完成数据发送过程后,可以通过在下行信道按照规定设置的两个接收窗口(RX1 和 RX2)内完成下行数据接收过程外,还可以通过信标帧间隔内的 ping 时隙完成下行数据接收过程。

C 类终端设备除了发送窗口,就是接收窗口。接收窗口中,除了是 A 类操作方式的接收窗口 1(RX1),其他时间都是 A 类操作方式的接收窗口 2(RX2)。接收窗口中,C 类终端一直侦听信道和接收数据。

# 3.6 NB-IoT

NB-IoT 是一种通信距离远、传输速率低、功耗小、使用授权频段、由运营商提供无线电接入服务的无线通信网络。

## 3.6.1 NB-IoT 的特点和优势

窄带物联网(Narrow Band Internet of Things,NB-IoT)是一种 LPWAN,具有以下特点。一是大连接,NB-IoT 单个小区内连接的设备数量可以达到 50 000 多个。二是广覆盖,NB-IoT 的传输距离可以达到 15km。三是低功耗,NB-IoT 终端设备的电池寿命可以达到 10 年以上。四是低成本,NB-IoT 终端设备通信模块的成本非常低。

与 LoRa 相比,NB-IoT 具有以下优势:一是 NB-IoT 使用授权频段,干扰比 LoRa 小;二是 NB-IoT 由服务提供商提供无线电接入服务,服务质量比 LoRa 好;三是 NB-IoT 的实现和管理成本比 LoRa 低。

## 3.6.2 NB-IoT 网络结构

**1. 各个部件功能**

NB-IoT 网络结构如图 3.49 所示。用户设备(User Equipment,UE)和 eNodeB 构成无线接入网络(Radio Access Network,RAN),eNodeB 的功能如下。

- 提供无线电覆盖范围。
- 建立与用户设备之间的连接。
- 与移动性管理实体(Mobility Management Entity,MME)交换信令和控制面消息。
- 与服务网关(Serving Gateway,S-GW)交换数据面消息。
- 与属于相同移动运营商的 eNodeB 交换信令消息。

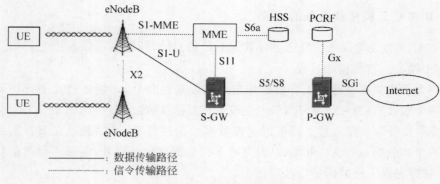

图 3.49 NB-IoT 网络结构

MME 是控制面构件,具有以下功能。

- 处理各种信令消息。
- 对用户设备进行鉴别和授权。
- 为用户数据传输过程选择合适的 S-GW 和 PDN 网关(PDN Gateway,P-GW),这里的 PDN 是 Packet Data Network(分组数据网络)的缩写。

服务网关(S-GW)具有以下功能。

- 将通过 eNodeB 接收到的用户设备的数据转发给 P-GW。
- 统计用户流量。

PDN 网关(P-GW)实现与分组数据网络(PDN)的连接,具有以下功能。

- 支持 IPv4 和 IPv6 等,为用户设备分配 IPv4 或 IPv6 地址。
- 将 NB-IoT 承载信道的服务质量参数映射到 IP 分组的 Diffserv 码点。
- 分组过滤和检测。
- 对下行和上行数据实施流量管制。
- 对下行和上行数据进行流量统计。

归属用户服务器(Home Subscriber Server,HSS)具有以下功能。

- 用于存储和更新用户设备签约信息,如国际移动用户标识码(International Mobile Subscriber Identity,IMSI)。
- 用于存储用户设备各种用于标识身份和加密数据的密钥。
- 用于存储用户设备服务质量参数。

策略与计费规则功能单元(Policy and Charging Rules Function,PCRF)具有以下功能。

- 策略控制决策。
- 基于流计费控制。

**2. 相关信令协议**

属于相同移动运营商的 eNodeB 之间通过 X2 信令协议实现连接,eNodeB 之间通过 X2 信令协议传输控制消息和用户消息,使得用户设备在处于空闲状态时可以接入到新的 eNodeB。eNodeB 和 MME 之间通过 S1-MME 信令协议传输会话管理和移动管理消息,使得 MME 可以对用户设备进行身份鉴别和访问授权。eNodeB 和 S-GW 之间通过 S1-U 信令协议建立 S-GW 与 eNodeB 之间的隧道,以此完成用户数据传输过程。S-GW 与 P-GW 之间通过 S5/S8 信令协议建立双向隧道,完成传输用户面数据和控制面消息传输过程。用户设备、eNodeB、S-GW 和 P-GW 通过上述信令协议建立用户设备与 Internet 之间的上行和下行传输通道,以此实现用户设备访问 Internet 过程。MME 与 S-GW 之间通过 S11 信令协议在 MME 与 S-GW 之间建立隧道,完成控制面消息传输过程,MME 通过与 S-GW 交换控制面消息为用户设备指定 S-GW,建立用户设备、eNodeB、S-GW 之间的用户数据传输通道。MME 与 HSS 之间通过 S6a 信令协议完成用户位置信息的交换和用户签约信息的管理,MME 以此从 HSS 获得用于对用户设备实施身份鉴别和授权的所需信息。PCRF 与 P-GW 之间通过 Gx 信令协议传输 QoS 策略和计费准则等控制面消息,使得 P-GW 可以根据 QoS 策略和计费准则对下行和上行数据实施流量管制和流量统计。P-GW 与 Internet 之间通过 SGi 信令协议建立隧道,实现上行和下行用户数据传输过程。

### 3.6.3　部署方式

NB-IoT 需要分配 180kHz 频段作为实现用户设备与 eNodeB 之间通信过程的无线信道。用户设备与 eNodeB 之间存在上行和下行信道,但采用半双工通信方式完成通信过程。无线信道的分配方式可以分为带内、保护频带和独立频带这三种。

#### 1. 带内

带内部署方式如图 3.50 所示,在分配给长期演进(Long Term Evolution,LTE)使用的频段内,留出两段带宽为 180kHz 的频段作为 NB-IoT 的上行和下行信道。这两段频段一旦分配给 NB-IoT,LTE 便不能使用,因此,带内部署方式对 LTE 会有一定影响。

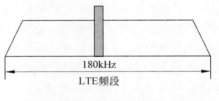

图 3.50　带内部署方式

#### 2. 保护频带

保护频带部署方式如图 3.51 所示,在作为 LTE 保护频带的频段范围内留出两段带宽为 180kHz 的频段作为 NB-IoT 的上行和下行信道。由于这两段频段在 LTE 保护频带的频段范围内,虽然不会影响 LTE 使用的带宽范围,但可能会对 LTE 形成一定干扰。

#### 3. 独立频带

独立频带部署方式如图 3.52 所示,在蜂窝网络使用的频段范围外,为 NB-IoT 单独分配作为上行和下行信道的两段带宽为 200kHz 的频段,这种部署方式对已经存在的蜂窝网络没

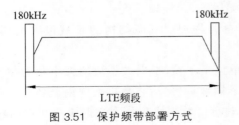

图 3.51　保护频带部署方式

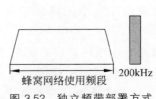

图 3.52　独立频带部署方式

有影响,但可能会增加 NB-IoT 的实现成本。

### 3.6.4 物理层资源结构

NB-IoT 上行和下行无线信道的带宽都是 180kHz,采用半双工通信方式。下行链路采用的多址接入技术是正交频分多址(Orthogonal Frequency Division Multiple Access,OFDMA),上行链路采用的多址接入技术是单载波频分多址(Single-carrier Frequency-Division Multiple Access,SC-FDMA)。

#### 1. 下行链路物理层资源结构

正交频分多址(OFDMA)的基础是正交频分复用(OFDM)技术,180kHz 带宽被划分为 12 个子载波,相邻子载波的中心频率相差 15kHz。无线信道的基本时间单位为时隙,每一个时隙由 7 个码元组成,如图 3.53 所示。因此,如图 3.53 所示的基本资源结构分为两个维度,一是频域,包含 12 个子载波;二是时域,包含 1 个时隙。

每一个码元包括循环前缀(Cyclic Prefix,CP)和码元本身两部分,如图 3.54 所示。CP 的主要作用是降低码元间干扰。时隙中 7 个码元分别是码元 0~码元 6,码元 0 对应的 CP 是 $5.2\mu s$,码元 1~码元 6 对应的 CP 是 $4.7\mu s$,每一个码元的时间长度 $=1/(15\times10^3)=66.67\mu s$,因此,由 7 个码元组成的时隙长度 $=(5.2+66.67)+6\times(4.7+66.7)=500\mu s$,即 0.5ms。如果码元采用正交相移键控(Quadrature Phase Shift Keying,QPSK)调制技术,每一个码元表示 2 位二进制数。包含 12 个子载波的每一个时隙可以表示的二进制数位数 $=7\times2\times12=168$。其中,7 是码元数量,12 是子载波数量,2 是每一个码元表示的二进制数位数。如图 3.53 所示的频域包含 12 个子载波,时域包含 1 个时隙的资源结构称为物理资源模块(Physical Resource Block,PRB)。

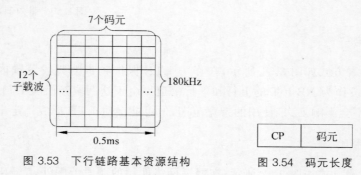

图 3.53　下行链路基本资源结构　　　图 3.54　码元长度

基于时域的下行链路物理层资源结构如图 3.55 所示,两个时隙构成一个子帧,子帧长度 $=2\times0.5ms=1ms$。10 个子帧构成一个无线帧,无线帧长度 $=10\times1ms=10ms$。下行链路物理层资源由无数个无线帧组成。下行链路物理层资源结构的频域包含全部 12 个子载波。

下行链路分配给用户设备的基本资源单位是子帧,根据数据块的大小和为数据块指定的调制与编码方案(MCS)确定需要分配的子帧数量,然后将数据块映射到各个子帧中。如图 3.56(a)所示是为数据块分配两个子帧的过程。数据块划分为数据块 0 和数据块 1,分别将数据块 0 和数据块 1 映射到子帧 SF0 和 SF1。

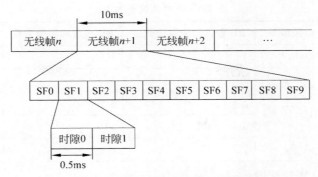

图 3.55 基于时域的下行链路物理层资源结构

为了提高信噪比、扩大传输距离,可以采用重复多次传输同一数据块的方式,如图 3.56(b)所示是重复两次传输数据块的过程,数据块 0 重复映射到子帧 SF0 和 SF1,数据块 1 重复映射到子帧 SF2 和 SF3。在重复两次传输数据块的情况下,传输数据块所需要的子帧数量也增加了 1 倍。

假定数据块的大小是 TBS,在不重复传输的情况下,传输数据块所需要的时间是 $2 \times 1 = 2$ ms,其中,2 是子帧数量,1ms 是子帧时间长度。用户设备的数据速率 $=$ TBS$/(2 \times 10^{-3})$。在重复两次传输的情况下,传输数据块所需要的时间是 $4 \times 1 = 4$ ms,其中,4 是子帧数量,1ms 是子帧时间长度。用户设备的数据速率 $=$ TBS$/(4 \times 10^{-3})$。

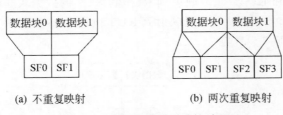

图 3.56 数据块映射到子帧过程

### 2. 上行链路物理层资源结构

上行链路的子载波分为 3.75kHz 和 15kHz 两种,即相邻子载波的中心频率分别相差 3.75kHz 和 15kHz。子载波为 15kHz 的基本资源结构与下行链路相同。子载波为 3.75kHz 的基本资源结构如图 3.57 所示,180kHz 划分为 48 个子载波,每一个时隙由 7 个码元组成,每一个码元包含 CP 和码元本身。时隙中 7 个码元对应的 CP 是相同的,都是 $8.3\mu s$,每一个码元的时间长度 $=1/(3.75 \times 10^3)=266.67\mu s$,因此,7 个码元的时间长度 $=7 \times (8.3+266.67)=1925\mu s$,7 个码元的时间长度 $1925\mu s+75\mu s$ 的保护间隔构成 1 个时隙,时隙长度 $=1925\mu s+75\mu s=2000\mu s$,即 2ms。

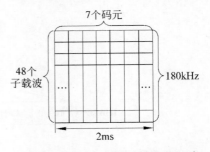

图 3.57 3.75kHz 子载波的上行链路基本资源结构

上行链路的资源分配单位为资源单元(Resource Unit,RU),不同情况下,每一个 RU 包含的子载波数量和时隙数量如表 3.8 所示。

表 3.8　不同情况下的 RU

| 上行数据类型 | 子载波频率 | RU 包含的子载波数量 | RU 包含的时隙数量 | RU 时间长度/ms |
|---|---|---|---|---|
| 普通数据 | 3.75kHz | 1 | 16 | 2×16＝32 |
| | 15kHz | 1 | 16 | 0.5×16＝8 |
| | | 3 | 8 | 0.5×8＝4 |
| | | 6 | 4 | 0.5×4＝2 |
| | | 12 | 2 | 0.5×2＝1 |
| 控制信息 | 3.75kHz | 1 | 4 | 2×4＝8 |
| | 15kHz | 1 | 4 | 0.5×4＝2 |

上行链路分配给用户设备的基本资源单位是 RU,根据数据块的大小和为数据块指定的调制与编码方案(MCS)确定需要分配的 RU 数量,然后将数据块映射到各个 RU 中。如图 3.58(a) 所示是为数据块分配两个 RU 的过程,每一个 RU 包含 12 个子载波和 2 个时隙。数据块划分为数据块 0 和数据块 1,分别将数据块 0 和数据块 1 映射到 RU1 和 RU2。映射到 RU1 的数据块 0 最终被映射到 12 个子载波和 2 个时隙(时隙 0 和时隙 1),同样,映射到 RU2 的数据块 1 也最终被映射到 12 个子载波和 2 个时隙(时隙 2 和时隙 3)。

如果重复两次传输数据块,如图 3.58(b)所示,数据块 0 重复映射到 RU1 和 RU2,数据块 1 重复映射到 RU2 和 RU3。重复映射到 RU1 和 RU2 的数据块 0 最终被映射到 12 个子载波和 4 个时隙(时隙 0～时隙 3),重复映射到 RU3 和 RU4 的数据块 1 最终被映射到 12 个子载波和 4 个时隙(时隙 4～时隙 7)。

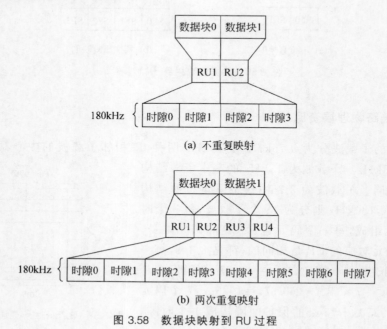

(a) 不重复映射

(b) 两次重复映射

图 3.58　数据块映射到 RU 过程

### 3.6.5　物理信道

物理信道实现物理层帧传输过程,下行物理信道复用下行链路资源,上行物理信道复用上行链路资源。

#### 1. 下行物理信道

下行物理信道分为窄带物理广播信道(Narrowband Physical Broadcast Channel,NPBCH)、窄带物理下行控制信道(Narrowband Physical Downlink Control Channel,NPDCCH)和窄带物理下行共享信道(Narrowband Physical Downlink Shared Channel,NPDSCH)。

1) NPBCH

NPBCH 用于传输主信息块(Master Information Block,MIB),主信息块主要包括当前无线帧数量、系统带宽、部署方式等与该 NB-IoT 实现过程有关的信息。

2) NPDCCH

NPDCCH 用于传输下行控制信息(Downlink Control Information,DCI),下行控制信息主要包括上行链路资源分配信息、对应上行链路传输过程的 ACK/NACK、下行链路资源调度信息和寻呼信息等。有三种格式的 DCI,分别用于传输不同的控制信息。

- DCI Format N0:用于传输上行链路资源分配信息、对应上行链路传输过程的 ACK/NACK。
- DCI Format N1:用于传输下行链路资源调度信息。
- DCI Format N2:用于传输寻呼信息。

3) NPDSCH

NPDSCH 主要用于传输下行数据,除了下行数据,也传输系统信息块(System Information Block,SIB),系统信息块主要包括相邻小区信息和小区重选信息。

4) 物理信道复用过程

物理信道复用过程如图 3.59 所示,各个物理信道时分复用无线帧中的各个子帧。偶无线帧和奇无线帧的复用过程稍微有点不同。

| | SF0 | SF1 | SF2 | SF3 | SF4 | SF5 | SF6 | SF7 | SF8 | SF9 |
|---|---|---|---|---|---|---|---|---|---|---|
| 偶无线电帧 | NPBCH | NPDCCH or NPDSCH | NPDCCH or NPDSCH | NPDCCH or NPDSCH | NPDCCH or NPDSCH | NPSS | NPDCCH or NPDSCH | NPDCCH or NPDSCH | NPDCCH or NPDSCH | NSSS |
| | SF0 | SF1 | SF2 | SF3 | SF4 | SF5 | SF6 | SF7 | SF8 | SF9 |
| 奇无线电帧 | NPBCH | NPDCCH or NPDSCH | NPDCCH or NPDSCH | NPDCCH or NPDSCH | NPDCCH or NPDSCH | NPSS | NPDCCH or NPDSCH | NPDCCH or NPDSCH | NPDCCH or NPDSCH | NPDCCH or NPDSCH |

图 3.59　物理信道复用过程

5) 物理信号

如图 3.59 所示,占用无线帧中子帧的除了无线信道,还有物理信号。窄带主同步信号(Narrowband Primary Synchronisation Signal,NPSS)的作用是让用户设备对界无线帧。窄带辅助同步信号(Narrowband Secondary Synchronisation Signal,NSSS)一是作为辅助同步信号,二是用于提供小区标识符(Cell ID)。

窄带参考信号(Narrowband Reference Signal,NRS)用于小区选择和信道评估,用户设备选择 NRS 信号最强的小区作为空闲状态时进行侦听的小区。NRS 不单独占用无线帧中的子帧,只是在物理信道占用的子帧中占用若干资源元素(Resource Element,RE)。单个子载波中单个码元对应的资源单位称为资源元素,它是最小的资源单位。

**2. 上行物理信道**

上行物理信道分为窄带物理随机接入信道(Narrowband Physical Random Access Channel,NPRACH)和窄带物理上行共享信道(Narrowband Physical Uplink Shared Channel,NPUSCH)。

1) NPRACH

NPRACH 用于用户设备发送前导码,用户设备通过发送前导码启动随机接入过程。

2) NPUSCH

NPUSCH 主要用于传输数据,也可以传输作为对接收到的下行数据响应的 ACK/NACK 等控制信息。NPUSCH 分别用两种不同的格式 format 1 和 format 2 传输这两种不同类型的数据。

3) 物理信号

分时复用上行链路的除了物理信道,还有物理信号。eNodeB 通过解调参考信号(Demodulation Reference Signal,DMRS)评估上行物理信道的通信质量。

需要强调的是,与下行链路不同,NPRACH 和 NPUSCH 并不是分时复用上行链路,而是部分共享上行链路的频域和时域资源。

**3. 物理信道峰值速率**

NB-IoT 标准下最大的下行物理信道传输块大小(Transport Block Size,TBS)是 680b,在重复传输次数为 1 的情况下,分配 3 个子帧。由于每一个子帧的时间长度为 1ms,因此,峰值传输速率 $=680/(3\times10^{-3})=226.67\text{kb/s}$,如表 3.9 所示。

表 3.9　下行物理信道的峰值速率

| 下行物理信道 | 传输块大小 | 重复次数 | 子帧数量 | 峰值速率 |
|---|---|---|---|---|
| NPDSCH | 680b | 1 | 3 | 226.67kb/s |

NB-IoT 标准下最大的上行物理信道传输块大小(TBS)是 1000b,在重复传输次数为 1 的情况下,分配 4 个 RU,每一个 RU 包括 12 个子载波和 2 个时隙。因此,每一个 RU 的时间长度为 1ms。由此得出峰值传输速率 $=1000/(4\times10^{-3})=250\text{kb/s}$,如表 3.10 所示。

表 3.10　上行物理信道的峰值速率

| 上行物理信道 | 传输块大小 | 重复次数 | RU 数量 | 峰值速率 |
|---|---|---|---|---|
| NPUSCH | 1000b | 1 | 4 | 250kb/s |

需要说明的是,之所以将这两个传输速率称为峰值传输速率,是因为这两个传输速率是在假定重复传输次数为 1 的前提下计算所得的。

### 3.6.6　随机接入过程

随机接入过程如图 3.60 所示,由以下步骤组成。

（1）UE 选择一个前导码,通过窄带物理随机接入信道（NPRACH）发送给 eNodeB。

（2）eNodeB 通过窄带物理下行控制信道（NPDCCH）为 UE 通过窄带物理上行共享信道（NPUSCH）传输 msg3 分配资源。

（3）eNodeB 通过窄带物理下行共享信道（NPDSCH）发送随机接入响应。随机接入响应中有 eNodeB 为 UE 分配的无线网络临时标识符（Radio Network Temporary Identifier,RNTI）。

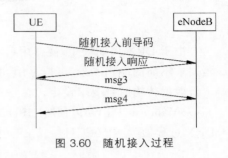

图 3.60　随机接入过程

（4）UE 根据 eNodeB 分配的资源通过 NPUSCH 向 eNodeB 传输 msg3,msg3 中给出 eNodeB 为 UE 分配的 RNTI 和 UE 随机选择的作为自身标识符的随机数 $U$。

（5）eNodeB 接收到 UE 发送的 msg3,且 msg3 中给出的 RNTI 与其为某个 UE 分配的 RNTI 相同,通过 NPDSCH 向 UE 发送 msg4,msg4 中同样给出 eNodeB 为 UE 分配的 RNTI 和 UE 随机选择的随机数 $U$。

（6）UE 接收到 eNodeB 发送的 msg4,且 msg4 中给出的 RNTI 和随机数 $U$ 与随机接入响应中给出的 RNTI 和在 msg3 中给出的作为自身标识符的随机数 $U$ 相同。随机接入过程成功完成。eNodeB 为 UE 分配的 RNTI 作为在小区中唯一标识 UE 的 C-RNTI。

msg3 和 msg4 的主要作用是用于解决多个 UE 同时通过相同的前导码发起随机接入过程的问题,该问题解决过程称为争用解决过程。

### 3.6.7　节能

UE 可以处于以下四种状态之一,这 4 种状态分别是连接状态、空闲状态、节能模式（Power Saving Mode,PSM）状态和扩展非连续接收（extended Discontinuous Reception,eDRX）状态。UE 加电后,进入空闲状态,完成随机接入过程后,进入连接状态。一旦不需要进行上行数据传输过程,从连接状态转换为空闲状态。在空闲状态下,一旦激活定时器溢出,UE 进入 PSM 状态。PSM 状态下,UE 关闭射频,进入休眠状态,不再发送和接收数据。当 UE 需要发送数据,或者唤醒定时器溢出时,UE 从 PSM 状态转换为连接状态。

PSM 状态下,UE 不再接收下行数据。如果应用系统对下行数据传输时延有所要求,UE 就不能长时间处于 PSM 状态。但如果 UE 一直处于空闲或连接状态,又无法实现节能目标。因此,需要一种既能有效控制下行数据传输时延,又能实现节能目标的方式。这种方法就是 DRX 和 eDRX。

用户设备处于空闲状态时,需要侦听经过 NPDCCH 传输的寻呼信息。为了实现节能目标,用户设备可以每经过 DRX 周期侦听 NPDCCH。其他时间处于休眠状态。DRX 根据下行数据要求的传输时延设置,可以在 0.64s、1.28s、2.56s 和 5.12s 选择。DRX 过程如图 3.61 所示。

图 3.61 DRX 过程

由于 DRX 周期较短,使得用户设备无法最大程度实现节能目标。对于下行数据传输时延要求不高的应用场景,可以采用 eDRX 过程。如图 3.62 所示,eDRX 周期可以很大,根据下行数据传输时延要求设定。在每一个 eDRX 周期内,用户设备只在寻呼时间窗口(Paging Time Window,PTW)内侦听 NPDCCH,其他时间处于休眠状态。PTW 内,用户设备根据 DRX 过程侦听 NPDCCH。

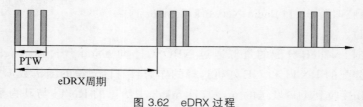

图 3.62 eDRX 过程

# 本章小结

- 无线通信网络分类标准有通信距离、传输速率、频段特性、功耗和拓扑结构等。
- Bluetooth LE 物理层采用跳频和 GFSK 调制技术。
- 主设备状态经历待机→启动→连接。
- 从设备状态经历待机→公告→连接。
- ZigBee 网络拓扑结构分为星状、树状和网状这三种。
- ZigBee 设备角色分为协调器、路由器和终端设备这三种。
- ZigBee 采用 O-QPSK 调制技术。
- ZigBee 中结点 CAP 阶段通过时隙 CSMA/CA 算法发送数据。
- 树状拓扑结构和网状拓扑结构需要通过网络层实现路径生成和数据转发过程。
- 802.11ah 是一种具有适用于 IoT 特性的无线局域网。
- 802.11ah 采用 OFDM、MIMO 等先进无线局域网技术。
- 802.11ah 采用适用于 IoT 的 NDP、RAW、TIM 和 TWT 等技术。
- LoRa 采用 CSS 调制技术。
- LoRa 终端设备分为 A、B 和 C 三类。
- A 类终端设备功耗最低、B 类次之、C 类最大。
- A 类终端设备的下行数据传输时延最大、B 类次之、C 类最小。
- NB-IoT 是一种使用授权频段、适用于 IoT 的无线通信网络。
- NB-IoT 具有大连接、广覆盖、低功耗和低成本等特性。

# 习题

3.1　为什么说物联网的接入网大多是无线通信网络？

3.2　接入网分类依据有哪些？

3.3　简述 Bluetooth LE 物理层实现二进制位流传输的过程。

3.4　列出 Bluetooth LE 状态，以及发生状态转换的条件。

3.5　简述手机与蓝牙耳机之间的通信过程。

3.6　简述 ZigBee 创建 PAN 的过程。

3.7　针对如图 3.25 所示 ZigBee 网络，给出结点 11 至结点 13 的数据传输过程。

3.8　针对如图 3.26 所示 ZigBee 网络，给出建立结点 B 至结点 I 传输路径的过程。

3.9　简述 802.11ah 与传统无线局域网之间的相同点和不同点。

3.10　简述 OFDM、MIMO 等技术对提高 802.11ah 传输速率的作用。

3.11　简述 802.11ah 适用于 IoT 的特性。

3.12　简述 802.11ah 适用于 IoT 的 NDP、RAW、TIM 和 TWT 等技术的功能。

3.13　如何确定 A 类终端设备的上行信道编号与下行信道编号？

3.14　如何确定 B 类终端设备的上行信道编号与下行信道编号？

3.15　定性分析 A、B 和 C 三类终端设备的下行数据传输时延。

3.16　简述 NB-IoT 组成以及主要部件的功能。

3.17　NB-IoT 上行链路和下行链路如何分配资源？

3.18　NB-IoT 如何计算物理信道的峰值速率？

3.19　NB-IoT 如何实现节能？

# 第 4 章　无线传感器网络

无线传感器网络负责将传感器感知的数据传输到汇聚结点,通过汇聚结点转发给后台数据中心。由于传感器感知的事件的发生位置十分重要,无线传感器网络还需解决传感器结点的定位问题。

## 4.1　无线传感器网络结构和特点

由于传感器结点的特殊性和无线传感器网络的特殊应用场景,无线传感器网络有着不同于一般无线通信网络的结构和特点。

### 4.1.1　无线传感器网络定义和结构

#### 1. 无线传感器网络定义

无线传感器网络(Wireless Sensor Network,WSN)是一组通过无线链路连接的、相互独立的、具有自治能力的传感器结点的集合,传感器结点用于监测所在环境的物理特性。无线传感器网络中至少包含一个用于实现无线传感器网络与互联网互联的汇聚结点。

#### 2. 无线传感器网络结构

无线传感器网络结构如图 4.1 所示,传感器结点之间通过无线链路连接,传感器结点之间、传感器结点与汇聚结点之间可以间隔多跳,如图中传感器结点 4 与传感器结点 9 和汇聚结点之间。汇聚结点用于实现无线传感器网络与互联网之间互联,因此,传感器结点如果需要将数据发送给互联网,需要先将数据发送给汇聚结点,然后由汇聚结点转发给互联网。无线传感器网络的主要功能是实现传感器结点之间、传感器结点与汇聚结点之间的通信过程。因此,每一个传感器结点需要实现以下两个功能:一是通过无线链路实现与相邻传感器结

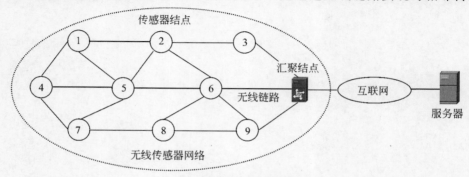

图 4.1　无线传感器网络结构

点之间的通信过程;二是能够选择通往目的传感器结点的传输路径,即根据目的传感器结点标识符,确定通往目的传感器结点传输路径上的下一跳传感器结点。

## 4.1.2 无线传感器网络特点

### 1. 网络规模大

无线传感器网络的结点数可以成千上万,因此,无线传感器网络可能是一个结点数非常巨大的网络。

### 2. 传感器结点资源受限

为了监测环境,需要放置成千上万个传感器结点,利用这些传感器结点监测环境的温度、湿度、空气质量等。因此,传感器结点的成本必须是很低的,低成本导致传感器结点的处理能力和存储能力都非常有限,配置的外部设备也尽可能简单。

### 3. 网络拓扑结构随意

无线传感器网络的理想用途是可以通过飞机撒下成千上万个传感器结点,以此对大范围环境实施监测。因此,每一个传感器结点的位置,每一个传感器结点的相邻传感器结点集合,每一个传感器结点与相邻传感器结点之间的无线链路都是随意的,不是计划好的。这就要求每一个传感器结点能够发现相邻传感器结点集合,构建到达任何一个传感器结点的传输路径。一旦网络拓扑结构发生变化,必须使得重新发现的相邻传感器结点集合和重新构建的到达任何一个传感器结点的传输路径与变化后的拓扑结构相一致。

### 4. 时延不敏感

多数应用场景下,无线传感器网络是时延不敏感的传输网络,传感器结点之间、传感器结点与汇聚结点之间传输数据产生的时延和时延抖动可以比较大。

### 5. 与互联网相联

传感器结点采集的环境物理特性需要传输给互联网中的服务器,由服务器对数据进行处理和存储,通过互联网中的服务器实现数据的共享。因此,无线传感器网络中的任何一个传感器结点需要建立通往汇聚结点的传输路径,能够把采集到的数据传输给汇聚结点。

## 4.2 传感器结点结构和协议栈

无线传感器网络的应用场景使得传感器结点的受限因素较多,从而导致传感器结点特有的结构和特性。

## 4.2.1 传感器结点结构和特性

传感器结点结构如图 4.2 所示,基本构件与不包含执行器模块的智能物体相似。但传感器结点具有以下特性。

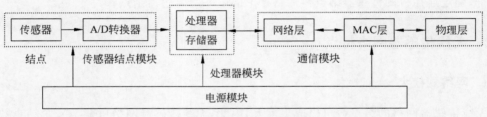

图 4.2　传感器结点结构

### 1. 低成本

一个无线传感器网络中可以包含成千上万个传感器结点,因此,传感器结点必须是低成本的。低成本导致传感器结点各个构件的功能和资源受限。因此,传感器结点是一个功能和资源受限的智能物体。

### 2. 低速率

大多数应用场景下,传感器结点采集数据的速率是低速的,如监测环境温度、湿度的传感器结点,可能间隔较长时间才采集一次数据。这使得传感器结点发送数据的速率是低速的,因此,传感器结点只需要采用低速的通信技术和无线传输网络。

### 3. 低功耗

传感器结点普遍采用电池供电方式,大多数应用场景下,为传感器结点更换电池是一件不可能的事情,因此,需要在无须更换电池的情况下,持续工作几个月甚至几年。因此,传感器结点必须是低功耗的。这就要求无论是通信过程,还是数据采集过程,都必须采用节能模式。

### 4. 短距离

无线传感器网络通常采用 mesh 拓扑结构,相邻传感器结点之间的通信距离不大,因此,传感器结点普遍采用短距离通信技术和无线传输网络。

## 4.2.2　传感器结点协议栈

传感器结点协议栈如图 4.3 所示。由应用层、网络层、MAC 层和物理层组成。

### 1. 应用层

应用层主要完成数据采集、数据压缩和数据处理等功能,如具有温度传感器的传感器结点,应用层主要完成环境温度采集、阈值比较和温度数据压缩等功能。

图 4.3　传感器结点协议栈

**2. 网络层**

网络层主要完成路由功能,建立传感器结点之间、传感器结点与汇聚结点之间的传输路径。实现数据传感器结点之间、传感器结点与汇聚结点之间的传输过程。

**3. MAC 层**

MAC 层的功能是实现相邻传感器结点之间的数据传输过程。由于互联相邻传感器结点的是无线链路,而无线链路通常被多个传感器结点共享,因此,MAC 层需要解决无线链路争用、冲突避免等问题。另外,MAC 层还需要实现无线链路质量监测、差错控制等功能。同时,传感器结点实现 MAC 层功能时,必须采用节能模式。

**4. 物理层**

物理层的功能是实现二进制位流从无线链路一端传输到无线链路另一端的过程,涉及频段、调制解调技术等。

由于本章着重讨论数据在传感器结点之间、传感器结点与汇聚结点之间的传输过程,因此,重点讨论用于实现 MAC 层和网络层功能的协议和算法。

# 4.3　MAC 层

媒体接入控制(Medium Access Control,MAC)协议用于解决传感器结点通过共享信道完成与其相邻传感器结点之间的通信过程所带来的问题。由于传感器结点通常由电池供电,且更换电池困难,因此,需要针对无线传感器网络设计基于节能的 MAC 协议。

## 4.3.1　MAC 协议设计指标

设计 MAC 协议时,需要均衡以下指标。但不同的无线网络,对指标的侧重点是不同的。

**1. 冲突避免**

由于传感器结点通过共享信道完成与其相邻传感器结点之间的通信过程,因此,MAC 协议的基本功能是避免冲突发生,即保证没有两个及以上传感器结点同时通过共享信道发送数据。对于基于争用的 MAC 协议,完全避免冲突发生是困难的,因此,MAC 协议需要尽可能降低冲突发生概率。

**2. 节能**

对于无线传感器网络,节能是最重要的指标。鉴于无线传感器网络的应用场景,必须保证传感器结点在不更换电池的情况下,持续工作几个月,甚至更长时间。由于通信是最耗电的工作,因此,必须设计节能的 MAC 协议。

### 3. 可扩展性和自适应性

对于无线传感器网络，一是需要允许传感器结点自由增长；二是需要允许传感器结点之间的拓扑关系自由改变；三是需要允许传感器结点自然淘汰。这就要求无线传感器网络的MAC协议必须具有可扩展性和自适应性，能够适应各种规模的无线传感器网络和不断变化的无线传感器网络。

### 4. 无线信道效率

无线信道效率是指无线信道带宽的使用效率，即时间段 $T$ 内信道有效传输时间与时间段 $T$ 之间的比值。对于无线传感器网络，节能是最重要的指标，当节能与无线信道效率矛盾时，为了节能，可以牺牲无线信道效率。因此，无线传感器网络要求 MAC 协议在保证节能的前提下，能够尽可能充分地利用无线信道带宽。

### 5. 时延

时延是指从发送传感器结点有数据需要发送，到接收传感器结点成功接收该数据之间的时间。时延的重要性取决于无线传感器网络的应用，由于无线传感器网络主要应用于环境监测，而大部分环境监测对 1s 内的时延是允许的，因此，无线传感器网络对 MAC 协议的时延要求不是很高。当然，对于要求及时做出反应的无线传感器网络应用场景，时延是一个重要指标。

### 6. 吞吐率

吞吐率是指单位时间内成功通过信道传输的二进制数位数。许多因素会对无线信道的吞吐率产生影响。一是冲突，由于一旦发生冲突，必须重新传输数据，因此，冲突会严重影响无线信道的吞吐率。二是无线信道效率，无线信道效率越低，无线信道吞吐率越低。三是无线信道控制开销，无线信道控制开销越大，无线信道吞吐率越低。四是无线信道时延，无线信道时延越大，无线信道吞吐率越低。因此，吞吐率是 MAC 协议的一个综合指标。

### 7. 公平

公平是指每一个传感器结点占用无线信道发送数据的机会是均等的。对于无线局域网，由于每一个终端都是独立的，各自运行应用程序，因此，公平是需要的。但对于无线传感器网络，所有传感器结点通常用于协调完成同一应用，因此，单个传感器结点的公平不是重要的。

## 4.3.2 影响节能的关键因素

设计基于节能的 MAC 协议的第一步是找出影响节能的关键因素，然后在 MAC 协议设计过程中消除这些因素。

### 1. 冲突

无线电操作（发送、接收和侦听）是最耗电的操作。一旦发生冲突，就会重复多次传输同一数据,重复多次的发送操作将严重影响电池的使用时间。因此,需要尽可能避免冲突发生。

### 2. 无效侦听

发送是指把数据转换成电磁波,然后通过天线把电磁波传播到无线信道的过程。接收是通过天线感知通过无线信道传播的电磁波,并将其转换成数据的过程。侦听是指监测无线信道的电磁波能量是否超过阈值的过程。一般来说,三种操作中,耗电顺序是发送、接收和侦听。但长时间侦听也会严重影响电池的使用时间。因此,需要尽可能减少不必要的侦听时间。

### 3. 无效接收

由于无线信道是共享信道,一个传感器结点通过无线信道发送的数据可以被该传感器结点的所有相邻传感器结点接收。无效接收是指某个传感器结点接收了目的传感器结点不是自身的数据。由于接收是一件非常耗电的操作,大量无效接收将严重影响电池的使用时间。

### 4. 控制报文开销

控制报文不能传输数据,但同样引发发送、接收和侦听操作,因此,需要尽可能减少控制报文的传输过程,降低因为传输控制报文造成的开销。

## 4.3.3　sensor MAC

sensor MAC 是一种通过尽量消除冲突、无效侦听、无效接收和控制报文开销,以实现节能目标的 MAC 协议。

### 1. 工作流程

1) 节能模式

为了节能,传感器结点工作模式如图 4.4 所示,交替处于侦听和休眠状态。占空比＝传感器结点侦听时间/(传感器结点侦听时间＋传感器结点休眠时间)。占空比越小,传感器结点越节能。处于休眠状态时,传感器结点不再侦听、接收和发射电磁波。

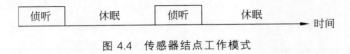

图 4.4　传感器结点工作模式

2) 同步调度

对于图 4.1 中的传感器结点 4,传感器结点 1、5 和 7 是其相邻传感器结点,传感器结点 4 为了能够与其相邻传感器结点通信,必须使得与传感器结点 1、5 和 7 有着相同的侦听和休眠时间。传感器结点的侦听和休眠时间称为该传感器结点的调度,使得相邻传感器结点之间有着相同的侦听和休眠时间的过程,称为同步调度过程。如图 4.4 所示的由侦听和休眠组成的周期称为调度周期。

（1）每一个传感器结点初次启动时，侦听一段时间，这一段时间必须大于或等于约定的最大调度周期。如果在侦听时间段内，接收到其他相邻传感器结点发送的调度（即该传感器结点的侦听和休眠时间），将该调度作为自己指定的调度，等待随机生成的时延 $t_d$，广播该调度，然后进入休眠状态，直到调度指定的侦听开始时间。如果在侦听时间段内，一直没有接收到其他相邻传感器结点发送的调度，根据配置，生成自己的调度，将该调度作为自己指定的调度，并向相邻传感器结点广播该调度，进入休眠状态，直到调度指定的侦听开始时间。生成自己的调度的传感器结点称为同步者，接收其他传感器结点的调度的传感器结点称为追随者。

（2）如果传感器结点已经指定自己的调度，在侦听时间段内接收到其他传感器结点广播的调度，且该调度与自己指定的调度不同，传感器结点将该调度与自己指定的调度一起存储到调度表中，广播自己指定的调度。该传感器结点需要同时遵守这两个调度，即两个调度中的任何一个侦听时间段内，该传感器结点都需处于侦听状态。如果调度表中有多个调度，该传感器结点需要同时遵守多个调度，即多个调度中的任何一个侦听时间段内，该传感器结点都需处于侦听状态。但这些调度中，只有一个调度是传感器自己指定的调度。

3）数据发送过程

如果传感器结点 x 需要向传感器结点 y 发送数据，传感器结点 x 根据调度表中调度，确定传感器 y 处于侦听状态的时间段内，启动数据发送过程，数据发送过程如图 4.5 所示。随机退避时间是传感器结点生成的随机时延 $t_d$。

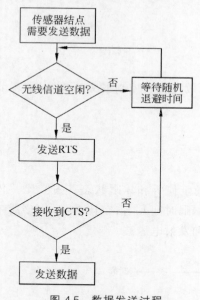

图 4.5　数据发送过程

**2. 节能原理**

由于影响节能的关键因素是冲突、无效侦听、无效接收和控制报文开销，实现节能的关键是尽可能减少冲突、无效接收、无效侦听和控制报文开销。

1）消除冲突

根据如图 4.5 所示的数据发送过程，两个以上传感器结点同时发送数据导致冲突发生的前提是，两个以上传感器结点同时检测到无线信道空闲，或者等待的退避时间相同。一是每一个传感器结点不是在进入侦听状态后，立即检测无线信道，而是随机延迟一段时间，因此，两个以上传感器结点同时检测到无线信道空闲的概率不大。二是每一个传感器结点独立随机生成退避时间，因此，两个以上传感器结点生成相同退避时间的概率也很小。

2）消除无效接收

传感器结点 x 至传感器结点 y 的数据传输过程涉及如图 4.6 所示的报文交换序列。一是所有报文给出目的结点的地址（或编号）。二是所有报文中包含持续时间字段，该字段中给出从发送该报文到数据传输过程结束所需要的时间。每一个传感器结点在接收到报文时，如果该报文的持续时间字段值大于传感器结点的网络分配向量（Network Allocation Vector，NAV），将该报文中的持续时间字段的值作为自己的 NAV。NAV 是一个计数器，如果 NAV 的值不为 0，每隔 1 μs 减 1，直到为 0。传感器结点确定无线信道空闲的前提是无线信道没有载波(或载波能量低于阈值)且 NAV 为 0。为消除无效接收,一旦接收到的 RTS 或 CTS 报文的目的地址不是自己,该传感器结点进入休眠状态,直到 NAV 为 0。由于 RTS 和 CTS 是没有净荷的控制报文,比数据报文短得多,因此,有效降低了无效接收时间。

两个传感器结点开始数据传输过程后,通过交换 RTS 和 CTS,保留了完成数据传输过程所需要的时间,这段时间内,由于其他传感器结点的 NAV 不为 0,因此,其他传感器结点不会去竞争无线信道,这将有效降低发生冲突的可能。

3) 消除无效侦听

如图 4.4 所示的节能模式使得每一个传感器结点只有在侦听时间段内开始侦听,且一旦接收到目的结点不是自己的 RTS 或 CTS 报文,立即进入休眠状态,直到 NAV 为 0,这将有效降低无效侦听时间。

4) 消除控制报文开销

大数据传输过程涉及如图 4.7 所示的报文交换序列,一是大数据被划分为多个数据片,接收端对每一个数据片做确认应答;二是所有报文中的持续时间字段给出从发送当前报文到完成整个报文交换序列所需要的时间,使得任何在传输过程中唤醒的传感器结点都能正确设置自己的 NAV,并重新进入休眠状态。

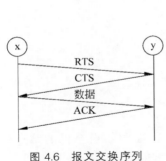

图 4.6 报文交换序列

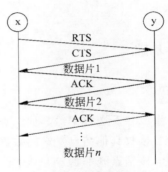

图 4.7 大数据传输过程

如图 4.7 所示的大数据传输过程中,通过交换一次 RTS 和 CTS,完成保留传输多个数据片所需时间的任务。由于多个数据片可以是划分一个大的数据所产生的多个数据片,也可以是集中传输多个数据产生的多个数据片。因而可以用较少的控制报文完成大数据传输过程或多个数据集中传输过程,以此有效降低控制报文开销。

### 3. 存在的问题

1) 调度是固定的

由于调度是根据配置设定的,在完成同步调度过程后,调度指定的每一个周期中的起始侦听时间是固定的,不能随传感器结点负载的变化而变化。由于调度的占空比以及每一个周期中的起始侦听时间不能随传感器结点负载的变化动态改变,因此,对于负载变化大的无线传感器网络,设定合适的调度是困难的。

2) 传输时延加大

由于传感器结点只有在侦听时间段内才能发送和接收数据,因此,休眠时间段内监测到的事件,延迟到侦听时间段内才能上传。当数据需要经过多跳转发时,由于传感器结点休眠时间段内不能转发数据,因此,将大大增加数据的转发时延。

3)边界结点无法有效节能

如图 4.1 所示的无线传感器网络拓扑结构中,假定传感器结点初始启动顺序是结点 4、结点 6 和结点 5。使得结点 4 成为结点 1、结点 5 和结点 7 的同步者,同样,结点 6 成为结点 2、结点 5、结点 8 和汇聚结点的同步者。在结点 4 和结点 6 完成启动过程后,结点 4 和结点 6 将周期性广播各自指定的调度。这种情况下,结点 5 在初始启动后,将分别接收到结点 4 和结点 6 广播的调度,且两个调度不同,结点 5 将这两个调度分别存储在调度表中,且同时遵守这两个调度,使得结点 5 比结点 4 和结点 6 有更多的时间处于侦听状态。结点 5 这样存储多个调度的结点称为边界结点,它连接着两个或多个有着不同调度的广播域。这种结点由于需要遵守多个调度,使得处于侦听状态的时间段加长,从而不能实现节能目标。

# 4.4 网络层和路由协议

网络层和路由协议主要解决非相邻传感器结点之间的数据传输过程。由于传感器结点的特性和无线传感器网络特有的应用场景,使得无线传感器网络的路由协议与 IP 路由协议有着很大的不同。

## 4.4.1 路由基础

### 1. 相关概念

源结点:生成并发送数据给其他结点的结点。

目的结点:接收其他结点发送的数据的结点。

转发结点:该结点既非源结点,又非目的结点,但在源结点至目的结点数据传输过程中,能够将接收到的数据发送给更靠近目的结点的结点。

汇聚结点:在无线传感器网络中。存在一种特殊结点,该结点作为中继设备,一端连接无线传感器网络,另一端连接互联网。无线传感器网络中所有需要将数据发送给互联网的结点,首先需要将数据传输给该结点。这样的结点称为无线传感器网络的汇聚结点。

路由:是选择源结点至目的结点之间的结点系列的过程。从源结点开始,到目的结点结束的结点系列组成数据的传输路径。有效的传输路径必须保证结点序列是有限的且不构成环路。需要说明的是,构成传输路径的结点序列中,每一个结点只知道后续结点,即更靠近目的结点的下一跳结点。没有一个结点知道完整的结点序列。

### 2. 路由分类

路由根据数据传输方式的不同分为广播路由、单播路由、组播路由和汇聚路由。

1)广播路由

一个结点成为源结点,所有其他结点成为目的结点。即某个结点发送的数据到达无线传感器网络中的所有其他结点。

2）单播路由

一个结点成为源结点，另一个结点成为目的结点。即某个结点发送的数据只到达无线传感器网络中单个指定结点。

3）组播路由

一个结点成为源结点，一组结点成为目的结点。即某个结点发送的数据能够到达无线传感器网络中一组指定结点。

4）汇聚路由

无线传感器网络中所有结点发送的数据，只到达单个结点，该结点就是无线传感器网络的汇聚结点。即无线传感器网络中的所有结点都可以成为源结点，目的结点只能是汇聚结点。需要说明的是，汇聚路由并不是源结点为无线传感器网络的任何其他结点，目的结点固定为汇聚结点的单播路由，所有其他结点发送给汇聚结点的数据，在经过通往汇聚结点的传输路径时，可以与传输路径中其他结点产生的数据聚合在一起。

对于无线传感器网络，应用较多的是广播路由和汇聚路由。

**3. 路由建立方式**

路由建立方式分为主动建立和按需建立。

1）主动建立

主动建立是指无论是否存在数据传输需求，主动建立用于实现数据传输过程的传输路径。主动建立方式的好处是数据传输时延小，由于事先已经建立传输路径，一旦需要传输数据，立即可以通过已经建立的传输路径完成数据传输过程。坏处是开销大，许多传输路径可能一直没有实际传输数据，但都被事先建立。即事先建立了大量没有用于实际传输数据的传输路径，增加了开销。

2）按需建立

按需建立是指在产生两个结点之间的数据传输需求后，再建立两个结点之间的传输路径。按需建立方式的好处是开销小，由于只建立有着实际数据传输需求的传输路径，有效降低了开销。坏处是增加了数据传输时延，对于需要传输的第一个数据，由于需要等待建立传输路径所需的时间，加大了传输时延。

## 4.4.2　路由度量

路由度量用于判别结点中哪一个结点更靠近目的结点。路由度量可以是地理上的物理距离，即与目的结点之间物理距离最近的那个结点成为更靠近目的结点的结点。路由度量也可以是传输时延，即与目的结点之间传输时延最小的那个结点成为更靠近目的结点的结点。

**1. 地理位置和物理距离**

路由度量可以选择地理上的物理距离，如果每一个结点获知自己的地理位置，可以计算出两个结点之间地理上的物理距离，将与目的结点之间物理距离最近的那个结点作为更靠近目的结点的结点。

将地理上的物理距离作为路由度量的好处是直观，坏处有两个，一是每一个结点获知自己的地理位置的成本比较高,无论是通过 GPS 获知结点的经度纬度,还是通过定位技术获知结点的位置信息,成本都是比较高的;二是地理上的物理距离与无线传感器网络拓扑结构之间存在差距,如图 4.1 所示,从地理上的物理距离看,结点 5 最靠近结点 8,但根据如图 4.1 所示的拓扑结构,结点 5 与结点 8 之间的数据传输过程,需要沿着结点 5→结点 7→结点 8,或是结点 5→结点 6→结点 8 等传输路径,从数据传输过程角度看,结点 5 不是最靠近结点 8 的结点。

### 2. 跳数

路由度量可以选择到达目的结点需要经过的传感器结点数,到达目的结点需要经过的传感器结点数称为跳数。如图 4.8 所示,假定汇聚结点是目的结点,与汇聚结点相邻的结点的跳数为 1,因为这些结点可以直接到达目的结点,这里跳数为 1 的结点分别是结点 3、结点 6 和结点 9。需要经过跳数为 1 的结点才能到达目的结点的结点的跳数为 2,这些结点与跳数为 1 的结点相邻,且不是目的结点和跳数为 1 的结点。这里跳数为 2 的结点分别是结点 2、结点 5 和结点 8。需要经过跳数为 2 的结点才能到达目的结点的结点的跳数为 3,这些结点与跳数为 2 的结点相邻,且不是跳数为 1 的结点和跳数为 2 的结点。这里跳数为 3 的结点分别是结点 1、结点 4 和结点 7。

将跳数作为路由度量的前提是,每一个结点需要知道到达目的结点的跳数。每一个结点通过路由协议获取到达目的结点的跳数。

源结点在相邻结点中选择到达目的结点跳数最少的结点作为下一跳,将数据发送给下一跳。下一跳同样在相邻结点中选择到达目的结点跳数最少的结点作为下一跳,该过程一直进行,直到下一跳为目的结点。如果相邻结点中到达目的结点跳数最少的结点不止一个,随机选择其中一个结点作为下一跳。如图 4.8 所示,如果源结点是结点 7,目的结点是汇聚结点,源结点到达目的结点的传输路径可以是结点 7→结点 5→结点 6→汇聚结点,也可以是结点 7→结点 8→结点 9→汇聚结点。

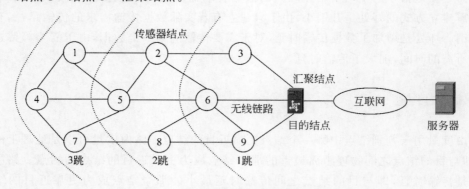

图 4.8　结点与到达目的结点的跳数

### 3. 传输次数

跳数确定了数据传输过程中转发的次数。由于与相邻结点之间的无线信道存在干扰等问题,数据可能需要经过多次重复传输才能到达下一跳。因此,源结点至目的结点的传输过程中,最少传输次数等于跳数。为了反映无线信道的质量,可以用传输次数作为路由度量,选择传输次数最少的传输路径作为源结点至目的结点的传输路径。

将传输次数作为路由度量的问题是,每一个结点与下一跳之间的重传次数不是固定的,而是随机的,与当时该结点与下一跳之间的无线信道的通信质量有关,因此,往往采用一段时间内每一个结点与下一跳之间的平均重传次数作为该结点与下一跳之间的传输次数。

**4. 传输时延**

传输时延是从源结点开始发送数据到目的结点成功接收数据所经过的时间。目的结点获取每一个数据的传输时延是容易的,源结点发送数据时,数据携带发送时的时间戳。目的结点成功接收该数据后,成功接收该数据时的时间减去数据携带的时间戳中的时间,就是该数据的传输时延。目的结点需要通过协议将传输时延反馈给源结点。

将传输时延作为路由度量,选择传输时延最短的传输路径作为源结点至目的结点的传输路径。

## 4.4.3　路由协议

路由协议用于发现和维护源结点至目的结点的传输路径,并保证报文可以沿着该传输路径完成源结点至目的结点的传输过程。

无线传感器网络的路由协议需要考虑以下两个因素。

- 节能:一是需要考虑结点休眠情况;二是在建立和维持传输路径过程中,要尽量减少开销。
- 灵活:路由协议需要适应结点动态变化的情况。

**1. 广播路由协议**

广播路由协议是一种通过不断向其相邻结点广播接收到的报文的过程,使得某个结点发送的报文到达无线传感器网络中的每一个结点的路由协议。

1) 发送结点

(1) 每一个结点有着唯一的标识符。

(2) 发送结点维持一个序号,序号的初值为 0。

(3) 发送结点在发送的报文中携带该结点的标识符和序号。

(4) 发送结点每发送一个报文,序号增 1。

2) 接收结点

当结点 x 接收到报文,且该报文携带的结点标识符为 y,序号为 u,分为以下三种情况进行处理。

(1) 如果结点 x 第一次接收结点 y 发送的报文,记录下该结点的标识符 y 和序号 u,结点 x 向相邻结点广播该报文。

(2) 如果结点 x 已经接收过结点 y 发送的报文,记录中与结点标识符 y 关联的序号是 v,且序号 u 大于序号 v,用 u 取代 v,结点 x 向相邻结点广播该报文。

(3) 如果结点 x 已经接收过结点 y 发送的报文,记录中与结点标识符 y 关联的序号是 v,且序号 u 小于等于序号 v,结点 x 丢弃该报文。

3) 结点 4 发送的报文到达无线传感器网络中每一个结点的过程

图 4.9 给出结点 4 发送的报文在无线传感器网络中广播的过程，其中，黑色结点是已经接收过该报文且记录下报文携带的结点 4 的标识符 4 和序号 u 的结点；灰色结点是第一次接收该报文的结点。如图 4.9(a)所示，结点 4 向相邻结点广播报文，该报文被结点 4 的相邻结点结点 1、结点 5 和结点 7 接收到，由于这些结点第一次接收该报文，这些结点记录下报文携带的结点 4 的标识符 4 和序号 u。如图 4.9(b)所示，结点 1、结点 5 和结点 7 分别向相邻结点广播该报文，结点 1 广播的报文被结点 1 的相邻结点结点 4、结点 5 和结点 2 接收到，由于结点 4 是该报文的发送结点，结点 4 丢弃该报文。结点 5 接收到该报文后，由于结点 5 已

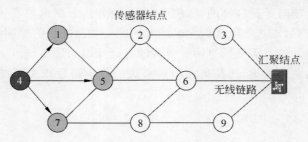

(a) 结点4向相邻结点广播报文

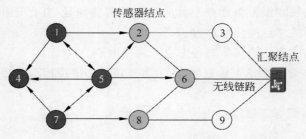

(b) 结点1、结点5和结点7分别向相邻结点广播报文

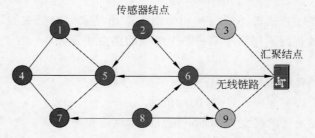

(c) 结点2、结点6和结点8分别向相邻结点广播报文

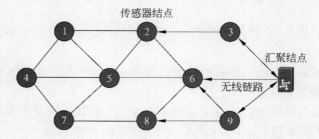

(d) 结点3、结点9和汇聚结点分别向相邻结点广播报文

图 4.9　结点 4 发送的报文在无线传感器网络中广播的过程

经记录下结点 4 的标识符 4 和报文序号 u,且该报文的发送结点标识符为 4,序号为 u。结点 5 丢弃该报文。假定结点 2 先接收到结点 1 广播的报文,结点 2 记录下报文携带的结点 4 的标识符 4 和序号 u,向相邻结点广播该报文。同样,结点 5 广播的报文被结点 5 的相邻结点结点 1、结点 4、结点 7、结点 2 和结点 6 接收到,由于只有结点 6 是第一次接收该报文,记录下报文携带的结点 4 的标识符 4 和序号 u,向相邻结点广播该报文。其他相邻结点结点 1、结点 4、结点 7 和结点 2 丢弃该报文。结点 7 广播的报文被结点 7 的相邻结点结点 4、结点 5 和结点 8 接收到,由于只有结点 8 是第一次接收该报文,记录下报文携带的结点 4 的标识符 4 和序号 u,向相邻结点广播该报文。其他相邻结点结点 5 和结点 4 丢弃该报文。结点 2、结点 6 和结点 8 向相邻结点广播报文的过程如图 4.9(c)所示,结点 2、结点 6 和结点 8 的相邻结点中,只有结点 3、结点 9 和汇聚结点接收该报文,记录下报文携带的结点 4 的标识符 4 和序号 u,向相邻结点广播该报文。结点 3、结点 9 和汇聚结点向相邻结点广播报文的过程如图 4.9(d)所示。

**2. 定向扩散路由协议**

定向扩散(Directed Diffusion,DD)是一种用于建立源结点至目的结点的传输路径的路由协议。定向扩散路由协议与其他路由协议相比,具有以下特点。

- 无线传感器网络中的结点无须分配全局统一的结点标识符或结点地址,每一个结点只需知道相邻结点的结点标识符或结点地址。
- 通过发布和订阅建立源结点与目的结点之间的关系。目的结点发布兴趣,兴趣中给出目的结点需要监测的对象类型、监测范围、监测起始时间、监测持续时间、监测数据发送间隔等属性。所有属性以"属性名=值"形式给出。目的结点可以将兴趣扩散到整个无线传感器网络。如果某个结点采集到的数据符合兴趣属性。该结点成为源结点,向目的结点发送数据。

假定图 4.10 中的汇聚结点发布兴趣,兴趣属性如下。

type=animal;监测对象类型是动物。

interval=1s;间隔时间是 1s。

duration=10m;持续监测时间。

timestamp=11:03:20;开始监测时间,格式是 hh:mm:ss。

rect=[100,300,200,500];监测区域。

结点 7 位于监测区域内,且在规定的监测时间内监测到动物大象,汇聚结点与结点 7 之间的信息交换过程如下。

1)扩散兴趣

汇聚结点扩散兴趣过程如图 4.10 所示,汇聚结点将兴趣广播给相邻结点,接收到兴趣的结点完成如下操作。

(1)如果第一次接收该兴趣,为该兴趣创建一个队列,队列中记录下该兴趣的发送结点标识符,这里汇聚结点的标识符为"汇"。向其相邻结点广播该兴趣。

(2)如果已经接收过该兴趣,且该兴趣对应的队列中的发送结点标识符数量小于阈值 $k$(这里 $k=2$),将该兴趣的发送结点标识符记录到队列中,丢弃该兴趣。

(3)如果已经接收过该兴趣,且该兴趣对应的队列中的发送结点标识符数量等于阈值 $k$(这里 $k=2$),丢弃该兴趣。

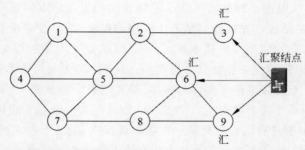

(a) 汇聚结点广播兴趣给相邻结点——结点3、结点6和结点9

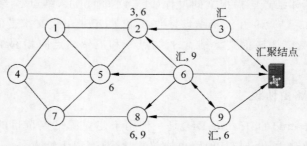

(b) 结点3、结点6和结点9分别广播兴趣给各自相邻结点——结点2、结点5和结点8

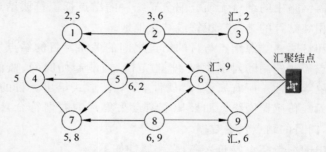

(c) 结点2、结点5和结点8分别广播兴趣给各自相邻结点——结点1、结点4和结点7

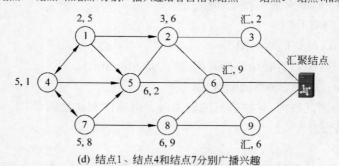

(d) 结点1、结点4和结点7分别广播兴趣

图 4.10　汇聚结点扩散兴趣过程

　　由于结点 3、结点 6 和结点 9 第一次接收该兴趣,创建该兴趣对应的队列,记录该兴趣的发送结点标识符"汇"。整个过程如图 4.10(a)所示。

　　结点 3、结点 6 和结点 9 分别向其相邻结点广播该兴趣,假定结点 2 按照顺序分别接收到结点 3 和结点 6 广播的该兴趣,结点 2 在该兴趣对应的队列中记录下结点 3 和结点 6。当结点 6 接收到结点 9 广播的该兴趣后,该兴趣对应的队列中增加结点 9。相关结点完成对接收到的该兴趣的处理后,这些结点该兴趣对应的队列如图 4.10(b)所示。

结点 2、结点 5 和结点 8 分别向其相邻结点广播该兴趣,相关结点完成对接收到的该兴趣的处理后,这些结点该兴趣对应的队列如图 4.10(c)所示。结点 1、结点 4 和结点 7 分别向其相邻结点广播该兴趣,如图 4.10(d)所示,当结点 7 接收到结点 4 广播的该兴趣后,由于结点 7 该兴趣对应的队列中已经记录两个结点:结点 5 和结点 8,结点 7 只是丢弃该兴趣。此时,汇聚结点产生的兴趣已经扩散到无线传感器网络中的所有结点。每一个结点按照接收该兴趣的顺序记录下相邻结点中广播该兴趣的两个结点,这两个结点分别是当前结点通往汇聚结点的传输路径上的下一跳。如结点 7 按照顺序最早接收到的两个该兴趣分别是结点 5 和结点 8 广播的该兴趣。结点 5 和结点 8 分别是结点 7 通往汇聚结点的传输路径上的下一跳。这里,建立多条结点 7 通往汇聚结点的传输路径。

2) 源结点向目的结点慢速传输数据过程

假定结点 7 在该兴趣规定区域和规定时间段内监测到大象,结点 7 生成如下数据。

type=animal;监测对象类型是动物。

instance = elephant;监测到的实例是大象。

location= [125,220];监测到大象的位置。

timestamp=11:03:36;监测到大象的时间,格式是 hh:mm:ss。

结点 7 启动将数据慢速发送给兴趣的生成者——汇聚结点的过程。根据该兴趣对应的队列中的结点 5 和结点 8,结点 7 以单播方式分别将该数据发送给结点 5 和结点 8,结点 5 和结点 8 分别记录下最早接收到的该数据的发送结点——结点 7。结点 5 以单播方式分别将数据发送给结点 6 和结点 2。结点 8 以单播方式分别将数据发送给结点 6 和结点 9,如图 4.11(a)所示。假定结点 6 先接收到结点 5 发送的数据,结点 6 记录下最早接收到的该数据的发送结点——结点 5。同样,其他结点也分别记录下最早接收到的该数据的发送结点。

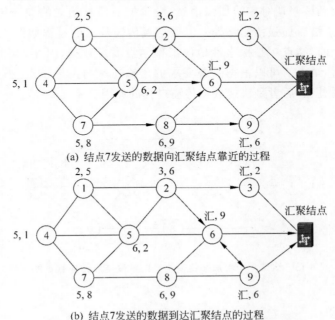

(a) 结点7发送的数据向汇聚结点靠近的过程

(b) 结点7发送的数据到达汇聚结点的过程

图 4.11　结点 7 向汇聚结点慢速传输数据过程

结点 2 以单播方式分别将数据发送给结点 6 和结点 3,结点 6 以单播方式分别将数据发送给汇聚结点和结点 9,结点 9 以单播方式分别将数据发送给汇聚结点和结点 6。假定汇聚结点先接收到结点 6 发送的该数据,汇聚结点记录下最早接收到的该数据的发送结点——结点 6。此时,汇聚结点已经接收到结点 7 发送的数据,后续接收到的相同数据将被汇聚结点丢弃。

3）加强传输路径过程

汇聚结点接收到数据后,生成该兴趣的加强消息,开始如图 4.12 所示的加强传输路径过程。汇聚结点将加强消息发送给汇聚结点记录的最早接收到的对应数据的发送结点——结点 6。结点 6 将加强传输路径的下一跳改为汇聚结点。结点 6 将加强消息发送给结点 6 记录的最早接收到的对应数据的发送结点——结点 5。结点 5 将加强传输路径的下一跳改为结点 6。结点 5 将加强消息发送给结点 5 记录的最早接收到的对应数据的发送结点——结点 7。结点 7 将加强传输路径的下一跳改为结点 6。

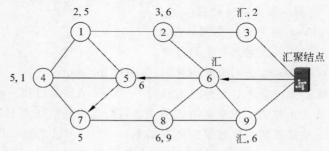

图 4.12　加强传输路径的过程

4）源结点向目的结点快速传输数据过程

当结点 7 接收到该兴趣对应的加强消息,沿着加强消息建立的加强传输路径向汇聚结点传输数据,结点 7 沿着加强传输路径向汇聚结点传输数据的过程如图 4.13 所示。由于在建立加强传输路径前,结点 7 是探索性地向汇聚结点发送数据,因此,发送速率较慢。在建立加强传输路径后,结点 7 可以根据兴趣要求的传输速率向汇聚结点发送数据。这是称前者是慢速数据传输过程,后者是快速数据传输过程的原因。

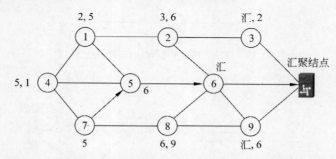

图 4.13　结点 7 沿着加强传输路径向汇聚结点传输数据的过程

## 3. 汇聚树协议

汇聚树协议(Collection Tree Protocol,CTP)用于构建一棵以指定汇聚结点为根的汇聚树,无线传感器网络中的所有其他结点可以沿着这棵汇聚树,将数据发送给汇聚结点。由于无线传感器网络通常都存在一个或多个汇聚结点,通过这些汇聚结点实现无线传感器网络与互联网之间互联,无线传感器网络中的所有结点通过汇聚结点将数据转发给互联网中的数据中心。因此,汇聚树协议是无线传感器网络比较常用的路由协议。

1) 无线链路质量检测

构建汇聚树的第一步是监测与相邻结点之间的无线链路的通信质量。通信质量用期望传输值(Expected Transmissions,ETX)表示。ETX 给出成功传输一个报文所需的平均传输次数,该值越小,无线链路的通信质量越高。

表 4.1 是无线传感器网络中各个结点通过链路管理协议监测到的与相邻结点之间无线链路的 ETX。图 4.14 给出无线传感器网络各条无线链路的 ETX。

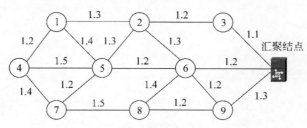

图 4.14　无线链路及 ETX

表 4.1　各个结点与相邻结点之间无线链路的 ETX

| 结　　点 | 相　邻　结　点 | ETX |
|---|---|---|
| 汇聚结点 | 结点 3 | 1.1 |
|  | 结点 6 | 1.2 |
|  | 结点 9 | 1.3 |
| 结点 1 | 结点 2 | 1.3 |
|  | 结点 5 | 1.4 |
|  | 结点 4 | 1.2 |
| 结点 2 | 结点 1 | 1.3 |
|  | 结点 3 | 1.2 |
|  | 结点 5 | 1.3 |
|  | 结点 6 | 1.3 |
| 结点 3 | 汇聚结点 | 1.1 |
|  | 结点 2 | 1.2 |
| 结点 4 | 结点 1 | 1.2 |
|  | 结点 5 | 1.5 |
|  | 结点 7 | 1.4 |

| 结　点 | 相 邻 结 点 | ETX |
|---|---|---|
| 结点 5 | 结点 1 | 1.4 |
| | 结点 2 | 1.3 |
| | 结点 4 | 1.5 |
| | 结点 6 | 1.2 |
| | 结点 7 | 1.2 |
| 结点 6 | 汇聚结点 | 1.2 |
| | 结点 2 | 1.3 |
| | 结点 5 | 1.2 |
| | 结点 8 | 1.4 |
| | 结点 9 | 1.2 |
| 结点 7 | 结点 4 | 1.4 |
| | 结点 5 | 1.2 |
| | 结点 8 | 1.5 |
| 结点 8 | 结点 6 | 1.4 |
| | 结点 7 | 1.5 |
| | 结点 9 | 1.2 |
| 结点 9 | 汇聚结点 | 1.3 |
| | 结点 6 | 1.2 |
| | 结点 8 | 1.2 |

2）建立汇聚树

汇聚树是以汇聚结点为根的一棵树，每一个结点选择累计 ETX 最小的传输路径作为连接汇聚结点的分枝。构建汇聚树的步骤如下。

（1）汇聚结点将自己的累计 ETX 设定为 0，然后向其相邻结点广播信标帧。广播信标帧的结点在信标帧中给出自己的累计 ETX。

（2）每一个结点接收到相邻结点广播的信标帧后，将信标帧中的 ETX 和与该相邻结点之间的无线链路的 ETX 相加，得出通过该相邻结点到达汇聚结点的传输路径的累计 ETX，该相邻结点成为该条通往汇聚结点的传输路径的下一跳。选择累计 ETX 最小的传输路径作为连接到汇聚结点的分枝，将累计 ETX 最小的传输路径对应的下一跳作为汇聚树的父结点。

针对如图 4.14 所示的无线链路及 ETX，汇聚结点广播的信标帧中给出的累计 ETX 为 0，当结点 3、结点 6 和结点 9 接收到汇聚结点广播的 ETX 后，根据表 4.1 中结点 3、结点 6 和结点 9 与汇聚结点之间的无线链路的 ETX 和信标帧中的累计 ETX，计算出以汇聚结点为下一跳的通往汇聚结点的传输路径的累计 ETX。结点 3、结点 6 和结点 9 分别向其相邻结点广播信标帧，结点 2 分别收到结点 3 和结点 6 广播的信标帧，分别计算出以结点 3 为下一跳的通往汇聚结点的传输路径的累计 ETX(这里是 2.3)和以结点 6 为下一跳的通往汇聚结点的传输路径的累计 ETX(这里是 2.5),结点 2 选择以结点 3 为下一跳的通往汇聚结点的传输路径作为连接到汇聚结点的分枝,将结点 3 作为父结点。所有结点依次操作,得出累计 ETX 最小的通往汇聚结点的传输路径和父结点。所有结点最终连接到汇聚结点的分枝及该结点的最小累计 ETX 如图 4.15 所示,方框中的值是该结点的最小累计 ETX,该结点箭头线指向的结点是该结点的父结点。

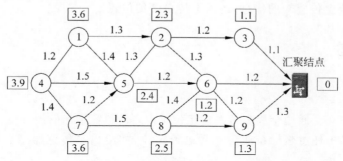

图 4.15　汇聚树和累计 ETX

### 3) 数据转发

完成构建汇聚树后,所有结点生成如表 4.2 所示的路由表,每一个结点对应的路由项中分别给出该结点的最小累计 ETX 和父结点。所有发送给汇聚结点的数据,被转发给父结点。转发给父结点的数据中携带当前结点的最小累计 ETX。

当结点 7 向汇聚结点发送数据时,结点 7 生成源结点为结点 7、最小累计 ETX 为 3.9 的数据报文,将数据报文发送给父结点结点 5。结点 5 接收到结点 7 发送的数据报文后,将最小累计 ETX 替换为自己的最小累计 ETX 2.4,将数据报文发送给父结点结点 6。结点 6 接收到结点 5 发送的数据报文后,将最小累计 ETX 替换为自己的最小累计 ETX 1.2,将数据报文发送给父结点汇聚结点,完成结点 7 至汇聚结点的数据传输过程。

这里有两点需要强调一下,一是汇聚树是以汇聚结点为根的一棵树,用于实现所有其他结点至汇聚结点的数据传输过程;二是每一个结点接收到子结点发送的数据报文后,数据报文中的最小累计 ETX 应该大于该结点的最小累计 ETX。如果发生某个结点接收到的数据报文中的最小累计 ETX 小于该结点的最小累计 ETX 的情况,表明汇聚树发生问题,需要重新构建汇聚树。

表 4.2　各个结点路由表汇总

| 当前结点 | ETX | 父结点 | 当前结点 | ETX | 父结点 |
| --- | --- | --- | --- | --- | --- |
| 汇聚结点 | 0 | —— | 结点 5 | 2.4 | 结点 6 |
| 结点 1 | 3.6 | 结点 2 | 结点 6 | 1.2 | 汇聚结点 |
| 结点 2 | 2.3 | 结点 3 | 结点 7 | 3.6 | 结点 5 |
| 结点 3 | 1.1 | 汇聚结点 | 结点 8 | 2.5 | 结点 9 |
| 结点 4 | 3.9 | 结点 5 | 结点 9 | 1.3 | 汇聚结点 |

## 4.5 无线传感器网络定位技术

定位是一种确定一个或多个传感器结点物理坐标或它们之间空间关系的功能,在大多数无线传感器网络应用中,传感器结点的位置与传感器结点感知的信息一样重要,因此,传感器结点不仅需要上传感知的信息,还需上传自己的位置。

### 4.5.1 定位概述

#### 1. 定位类别

全局定位:在一个通用全局参考系内定位结点,如 GPS 给出的经纬度。

相对定位:基于任意坐标系或参考系进行定位,如给出某传感器结点与其他传感器结点之间的距离。

#### 2. 定位提供的服务

定位功能可以提供以下服务。
- 提供物理世界中发生感知事件的位置,如森林中火源的具体位置。
- 提供位置感知服务,如机器人的运动轨迹。
- 物体跟踪,如物流公司的包裹跟踪。
- 网络覆盖管理,确定和管理无线传感器网络结点覆盖范围。

### 4.5.2 测距技术

测距是一种估计两个传感器结点之间距离的功能。存在两种常用的测距技术,一种是基于时间的测距技术,在确定信号传播速度的前提下,如果能够监测到两个传感器结点之间的信号传播时间,就可计算出两个结点之间的距离;另一种是基于接收信号强度的测距技术。在建立信号衰减程度与信号传播距离之间关系的前提下,如果能够监测到信号在源结点的强度和到达目的结点的强度,就可计算出源结点和目的结点之间的距离。

#### 1. 基于时间测距方法

1) 单向 ToA

到达时间(Time of Arrival,ToA)是一种通过信标帧到达时间推算出两个结点之间信号传播时间,从而推算出两个结点之间距离的测距方法。

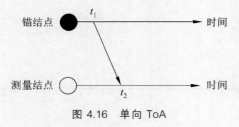

图 4.16 单向 ToA

如图 4.16 所示是单向 ToA 的测距原理,锚结点在 $t_1$ 时间发送电磁波,测量结点在 $t_2$ 时间接收到锚结点发送的电磁波,计算出电磁波传播时间 $t = t_2 - t_1$,从而推算出锚结点与测量结点之间距离

$dist=(t_2-t_1)\times v$,其中,$v$ 是电磁波传播速度。

单向 ToA 保证测距精度的前提是,锚结点与测量结点的时间能够严格同步。锚结点是已经知道位置的结点,作为其他结点定位时的参考结点。

2)双向 ToA

如图 4.17 所示是双向 ToA 的测距原理,锚结点在 $t_1$ 时间发送电磁波,测量结点在 $t_2$ 时间接收到锚结点发送的电磁波。测量结点在 $t_3$ 时间发送电磁波,锚结点在 $t_4$ 时间接收到测量结点发送的电磁波。锚结点计算出电磁波传播时间 $t=((t_4-t_1)-(t_3-t_2))/2$,从而推算出锚结点与测量结点之间距离 $dist=(((t_4-t_1)-(t_3-t_2))/2)\times v$,其中,$v$ 是电磁波传播速度。

双向 ToA 的好处是锚结点与测量结点的时间无须保持严格同步,因为计算距离过程中使用的都是同一结点的时间差,如锚结点的时间差 $t_4-t_1$,测量结点的时间差 $t_3-t_2$。坏处是只能由锚结点推算出两个结点之间的距离,锚结点需要通过报文将两个结点之间的距离发送给测量结点。

3)TDoA

到达时间差(Time Difference of Arrival,TDoA)测距原理如图 4.18 所示,锚结点向测量结点发送两种传播速度不同的信号,根据这两种信号的到达时间差推算出锚结点与测量结点之间的距离。

图 4.17 双向 ToA          图 4.18 TDoA

锚结点在时间 $t_1$ 向测量结点发送传播速度为 $v_1$ 的信号,测量结点在时间 $t_2$ 接收到该信号。锚结点在时间 $t_3$ 向测量结点发送传播速度为 $v_2$ 的信号,测量结点在时间 $t_4$ 接收到该信号。锚结点发送这两个信号的时间差是一个固定值 $t_{wait}=(t_3-t_1)$。假定 $v_1>v_2$。

$t_4-t_2-t_{wait}$ 等于两种信号的传播时间差,即 $t_4-t_2-t_{wait}=dist/v_1-dist/v_2$,计算出 $dist=((v_1\times v_2)/(v_1-v_2))\times(t_4-t_2-t_{wait})$。

TDoA 的好处有两个,一是锚结点与测量结点的时间无须保持严格同步;二是直接由测量结点计算出两个结点之间的距离。坏处是锚结点需要发送两种不同传播速度的信号,测量结点需要接收两种不同传播速度的信号。实际应用中,通常用无线电信号和声频信号作为两种不同传播速度的信号。

**2. 基于接收信号强度测距方法**

如果能够建立信号强度衰减程度与信号传播距离之间的关系,同时能够在锚结点和测量结点监测到信号强度,测量结点就可以计算出锚结点与测量结点之间的距离。公式(4.1)中,$P_r$ 是测量结点的信号强度,$P_t$ 是锚结点的信号强度,$G_r$ 是测量结点的天线增益,$G_t$ 是锚结点的天线增益,$\lambda$ 是信号波长,dist 是信号传播距离。

$$P_r/P_t = G_r \times G_t \times (\lambda^2/((4 \times \pi)^2 \times \text{dist}^2)) \qquad (4.1)$$

### 4.5.3 基于测距技术的定位方法

#### 1. 三边测量法

基于测距技术的定位方法如图 4.19(a)所示,假定已经存在三个锚结点,这三个锚结点的位置分别用坐标$(x_1,y_1)$、$(x_2,y_2)$和$(x_3,y_3)$表示。测量结点与三个锚结点相邻,且通过测距技术测得的与三个锚结点之间的距离分别是$d_1$、$d_2$和$d_3$。假设测量结点的坐标为$(x_i,y_i)$,通过三边测量法确定测量结点坐标的过程如下。

通过三个锚结点的坐标和三个锚结点与测量结点之间的距离得出公式(4.2)～公式(4.4)。通过运用最小二乘法等数值计算方法,根据公式(4.2)～公式(4.4),求出测量结点的坐标$(x_i,y_i)$。

$$\sqrt{(x_i - x_1)^2 + (y_i - y_1)^2} = d_1 \qquad (4.2)$$

$$\sqrt{(x_i - x_2)^2 + (y_i - y_2)^2} = d_2 \qquad (4.3)$$

$$\sqrt{(x_i - x_3)^2 + (y_i - y_3)^2} = d_3 \qquad (4.4)$$

如图 4.19(b)所示是以三个锚结点为中心,以锚结点与测量结点之间的距离为半径画的三个圆,理想情况下,三个圆在测量结点相交。理想情况是指测量结点通过测距技术测得的与三个锚结点之间的距离是精确的。

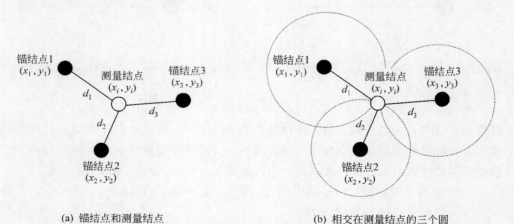

(a) 锚结点和测量结点　　　　　　　　　　(b) 相交在测量结点的三个圆

图 4.19　三边测量法定位过程

#### 2. 迭代多边测量法

三边测量法要求测量结点与三个锚结点相邻,实际的无线传感器网络中,不可能使得所有测量结点都与三个锚结点相邻,如图 4.20(a)所示,这种情况下,需要使用迭代多边测量法。如图 4.20(a)所示的所有测量结点中,只有结点 1 与三个锚结点相邻,因此,可以完成结点 1 的定位过程,如图 4.20(b)所示。完成结点 1 的定位过程后,可以将结点 1 作为锚结点,再进行其他测量结点的定位过程。这里,在将结点 1 作为锚结点后,可以完成结点 2、结点 3 和结点 4 的定位过程,如图 4.20(c)所示。完成结点 2、结点 3 和结点 4 的定位过程后,可以将结点 2、结点 3 和结点 4 作为锚结点，再进行其他测量结点的定位过程。这里，可以完成结点 5 的定位过程，如图 4.20(d)所示。

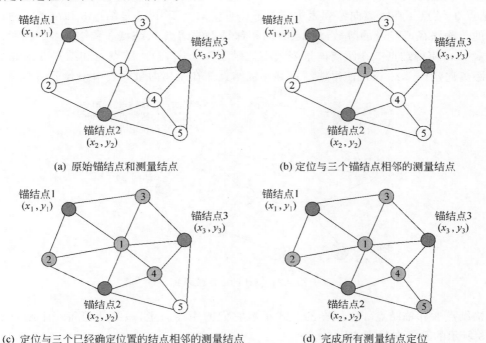

(a) 原始锚结点和测量结点　　　　　　(b) 定位与三个锚结点相邻的测量结点

(c) 定位与三个已经确定位置的结点相邻的测量结点　　(d) 完成所有测量结点定位

图 4.20　迭代多边测量法定位过程

迭代多边测量法首先定位与三个锚结点相邻的测量结点，然后将已经完成定位过程的测量结点作为锚结点，再进行其他测量结点的定位过程。这个过程一直进行，直到完成所有测量结点的定位过程。

迭代测量法一是对无线传感器网络的拓扑结构有一定要求，因此，并不适用于所有无线传感器网络；二是由于测量结点通过定位过程计算出的坐标存在误差，其他测量结点参考存在误差的坐标来计算坐标，会使得误差不断累计。

### 4.5.4　Ad Hoc 定位系统

无线传感器网络通常都是 Ad Hoc 网络，传感器结点不仅数量巨大，而且传感器结点的增加和减少都带有很大的随机性。这种情况下，需要一种在预先布置至少三个锚结点的前提下，定位 Ad Hoc 网络中所有其他传感器结点的机制。Ad Hoc 定位系统(Ad Hoc Positioning System，APS)就是这样一种适用于 Ad Hoc 网络的定位机制。

#### 1. 定时广播距离向量

每一个结点维持一个距离向量列表，距离向量列表中的每一项对应一个锚结点，距离向量格式为$(x_i, y_i, h_i)$，其中，$(x_i, y_i)$是锚结点 $i$ 的坐标，$h_i$ 是该结点通往锚结点 $i$ 的传输路径所经过的跳数。每一个结点定期向相邻结点广播自己的距离向量列表。

如图 4.21 所示，锚结点 1 向相邻结点结点 1 和结点 2 广播距离向量$(x_1, y_1, 0)$，结点 1

和结点 2 在距离向量列表中记录下 $(x_1, y_1, 1)$，其中，1 是结点 1 和结点 2 通往锚结点 1 的传输路径所经过的跳数。结点 1 向相邻结点锚结点 1、结点 3 和结点 4 广播距离向量 $(x_1, y_1, 1)$，结点 3、结点 4 在距离向量列表中记录下 $(x_1, y_1, 2)$，其中，2 是结点 3 和结点 4 通往锚结点 1 的传输路径所经过的跳数。结点 2 向相邻结点锚结点 1、结点 3 和结点 5 广播距离向量 $(x_1, y_1, 1)$，使得结点 5 在距离向量列表中记录下 $(x_1, y_1, 2)$。结点 4 和结点 5 向相邻结点广播距离向量 $(x_1, y_1, 2)$，使得锚结点 2 和锚结点 3 在距离向量列表中记录下 $(x_1, y_1, 3)$。

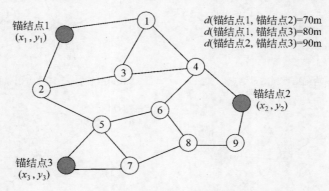

图 4.21　Ad Hoc 定位系统

锚结点 2 和锚结点 3 以同样的方式扩散它们的距离向量，最终使得每一个结点建立如表 4.3 所示的距离向量列表。

表 4.3　结点维持的距离向量列表

| 当前结点 | 距离向量 | | |
|---|---|---|---|
| 锚结点 1 | $x_2$ | $y_2$ | 3 |
| | $x_3$ | $y_3$ | 3 |
| 锚结点 2 | $x_1$ | $y_1$ | 3 |
| | $x_3$ | $y_3$ | 4 |
| 锚结点 3 | $x_1$ | $y_1$ | 3 |
| | $x_2$ | $y_2$ | 4 |
| 结点 1 | $x_1$ | $y_1$ | 1 |
| | $x_2$ | $y_2$ | 2 |
| | $x_3$ | $y_3$ | 4 |
| 结点 2 | $x_1$ | $y_1$ | 1 |
| | $x_2$ | $y_2$ | 3 |
| | $x_3$ | $y_3$ | 2 |
| 结点 3 | $x_1$ | $y_1$ | 2 |
| | $x_2$ | $y_2$ | 2 |
| | $x_3$ | $y_3$ | 3 |

续表

| 当前结点 | 距离向量 | | |
|---|---|---|---|
| | $x_1$ | $y_1$ | 2 |
| 结点 4 | $x_2$ | $y_2$ | 1 |
| | $x_3$ | $y_3$ | 3 |
| | $x_1$ | $y_1$ | 2 |
| 结点 5 | $x_2$ | $y_2$ | 3 |
| | $x_3$ | $y_3$ | 1 |
| | $x_1$ | $y_1$ | 3 |
| 结点 6 | $x_2$ | $y_2$ | 2 |
| | $x_3$ | $y_3$ | 2 |
| | $x_1$ | $y_1$ | 3 |
| 结点 7 | $x_2$ | $y_2$ | 3 |
| | $x_3$ | $y_3$ | 1 |
| | $x_1$ | $y_1$ | 4 |
| 结点 8 | $x_2$ | $y_2$ | 2 |
| | $x_3$ | $y_3$ | 2 |
| | $x_1$ | $y_1$ | 4 |
| 结点 9 | $x_2$ | $y_2$ | 1 |
| | $x_3$ | $y_3$ | 3 |

**2. 锚结点计算和扩散修正因子**

各个结点建立如表 4.3 所示的距离向量列表后,各个锚结点开始计算修正因子,锚结点 $i$ 根据式(4.5)计算出与锚结点 $j$ 之间的距离,各个锚结点之间的距离如图 4.21 所示。计算出各个锚结点之间的距离后,各个锚结点根据式(4.6)计算修正因子。对于锚结点 1,修正因子 $c_1 = (d_{(锚结点 1,锚结点 2)} + d_{(锚结点 1,锚结点 3)})/(h_2 + h_3) = (70+80)/(3+3) = 25$。对于锚结点 2,修正因子 $c_2 = (d_{(锚结点 2,锚结点 1)} + d_{(锚结点 2,锚结点 3)})/(h_1 + h_3) = (70+90)/(3+4) = 22.9$。对于锚结点 3,修正因子 $c_3 = (d_{(锚结点 3,锚结点 1)} + d_{(锚结点 3,锚结点 2)})/(h_1 + h_2) = (80+90)/(3+4) = 24.3$。

修正因子 $c_i$ 是根据锚结点 $i$ 与其他锚结点之间的距离,以及锚结点 $i$ 通往其他锚结点的传输路径所经过的跳数求出的每一跳的平均距离。

$$d_{(i,j)} = \sqrt{(x_i - x_j)^2 + (y_i - y_j)^2}; 1 \leqslant j \leqslant 3 \text{ 且 } j \neq i \qquad (4.5)$$

$$c_i = \sum d_{(i,j)} / \sum h_j; 1 \leqslant j \leqslant 3 \text{ 且 } j \neq i \qquad (4.6)$$

各个锚结点计算出修正因子后,向无线传感器网络中的所有其他结点扩散修正因子,每一个测量结点以第一个接收到的修正因子作为自己的修正因子。

### 3. 测量结点完成定位过程

建立如表 4.3 所示的距离向量列表后,每一个测量结点已经获得三个锚结点的坐标和通往三个锚结点的传输路径所经过的跳数。每一个测量结点接收到某个锚结点发送的修正因子后,可以根据该修正因子计算出与三个锚结点之间的距离。每一个测量结点在计算出与三个锚结点之间的距离后,可以运用三边测量法,根据三个锚结点的坐标和与三个锚结点之间的距离计算出自己的坐标。

假如结点 1 接收到锚结点 1 扩散的修正因子 $c_1$,计算出结点 1 与锚结点 1 之间的距离 $=1 \times c_1 = 25$,结点 1 与锚结点 2 之间的距离 $= 2 \times c_1 = 50$,结点 1 与锚结点 3 之间的距离 $= 4 \times c_1 = 100$。结点 1 在获得三个锚结点的坐标和与三个锚结点之间的距离后,可以根据三边测量法计算出自己的坐标。

## 本章小结

- 无线传感器网络是一组通过无线链路连接的、相互独立的、具有自治能力的传感器结点的集合。
- 无线传感器网络中至少包含一个用于实现无线传感器网络与互联网互联的汇聚结点。
- 无线传感器网络具有网络规模大、传感器结点资源受限、网络拓扑结构随意、时延不敏感和与互联网相联等特点。
- 传感器结点具有低成本、低速率、低功耗和短距离等特点。
- MAC 协议设计指标包括冲突避免、节能、可扩展性和自适应性、无线信道效率、时延、吞吐率以及公平等。
- 冲突、无效侦听、无效接收和控制报文开销是影响节能的关键因素。
- sensor MAC 是一种通过尽量消除冲突、无效侦听、无效接收和控制报文开销,以实现节能目标的 MAC 协议。
- 路由协议用于解决非相邻传感器结点之间的数据传输过程。
- 定位是一种确定一个或多个传感器结点物理坐标或它们之间空间关系的功能。

## 习题

4.1   简述无线传感器网络特点。

4.2   简述传感器结点特点。

4.3   简述传感器结点协议栈中各层功能。

4.4   简述 MAC 协议设计指标及其含义。

4.5   影响节能的关键因素有哪些?

4.6   简述 sensor MAC 消除冲突、无效侦听、无效接收和控制报文开销的过程。

4.7   sensor MAC 将数据交换过程顺序设计为 RTS→CTS→数据→ACK 的理由是

什么？

4.8　如果由图 4.9 中的结点 5 发送报文，给出该报文广播网络中所有结点的过程。

4.9　简述定向扩散路由协议建立图 4.11 中结点 4 至汇聚结点的加强路径的步骤。

4.10　针对如图 4.14 所示的无线传感器网络，简述汇聚树协议建立汇聚树的过程。

4.11　简述单向 ToA 能够正确测距的前提条件。

4.12　简述双向 ToA 测距原理。

4.13　简述 TDoA 测距原理。

4.14　简述三边测量法定位原理。

4.15　简述迭代多边测量法定位原理。

4.16　简述图 4.21 中结点 5 通过 APS 确定自己坐标的过程。

# 第 5 章　IPv6 与物联网网络层

物联网中用于将大量传感器和执行器接入 Internet 的接入网通常是低功耗无线个域网（Low-Power Wireless Personal Area Networks，LoWPAN）。目前存在两种实现 LoWPAN 与 Internet 互联的方式，分别是网关模式和边缘路由器模式。边缘路由器模式使得互联网中结点与 LoWPAN 中结点之间可以直接传输 IPv6 分组，这将极大地方便互联网中后台与传感器和执行器之间的通信过程，但也对 LoWPAN 中结点的处理能力、存储能力和供电能力提出了新的要求。

## 5.1　网关模式与边缘路由器模式

网关模式下，接入网络中结点之间、结点与网关之间采用专用的链路层技术实现路由和通信过程。由网关实现专用链路层技术与互联网 TCP/IP 协议栈之间的转换过程。边缘路由器模式下，接入网络中结点之间、结点与边缘路由器之间采用网际层技术实现路由和通信过程，接入网络中结点与互联网中结点之间可以直接传输 IPv6 分组。

### 5.1.1　两种模式的区别

图 5.1 中的结点是智能物体，包含处理器、传感器或执行器、通信模块和电源。网关模式与边缘路由器模式是两种用于将智能物体接入互联网的方式。

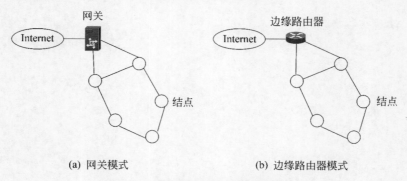

(a) 网关模式　　　　　　　　(b) 边缘路由器模式

图 5.1　网关模式与边缘路由器模式

### 1. 网关模式

网关模式下，实现智能物体之间、智能物体与网关之间相互通信过程的接入网络是一个专用网络，智能物体之间、智能物体与网关之间通过专用网络的物理层和数据链路层协议实现通信过程。网关是互联设备,一端联接互联网,一端联接专用网络。通过联接专用网络的一端接收智能物体发送给互联网的数据,将其封装成 IP 分组(IPv4 分组或 IPv6 分组)后,通过联接互联网的一端转发给互联网。同样,通过联接互联网的一端接收互联网发送给智能物体的数据,将其封装成专用网络的数据链路层对应的帧格式后,通过联接专用网络的一端转发给智能物体。对于 Internet,专用网络和智能物体都是透明的,需要由网关根据互联网发送给智能物体的数据确定数据的目的结点。

### 2. 边缘路由器模式

边缘路由器模式下,每一个结点(智能物体)分配 IP 地址,结点之间、结点与互联网之间传输的数据封装成 IP 分组(IPv4 分组或 IPv6 分组),边缘路由器的路由表中,既建立用于指明通往互联网的传输路径的路由项,又建立用于指明通往接入网络中各个结点的传输路径的路由项。由边缘路由器实现 IP 分组互联网与接入网络之间的转发过程,结点和实现结点互联的接入网络对于互联网都不是透明的,接入网络成为互联网的一个分支。

## 5.1.2　模式选择因素

网关模式与边缘路由器模式各有适用场景,选择模式时,需要考虑以下因素。

### 1. 通信方式

智能物体与互联网之间的通信方式可以分为单向通信方式和双向通信方式。单向通信方式下,只需要实现智能物体至互联网的通信过程。如传感器结点定时向互联网中的服务器发送采集到的数据。双向通信方式下,互联网与智能物体之间需要相互传输数据,如智能物体需要向互联网中的数据中心传输采集到的环境数据,数据中心根据传感器采集到的环境数据决定对环境做出的动作。数据中心通过向执行器发送命令,使得执行器完成数据中心决定的对环境的动作。

一般情况下,如果仅需要实现单向通信方式,可以选择网关模式。如果需要实现双向通信方式,可以选择边缘路由器模式,在这种模式下,容易实现互联网中服务器与智能物体之间的端到端通信过程。

### 2. 传输开销

如果选择边缘路由器模式,智能物体发送的数据需要封装成传输层报文(UDP 报文或 TCP 报文),传输层报文需要封装成 IP 分组(IPv4 分组或 IPv6 分组)。IP 分组需要封装成接入网络的数据链路层对应的帧格式。如果选择网关模式,智能物体发送的数据直接封装成接入网络的数据链路层对应的帧格式。因此,接入网络边缘路由器模式下的传输开销比网关模式下的传输开销大。为了减少传输开销,即使采用边缘路由器模式,也要尽可能压缩传输层报文首部和 IP 首部开销。

### 3. 数据流模式

如果选择边缘路由器模式,任何智能物体和互联网中的任何主机(终端和服务器)之间都能实现端到端通信。由于端到端通信有着更好的安全和隐私保护机制,因此边缘路由器模式能够提供更加安全的智能物体与互联网之间的通信过程。

### 4. 网络多样性

网关模式下的接入网络只能是单种类型的网络。边缘路由器模式下的接入网络可以是由多种不同类型的网络互联而成的。实际上,由于网关的功能是与应用相关的,因此,网关模式不仅适用于单种类型网络构成的接入网络,而且只适用于特定应用下的场景。

### 5. 结点资源

结点资源主要体现在 CPU 处理能力、存储器容量和供电能力。如果结点的 CPU 处理能力和存储器容量不能支撑结点实现 IP 协议栈,这样的结点只能以网关模式接入 Internet。如果结点采用电池供电,应用场景又要求结点间隔较长时间(数月甚至数年)更换电池,这样的结点也不便采用边缘路由器模式接入 Internet。

### 6. 网络能力

如果接入网络的传输速率很慢,且传输可靠性不高,接入网络对应的数据链路层帧的长度就会受到限制。如果数据链路层帧的最大传输单元(Maximum Transmission Unit,MTU)很小,就会对封装 IP 分组带来困扰。IPv6 分组固定 40B 的首部和 UDP 报文固定 8B 的首部,使得 IPv6＋UDP 的传输开销达到 48B,如果接入网络的数据链路层帧对应的 MTU 很小,48B 的传输开销就会是一个大问题。在这种情况下,如果采用边缘路由器方式,必须解决 IPv6＋UDP 传输开销过大的问题。

## 5.1.3　物联网对边缘路由器模式的制约因素

边缘路由器模式下的结点需要实现完整的 IP 协议栈,需要具备 IP 分组转发功能。但物联网中结点处理和存储能力的限制以及接入网络带宽和可靠性的限制会对边缘路由器模式的实现过程带来制约。

### 1. 受限结点

物联网中,结点 CPU 处理能力、存储器容量和供电能力都是受限的,因此,即使采用边缘路由器模式,结点也不可能像互联网中的主机或路由器一样工作,必须针对受限结点特性,设计 IP 协议栈和路由协议。

### 2. 受限网络

接入网络大多是低功耗、低传输速率、低可靠性的无线通信网络,这种类型的网络,一是数据链路层帧对应的 MTU 较小;二是无法通过运行互联网路由协议生成路由表;三是结点的角色混杂,可能既有主机功能,又有路由器功能,即既有可能是数据的源或目的结点,又有可能是数据传输过程中的转发结点。

## 5.1.4　边缘路由器模式下的体系结构和适配层协议

### 1. 边缘路由器模式下的体系结构

边缘路由器模式下,结点需要实现 IP 协议栈,但受限结点和受限网络等制约因素又使得结点不能像互联网中的终端一样实现标准的 IP 协议栈。因此,采用如图 5.2 所示的边缘路由器模式下的体系结构。该体系结构的特点有两个:一是网络层协议采用 IPv6;二是网络层与接入网络之间增加一个适配层——基于低功耗无线个域网的 IPv6(IPv6 over Low-Power Wireless Personal Area Networks, 6LoWPAN)。

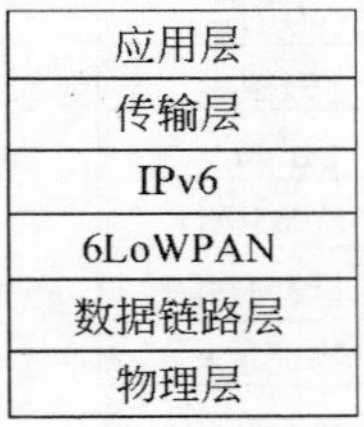

| 应用层 |
| --- |
| 传输层 |
| IPv6 |
| 6LoWPAN |
| 数据链路层 |
| 物理层 |

图 5.2　边缘路由器模式下的体系结构

### 2. 选择 IPv6 的原因

物联网选择 IPv6 的原因如下。

一是解决 IPv4 的地址短缺问题。互联网中目前广泛使用的网络层协议 IPv4,由于地址位数只有 32 位,早已暴露出地址短缺问题。虽然网络地址转换(Network Address Translation, NAT)和无分类编址缓解了 IPv4 的地址短缺问题,但没有从根本上解决这一问题。由于物联网需要将成千上万的结点(智能物体)接入互联网,如果需要为每一个结点分配 IPv4 地址的话,IPv4 的地址短缺问题将更加严重。IPv6 的地址位数扩展到 128 位,拥有庞大的地址空间,在可以预见的未来,不会发生 IPv6 的地址短缺问题。

二是灵活的地址分配机制。结点连接到网络时,只有数据链路层地址,网络层地址是需要配置的。目前存在两种配置 IPv4 地址的方式,一是人工配置;二是通过动态主机配置协议(Dynamic Host Configuration Protocol, DHCP)自动获取,但需要设置和配置 DHCP 服务器。对于大多数物联网应用场景,需要结点能够做到即插即用,这是目前 IPv4 地址分配机制无法做到的。IPv6 提供了灵活的地址分配机制,使得结点可以实现即插即用。

三是 IPv6 是未来趋势。虽然 IPv4 仍然是目前互联网的主流协议,但由于 IPv4 的固有缺陷,用 IPv6 代替 IPv4 是大势所趋。

四是存在 IPv6 适配层协议 6LoWPAN。受限结点和受限网络等制约因素使得结点不能像互联网中的终端一样实现标准的 IP 协议栈。只能实现适配于接入网络的 IP 协议栈,这就需要在接入网络和网络层协议之间创建一个适配层,通过适配层使得网络层协议满足接入网络具有的受限结点和受限网络的特性。目前 IETF 只定义了 IPv6 对应的适配层协议——6LoWPAN。

### 3. 6LoWPAN 的功能

为了使得 IPv6 能够适应接入网络具有的受限结点和受限网络的特性,IETF 定义了适配层协议 6LoWPAN。6LoWPAN 的功能是能够将 IPv6 分组封装成接入网络对应的数据链路层帧,并使得接入网络能够实现 IPv6 分组源结点至目的结点的传输过程。根据接入网络具有的受限结点和受限网络的特性,6LoWPAN 主要具有以下两个功能:一是首部压缩,尽可能减少传输 IPv6 首部和 UDP 首部带来的传输开销;二是分片,使得净荷长度较小的接入网络对应的数据链路层帧能够封装分片后的 IPv6 分组。

边缘路由器连接接入网络的一端支持适配层协议 6LoWPAN,如图 5.3 所示,经过接入网络传输的完成首部压缩和分片操作后的 IPv6 分组,被边缘路由器还原成原始 IPv6 分组后,转发到互联网。同样,互联网发送给接入网络的 IPv6 分组,由边缘路由器完成首部压缩和分片操作后,转发给接入网络。

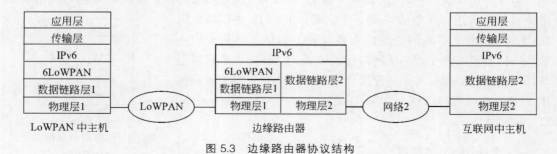

图 5.3　边缘路由器协议结构

## 5.2　IPv6

IPv6 广阔的地址空间和灵活的地址分配机制使得 IPv6 成为适合物联网的网际层协议。基于 IPv6 的适配层协议 6LoWPAN 使得 IPv6 成为 LoWPAN 的理想网际层协议。

### 5.2.1　IPv6 首部结构

设计 IPv6 首部结构时需要尽量避免 IPv4 存在的缺陷,因此,IPv6 首部中通过扩展地址字段位数解决地址短缺问题,通过设置流标签字段简化 QoS 实施过程,通过删除增加路由器转发 IP 分组操作步骤的字段提高路由器转发 IP 分组的速率。

#### 1. IPv6 基本首部

IPv6 基本首部如图 5.4 所示,各字段的含义如下。

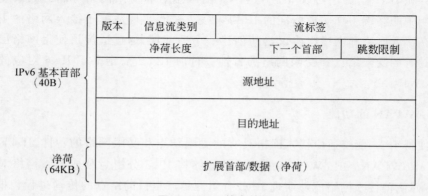

图 5.4　IPv6 基本首部

116

（1）版本：4b。给出 IP 的版本号，IPv6 的版本号为 6，由于 IPv6 和 IPv4 的版本字段位于 IP 分组的同一位置，可用该字段值区分 IP 分组所属的 IP 版本。

（2）信息流类别：8b。2b 是显式拥塞通知位（Explicit Congestion Notification，ECN），6b 是区分服务码点（Differentiated Services Code Point，DSCP）。采用区分服务（Differentiated Services，DS）时，用 DSCP 标识该 IP 分组的服务类别。

（3）流标签：20b。流是指一组具有相同的发送和接收进程的 IP 分组。分类服务分为两大类：一类是区分服务（Differentiated Services，DiffServ），另一类是综合服务（Integrated Services，IntServ）。区分服务定义若干服务类别，路由器为不同的服务类别设置不同的服务质量，当转发某个 IP 分组时，根据 IP 分组的服务类别字段值确定该 IP 分组所属的类别，并提供对应的服务质量。综合服务是将属于特定会话的一组 IP 分组作为流，并为每一种流设置对应的服务质量。流标签用于支持综合服务，用于唯一标识一组属于相同流的 IPv6 分组。

（4）净荷长度：16b。给出 IPv6 分组中净荷的字节数。

（5）下一个首部：8b。IPv6 取消了可选项，增加了扩展首部，且扩展首部作为净荷的一部分出现在净荷字段中，使得扩展首部的长度只受净荷字段长度的限制。当存在扩展首部时，用下一个首部给出扩展首部类型。当没有扩展首部时，该字段等同于 IPv4 的协议字段，用于指明净荷所属的协议。

（6）跳数限制：8b。给出 IPv6 分组允许经过的路由器数，IPv6 分组每经过一跳路由器，该字段值减 1，当该字段值减为 0 时，如果 IPv6 分组仍未到达目的终端，路由器将丢弃该 IPv6 分组，以此避免 IPv6 分组在网络中无休止地漂荡。

（7）源地址和目的地址：128b。用于给出 IPv6 分组源终端和目的终端的 IPv6 地址。IPv6 的地址字段长度是 128b，是 IPv4 的地址字段长度的 4 倍，IPv6 彻底解决了 IPv4 面临的地址短缺问题。

### 2. IPv6 扩展首部

1）扩展首部组织方式

IPv4 首部如果包含可选项，中间经过的每一跳路由器都需要对可选项进行处理，增加了路由器的处理负担，降低了路由器转发 IPv4 分组的速率。IPv6 除了逐跳选项扩展首部外，中间路由器将扩展首部作为分组净荷对待，不对其做任何处理，以此简化路由器转发 IPv6 分组所进行的操作，提高路由器的转发速率。IPv6 目前定义的扩展首部有逐跳选项、路由、分片、鉴别、封装安全净荷、目的端选项这六种。当 IPv6 分组包含多个扩展首部时，扩展首部按照以上顺序出现，上层协议数据单元（PDU）放在最后面。如图 5.5 所示是上层协议数据单元（PDU）为 TCP 报文时，IPv6 分组的格式。

如图 5.5（a）所示的 IPv6 分组没有扩展首部，净荷字段中只包含上层协议数据单元（TCP 报文），因此，基本首部中的下一个首部字段值给出上层协议类型 6，指明上层协议为 TCP。如图 5.5（b）所示的 IPv6 分组中包含单个扩展首部，净荷字段中首先出现的是路由扩展首部，而基本首部中的下一个首部字段值给出扩展首部的类型。扩展首部中的下一个首部字段值给出上层协议类型。如图 5.5（c）所示的 IPv6 分组中包含两个扩展首部，依次在净荷字段中出现的是路由和分片扩展首部。基本首部中的下一个首部字段值给出第 1 个扩展首部的类型（路由），路由扩展首部中的下一个首部字段值给出第 2 个扩展首部的类型（分

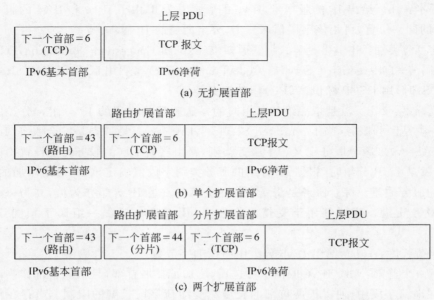

图 5.5　IPv6 基本首部、扩展首部和上层协议数据单元之间的关系

片），分片扩展首部中的下一个首部字段值给出上层协议类型（TCP）。当净荷字段中包含两个以上的扩展首部时，由前一个扩展首部中的下一个首部字段值给出下一个扩展首部的类型，最后一个扩展首部的下一个首部字段值给出上层协议类型。

2）扩展首部应用实例

下面通过分片扩展首部的应用，说明 IPv6 简化路由器转发操作的过程。分片扩展首部格式如图 5.6 所示。它的各个字段的含义和 IPv4 首部中与分片有关的字段的含义相同，片偏移给出当前数据片在原始数据中的位置。标识符用来唯一标识分片数据后产生的数据片序列，接收端通过标识符鉴别出因为分片数据后产生的一组数据片。$M$ 标志位用来标识最后一个数据片（$M=0$）。如图 5.7 所示是一个互联网结构图，链路上标出的数字是链路 MTU。对于 IPv4 分组，由路由器根据输出链路 MTU 和 IPv4 分组的总长确定是否对 IP 分组分片，并在需要分片的情况下，完成分片操作。对于 IPv6 分组，由源终端通过路径 MTU 发现协议找出源终端至目的终端传输路径所经过链路的最小 MTU，该 MTU 称为路径 MTU，并由源终端完成分片操作，通过分片扩展首部给出各个数据片的片偏移及标识符。目的终端通过分片扩展首部中给出的信息，重新将各个数据片拼接成原始 IPv6 分组，整个操作过程如图 5.7 所示。

图 5.6　分片扩展首部格式

值得强调的是，IPv4 由路由器负责分片操作，而且可能由多个路由器对同一 IPv4 分组反复进行分片操作，如图 5.7（a）所示，这将严重影响路由器的转发速率。在 IPv6 中，改由源终端完成分片操作。源终端首先通过路径 MTU 发现协议获取源终端至目的终端传输路径所经过链路的最小 MTU（路径 MTU），然后对净荷进行分片。通常情况下，除最后一个数

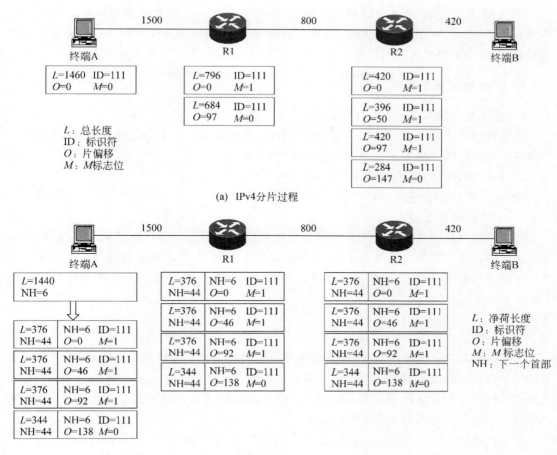

(a) IPv4 分片过程

(b) IPv6 分片过程

图 5.7　IPv4 和 IPv6 分片过程

据片,其他数据片长度的分配原则是:须是 8 的倍数,且加上 IPv6 首部和分片扩展首部后尽量接近路径 MTU。假定路径 MTU=$M$,净荷长度=$L$,将净荷分成 $N$ 个数据片,则 $N$ 是满足条件"$L+N×48≤M×N$"的最小整数。48B 包括 40B IPv6 基本首部和 8B 分片扩展首部。在本例中,$M=420$B,$L=1440$B,根据 $1440+N×48≤420×N$,得出 $N≥1440/(420-48)=3.87$,$N$ 取满足上述等式的最小整数 4。前 3 个数据片长度应该是满足条件"小于或等于(420-48)且是 8 的倍数"的最大值,这里是 368B。加上 8B 的分片扩展首部后,得出净荷长度=376B,最后 1 个数据片的长度是 $1440-3×368=336$B,得出净荷长度=344B。4 个数据片的片偏移分别是 0、368/8=46、736/8=92 和 1104/8=138。值得说明的是,在每个会话存在期间,源终端和目的终端之间都有大量 IP 分组传输,因此,源终端先通过路径 MTU 发现协议获取源终端至目的终端传输路径所经过链路的最小 MTU(路径 MTU)是值得的,否则,对每一个 IP 分组都进行如图 5.7(a)所示的分片操作会对路由器的转发速率造成巨大影响。

## 5.2.2　IPv6 地址结构

开发 IPv6 的主要原因是为了解决 IPv4 的地址短缺问题,因此,IPv6 的地址字段长度是

IPv4 的 4 倍,即 128b。有人计算过,$2^{128}$ 的 IPv6 地址空间可以为地球表面每平方米的面积提供 $8.65 \times 10^{23}$ 个不同的 IPv6 地址,这么多的 IPv6 地址可以为地球上的每一粒沙子分配唯一的 IPv6 地址。如此巨大的地址空间,为使用 IPv6 地址提供了非常大的灵活性。

### 1. IPv6 地址表示方式

1)基本表示方式

基本表示方式是将 128b 以 16 位为单位分段,每一段用 4 位十六进制数表示,各段用冒号分隔。下面是两个用基本表示方式表示的 IPv6 地址。

2001:0000:0000:0410:0000:0000:0001:45FF

0000:0000:0000:0000:0001:0765:0000:7627

2)压缩表示方式

基本表示方式中可能出现很多 0,甚至可能整段都是 0,为了简化地址表示,可以将不必要的 0 去掉。不必要的 0 是指去掉后,不会错误理解段中 16 位二进制数的那些 0。如 0410 可以压缩成 410,但不能压缩成 41 或 041。上述用基本表示方式表示的 IPv6 地址可以压缩成如下表示方式。

2001:0:0:410:0:0:1:45FF

0:0:0:0:1:765:0:7627

用压缩表示方式表示的 IPv6 地址仍然可能出现相邻若干段都是 0 的情况,为了进一步缩短压缩表示方式表示的 IPv6 地址,可用一对冒号::表示连续的一串 0,当然,一个 IPv6 地址只能出现一个::。这种用::表示连续的一串 0 的压缩表示方式就是 0 压缩表示方式,如下是用 0 压缩表示方式表示上述地址的结果。

2001::410:0:0:1:45FF

::1:765:0:7627

2001:0:0:410:0:0:1:45FF 也可表示成 2001:0:0:410::1:45FF,但不能表示成 2001::410::1:45FF,因为后一种表示无法确定每一个::表示几个相邻的 0。

3)特殊地址

(1)内嵌 IPv4 地址的 IPv6 地址。

这种地址是为了解决 IPv4 和 IPv6 共存时期配置不同版本的 IP 地址的终端之间通信问题而设置的,128b 的地址中包含 32b 的 IPv4 地址,32b 的 IPv4 地址仍然采用 IPv4 的地址表示方式,以 8b 为单位分段,每一段用对应的十进制值表示,段之间用点分隔。地址的其他部分采用 IPv6 的地址表示方式。以下是常用的两种内嵌 IPv4 地址的 IPv6 地址的表示方式。

0000:0000:0000:0000:0000:FFFF:192.167.12.16 或是::FFFF:192.167.12.16

0000:0000:0000:0000:FFFF:0000:192.167.12.16 或是::FFFF:0:192.167.12.16

(2)环回地址。

::1 是 IPv6 的环回地址,等同于 IPv4 的 127.X.X.X。

(3)未确定地址。

全 0 地址(表示成::)作为未确定地址,当某个没有分配有效 IPv6 地址的终端需要发送 IPv6 分组时,可用该地址作为 IPv6 分组的源地址。该地址不能作为 IPv6 分组的目的地址。

4）地址前缀

IPv6 采用无分类编址方式,将地址分成前缀部分和主机号部分,用前缀长度给出地址中表示前缀的二进制数位数,用下述表示方式表示地址前缀。

IPv6 地址/前缀长度

IPv6 地址必须是用基本表示方式或 0 压缩表示方式表示的完整地址,前缀长度是一个 0~128 的整数,给出 IPv6 地址的高位中作为前缀的位数。以下是正确的前缀表示方式。

::FE80:0:0:0/68

::1:765:0:7627/60

2001:0000:0000:0410:0000:0000:0001:45FF/64

### 2. IPv6 地址分类

IPv6 地址分为单播、组播和任播这三种类型。

(1) 单播地址:唯一标识某个接口,以该种类型地址为目的地址的 IPv6 分组,到达目的地址标识的唯一的接口。

(2) 组播地址:标识一组接口,而且,大部分情况下,这组接口分属于不同的结点(终端或路由器),以该种类型地址为目的地址的 IPv6 分组,到达所有由目的地址标识的接口。

(3) 任播地址:标识一组接口,而且,大部分情况下,这组接口分属于不同的结点(终端或路由器),以该种类型地址为目的地址的 IPv6 分组,到达由目的地址标识的一组接口中的其中一个接口,该接口往往是这一组接口中和源终端距离最近的那个接口。

1）单播地址

(1) 链路本地地址。

这里的链路不是指物理线路,它指的是实现连接在同一网络上的两个结点之间通信过程的传输网络,如以太网。链路本地地址指的是在同一传输网络内作用的 IPv6 地址,它的作用有两个:一是用于实现同一传输网络内两个结点之间的网际层通信过程;二是用于标识连接在同一传输网络上的接口,并用该 IPv6 地址解析接口的链路层地址。一旦某个接口被定义为 IPv6 接口,该接口自动生成链路本地地址。链路本地地址格式如图 5.8 所示。

| 10b | 54b | 64b |
|---|---|---|
| 1111111010 | 0 | 接口标识符 |

图 5.8　链路本地地址格式

链路本地地址的高 64b 是固定不变的,低 64b 是接口标识符。接口标识符用于在传输网络内唯一标识某个连接在该传输网络上的接口。存在两种常用的导出接口标识符的方法,一种由接口的链路层地址导出;另一种是随机生成的 64 位随机数。

不同类型的传输网络导出接口标识符的过程不同,下面是通过以太网的 MAC 地址导出接口标识符的过程。

48 位 MAC 地址由 24 位的公司标识符和 24 位的扩展标识符组成,公司标识符由 IEEE 负责分配。公司标识符最高字节的第 0 位是 I/G(单播地址/组地址)位,该位为 0,表明是单播地址;该位为 1,表明是组地址。第 1 位是 G/L(全局地址/本地地址)位,该位为 0,表明是全局地址;该位为 1,表明是本地地址。一般情况下,MAC 地址都是全局地址,G/L 位为 0。MAC 地址导出接口标识符的过程如图 5.9 所示,首先将 MAC 地址的 G/L 位置 1,然后在公司标识符和扩展标识符之间插入十六进制值为 FFFE 的 16 位二进制数。

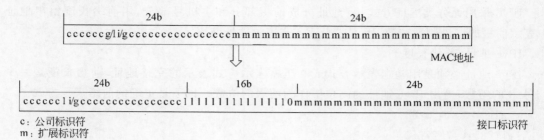

c：公司标识符
m：扩展标识符

接口标识符

图 5.9　MAC 地址导出接口标识符的过程

假定 MAC 地址为 0012：3400：ABCD，根据 MAC 地址求出接口标识符的过程如下。

00000000 00010010 00110100 00000000 10101011 11001101

00000010 00010010 00110100 11111111 11111110 00000000 10101011 11001101

由此得出 MAC 地址 0012：3400：ABCD 对应的接口标识符为 0212：34FF：FE00：ABCD。因而得出 MAC 地址 0012：3400：ABCD 对应的链路本地地址为 FE80：0000：0000：0000：0212：34FF：FE00：ABCD 或为 FE80：：212：34FF：FE00：ABCD。

（2）站点本地地址。

站点本地地址类似于 IPv4 的本地地址（或称私有地址），它不是全球地址，只能在内部网络内使用。和链路本地地址不同，它可以用于标识内部网络内连接在不同子网上的接口。因此，除了接口标识符字段外，还有子网标识符字段，用子网标识符字段标识接口所连接的子网。站点本地地址不能自动生成，需要配置。在手工配置站点本地地址时，接口标识符和链路本地地址的接口标识符一样，既可通过接口的链路层地址导出，也可手工配置一个子网内唯一的标识符作为接口标识符。站点本地地址格式如图 5.10 所示。

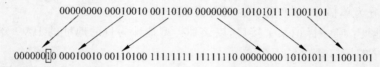

| 10b | 38b | 16b | 64b |
| --- | --- | --- | --- |
| 1111111011 | 0 | 子网标识符 | 接口标识符 |

图 5.10　站点本地地址格式

（3）可聚合全球单播地址。

可聚合全球单播地址格式如图 5.11 所示，它将地址分成三级，分别是全球路由前缀、子网标识符和接口标识符，全球路由前缀用于 Internet 主干网中路由器为 IPv6 分组选择传输路径，因此，分配全球路由前缀时，要求尽可能将高 $N$ 位相同的全球路由前缀分配给同一物理区域，如将高 5 位相同的全球路由前缀分配给亚洲。而将高 8 位相同的全球路由前缀分配给中国。当然，该高 8 位中的最高 5 位和分配给亚洲的全球路由前缀的高 5 位相同，以此最大可能地聚合路由项。原则上，除了已经分配的 IPv6 地址空间外，其余的地址空间都可分配作为可聚合全球单播地址，但目前已经指定作为可聚合全球单播地址的是最高 3 位为001 的 IPv6 地址空间。子网标识符用于标识划分某个公司或组织的内部网络所产生的子网。接口标识符用来确定连接在某个子网上的接口。需要说明的是，上述地址结构只是在全球范围内分配 IPv6 地址时有用，在转发 IPv6 分组时，路由项中的地址只有两部分：网络前缀和主机号,并没有如图 5.11 所示的地址结构。在全球范围内分配 IPv6 地址时采用如图 5.11 所示的地址结构和尽可能将高 N 位相同的全球路由前缀分配给同一物理区域的目的是,尽可能地聚合路由项,减少路由表中路由项的数目,提高转发速率。图 5.12 给出了尽可能聚合路由项的全球路由前缀分配过程。

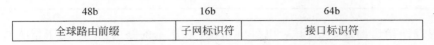

图 5.11　可聚合全球单播地址格式

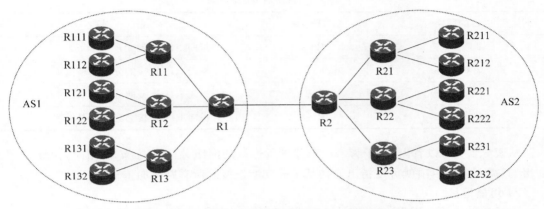

图 5.12　尽可能聚合路由项的全球路由前缀分配过程

对于如图 5.12 所示的网络结构,为 AS1 和 AS2 分别分配高 5 位相同的全球路由前缀,如 00100 和 00101。为 AS1 中 R11、R12 和 R13 连接的三个分支分别分配高 8 位相同的全球路由前缀,如 00100000、00100001 和 00100010。为 R111 等路由器连接的分支分别分配高 12 位相同的全球路由前缀,如 001000000000。其他路由器连接的分支依此分配,可以得出如表 5.1 所示的地址分配结构。

表 5.1　地址分配结构

| 路由器 | 全球路由前缀 | 子网标识符 | 接口标识符 |
|---|---|---|---|
| R111 | 00100　000　0000 | X | X:X:X:X |
| R112 | 00100　000　0001 | X | X:X:X:X |
| R121 | 00100　001　0000 | X | X:X:X:X |
| R122 | 00100　001　0001 | X | X:X:X:X |
| R131 | 00100　010　0000 | X | X:X:X:X |
| R132 | 00100　010　0001 | X | X:X:X:X |
| R211 | 00101　000　0000 | X | X:X:X:X |
| R212 | 00101　000　0001 | X | X:X:X:X |
| R221 | 00101　001　0000 | X | X:X:X:X |
| R222 | 00101　001　0001 | X | X:X:X:X |

| 路由器 | 全球路由前缀 | 子网标识符 | 接口标识符 |
|---|---|---|---|
| R231 | 00101　010　0000 | X | X:X:X:X |
| R232 | 00101　010　0001 | X | X:X:X:X |

根据表 5.1 给出的地址结构，可以得出如表 5.2 所示的路由器 R1 用于指明通往图 5.11 中所有网络的传输路径的路由项。

表 5.2　路由器 R1 路由表

| 目的网络 | 下一跳 | 备　　注 |
|---|---|---|
| 2800::/5 | R2 | 指向 AS2 的路由项 |
| 2000::/8 | R11 | 指向 R11 连接的分支的路由项 |
| 2100::/8 | R12 | 指向 R12 连接的分支的路由项 |
| 2200::/8 | R13 | 指向 R13 连接的分支的路由项 |

从表 5.2 中可以看出，由于为每一个分支所连接的网络分配了高 N 位相同的全球路由前缀，只需一项路由项就可以指出通往某个分支所连接的所有网络的传输路径。

2）组播地址

组播地址格式如图 5.13 所示，高 8 位固定为十六进制值 FF，4 位标志位中的前 3 位固定为 0，最后 1 位如果为 0，表示是由 Internet 号码指派管理局（Internet Assigned Numbers Authority，IANA）分配的永久分配的组播地址，这些组播地址有特定用途，因而也被称为著名组播地址。最后 1 位如果为 1，表示是非永久分配的组播地址（临时的组播地址）。范围字段中正常使用的值如下。

2：链路本地范围。

5：站点本地范围。

8：组织本地范围。

E：全球范围。

链路本地范围是指组播只能在单个传输网络范围内进行。站点本地范围是指组播在由多个传输网络组成的站点网络内进行。组织本地范围是指组播在由多个站点网络组成，但由同一组织管辖的网络内进行。全球范围是指在 Internet 中组播。

| 8b | 4b | 4b | 80b | 32b |
|---|---|---|---|---|
| 11111111 | 标志 | 范围 | 0 | 组标识符 |

图 5.13　组播地址格式

以下是几个 IANA 分配的常用著名组播地址。

FF02::1　链路本地范围内所有结点

FF02::2　链路本地范围内所有路由器

FF05::2　站点本地范围内所有路由器

FF02::9　链路本地范围内所有运行 RIP 的路由器

3）任播地址

没有为任播地址分配单独的地址格式,在单播地址空间中分配任播地址。如果为某个接口分配了任播地址,必须在分配地址时说明。目前只有路由器接口允许分配任播地址。

## 5.2.3　IPv6 网络实现通信过程

连接在不同网络上的两个终端之间传输 IPv6 分组前,必须完成以下操作:一是这两个终端必须完成网络信息配置过程,二是必须建立这两个终端之间的 IPv6 传输路径。

### 1. 网络结构和基本配置

实现图 5.14 中的终端 A 至终端 B 的数据传输过程,必须完成两方面的操作,一是网际层必须完成如下操作。

(1) 终端配置全球 IPv6 地址。

(2) 终端配置默认路由器地址。

(3) 路由器建立路由表。

二是连接终端和路由器及互连路由器的传输网络必须完成 IPv6 over X(X 指不同类型的传输网络)操作。本节讨论 IPv6 的网际层操作过程,5.2.4 节讨论 IPv6 over 以太网操作过程。

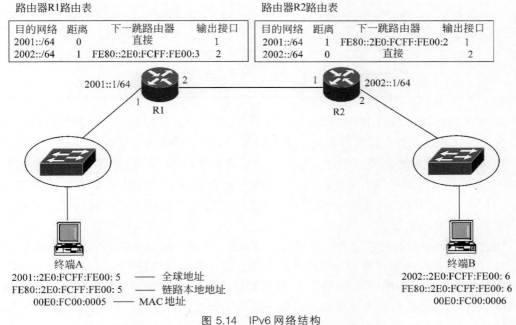

图 5.14　IPv6 网络结构

在 IPv4 网络中,手工配置路由器接口地址。终端接口的 IPv4 地址和默认路由器地址可以手工配置,也可通过动态主机配置协议(DHCP)自动获取。路由器中的路由表通过路由协议动态建立。

在 IPv6 网络中,可以为路由器接口配置多种类型的地址,其中一种是全球地址,需要手工配置;另一种是链路本地地址,在指定某个接口为 IPv6 接口后,由路由器自动生成。终端接口也有多种类型的接口地址,其中一种是全球地址,用于向其他网络中的终端传输数据;另一种是只在终端接口所连接的传输网络内作用的链路本地地址,在指定终端接口为 IPv6 接口后,由终端自动生成。终端接口的全球地址和默认路由器地址与 IPv4 网络一样,可以手工配置,也可以通过 DHCP 自动获取。如果手工配置,配置人员必须了解终端所连接子网的拓扑结构和路由器配置信息。如果通过 DHCP 自动获取,必须管理、同步 DHCP 服务器内容。由于 IPv6 被物联网智能物体用于数据传输,而智能物体通常要求能够即插即用,因此,IPv6 提供了邻站发现(Neighbor Discovery,ND)协议,以此来解决 IPv6 终端的即插即用问题。

### 2. 邻站发现协议

1) 终端获取全球地址和默认路由器地址过程

终端将接口定义为 IPv6 接口后,自动为接口生成链路本地地址,在图 5.14 中,假定终端 A 和终端 B 的 MAC 地址分别为 00E0:FC00:0005 和 00E0:FC00:0006,终端 A 和终端 B 分别生成链路本地地址 FE80::2E0:FCFF:FE00:5 和 FE80::2E0:FCFF:FE00:6。同样,根据路由器 R1、R2 的接口 1 和接口 2 的 MAC 地址分别得出如表 5.3 所示的链路本地地址。

表 5.3 路由器各个接口的链路本地地址

| 路由器接口 | MAC 地址 | 链路本地地址 |
| --- | --- | --- |
| 路由器 R1 接口 1 | 00E0:FC00:0001 | FE80::2E0:FCFF:FE00:1 |
| 路由器 R1 接口 2 | 00E0:FC00:0002 | FE80::2E0:FCFF:FE00:2 |
| 路由器 R2 接口 1 | 00E0:FC00:0003 | FE80::2E0:FCFF:FE00:3 |
| 路由器 R2 接口 2 | 00E0:FC00:0004 | FE80::2E0:FCFF:FE00:4 |

终端 A 和终端 B 分别求出链路本地地址后,需要求出接口的全球地址和默认路由器地址。由于终端和默认路由器连接在同一个传输网络,具有相同的网络前缀,因此,终端只要得到默认路由器的网络前缀和通过接口的链路层地址导出的接口标识符(也可以是随机生成的 64 位随机数),就可得出全球地址。由于接口标识符为 64 位,因此,网络前缀也必须是 64 位,这样才能组合出 128 位的全球地址。现在的问题是终端如何获取默认路由器地址和网络前缀?

IPv6 路由器定期通过各个接口组播路由器通告,该通告的源地址是发送接口的链路本地地址,目的地址是表明接收方是链路中所有结点的著名组播地址 FF02::1,通告中给出为接口配置的全球地址的网络前缀、前缀长度以及路由器生存时间等参数。当终端接收到某个路由器通告,该通告的源地址就是路由器连接终端所在网络的接口的地址,即终端的默认路由器地址,通告中给出的网络前缀和前缀长度即终端所在网络的网络前缀,当该网络前缀的长度为 64 位时,终端将其和通过终端接口的链路层地址导出的接口标识符(也可以是随机生成的 64 位随机数)组合在一起,构成 128 位的终端全球地址。为了将这种全球地址获取方式和通过 DHCP 服务器的自动获取方式相区别,称这种地址获取方式为无状态地址自动配置,而称通过 DHCP 服务器获取地址的方式为有状态地址自动配置。

由于路由器是定期发送路由器通告,因此,当某个终端启动后,可能需要等待一段时间才能接收到路由器通告。如果终端希望立即接收到路由器通告,终端可以向路由器发送路由器请求,该路由器请求的源地址是终端接口的链路本地地址,目的地址是表明接收方是链路中所有路由器的著名组播地址 FF02::2。当路由器接收到路由器请求,立即组播一个路由器通告。图 5.15 给出了终端获取全球地址及默认路由器地址的过程。

从图 5.15 中可以看出,无论是终端发送的路由器请求,还是路由器发送的路由器通告,都给出了发送接口的链路层地址(这里是以太网的 MAC 地址),这主要因为 IPv6 分组必须封装在 MAC 帧的数据字段中,才能通过传输网络传输给下一跳结点。因此,在通过传输网络传输 IPv6 分组前,必须先获取下一跳结点的 MAC 地址,在路由器请求和通告中给出发送接口的链路层地址就是为了这一目的。IPv4 over 以太网通过 ARP 实现地址解析过程,即根据下一跳结点的 IPv4 地址获取下一跳结点的 MAC 地址的过程。IPv6 通过邻站发现协议解决这一问题,5.2.4 节 IPv6 over 以太网将详细讨论 IPv6 的地址解析过程。

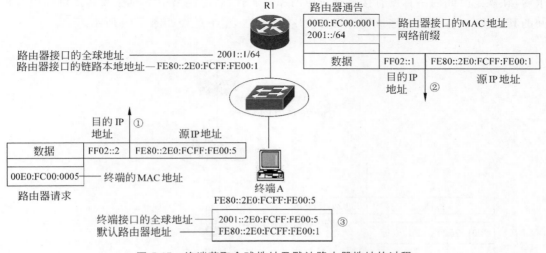

图 5.15　终端获取全球地址及默认路由器地址的过程

2) 重复地址检测

无论是链路本地地址,还是通过无状态地址自动配置方式得出的全球地址,其唯一性都依赖于接口标识符的唯一性。由于不同网络的网络前缀是不同的,因此,只要保证同一网络内不存在相同的接口标识符,就可保证地址的唯一性。重复地址检测(Duplicate Address Detection,DAD)就是一种确定网络中是否存在另一个和某个接口有着相同的接口标识符的接口的机制。

当结点的某个接口自动生成了 IPv6 地址(链路本地地址或全球地址),结点通过该接口发送邻站请求来确定该地址的唯一性,该邻站请求的接收方应该是可能具有相同接口标识符的所有接口,为此,对任何进行重复检测的单播地址,都定义了用于指定可能具有相同接口标识符的接口集合的组播地址,该组播地址的网络前缀为 FF02::1:FF00:0/104,低 24 位为单播地址的低 24 位,实际上就是接口标识符的低 24 位。这就意味着链路中所有接口标识符低 24 位相同的接口组成一个组播组,以该组播地址为目的地址的 IPv6 分组被该组播组中的所有接口接收。某个接口的地址在通过重复地址检测前属于实验地址,不能正常使用,因此,某个源结点为确定接口地址唯一性而发送的邻站请求,其源地址为未确定地址::(全 0),目的地址是根据需要进行重复检测的接口地址的低 24 位导出的组播地址。邻站请求中的目标地址字段给出需要重复检测的单播地址,即实验地址。当属于由目的地址指定的组播组的接口(接口标识符低 24 位和需要重复地址检测的单播地址的低 24 位相同的接口)接收到该邻站请求,接收到该邻站请求的结点(目的结点)用接收该邻站请求的接口的接口地址和该邻站请求中包含的实验地址进行比较,如果相同,且该接口的接口地址也是实验地址,该接口将放弃使用该实验地址。如果该接口的接口地址是正常使用的地址(非实验地址),目的结点向源结点发送邻站通告,该邻站通告的源地址是接收邻站请求的接口正常使用的接口地址,目的地址是表明接收方是链路中所有结点的组播地址 FF02::1,该邻站通告中,目标地址字段给出对应的邻站请求中的目标地址字段值和该接口的链路层地址。如果目的结点接收到该邻站请求的接口的接口地址和该邻站请求中包含的实验地址不同,目的结点不做任何处理。如果源结点发送邻站请求后,接收到邻站通告,且通告中包含的目标地址字段值和接口的实验地址相同,源结点将放弃使用该接口地址。如果源结点发送邻站请求后,在规定时间内一直没有接收到对应的邻站通告,确定链路中不存在和其接口标识符相同的其他接口,将该接口地址作为正常使用的地址。整个过程如图 5.16 所示。

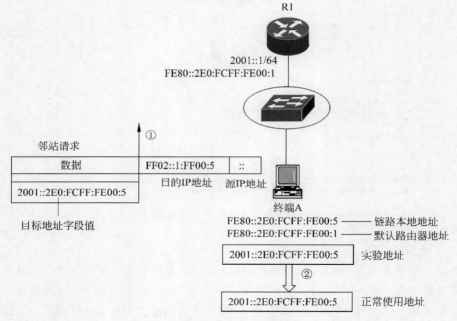

图 5.16 重复地址检测过程

### 3. 路由器建立路由表过程

1)路由项格式

IPv6 路由项格式如表 5.4 所示,目的网络由两部分组成,一是主机号清零的 IPv6 地址;二是网络前缀长度。如表 5.4 中的目的网络 2002::/64,2002::是主机号清零的 IPv6 地址,其中,2002:0:0:0 是 64 位网络前缀,0:0:0:0 是清零后的主机号,64 是网络前缀长度。距离给出当前路由器至目的网络的传输路径的距离,不同类型的路由项,距离的含义不同,如下一代 RIP(RIP Next Generation,RIPng)生成的动态路由项的距离是指当前路由器至目的网络的传输路径所经过的路由器的跳数。下一跳是当前路由器至目的网络的传输路径上下一跳结点的 IPv6 地址,通常是下一跳结点连接在当前路由器的输出接口所连接的传输网络上的接口的链路本地地址。输出接口是当前路由器输出以属于目的网络的 IPv6 地址为目的地址的 IPv6 分组的接口,该接口与下一跳地址标识的下一跳结点的接口连接在同一个传输网络上。

表 5.4　IPv6 路由项格式

| 目的网络 | 距离 | 下一跳 | 输出接口 |
|---|---|---|---|
| 2002::/64 | 1 | FE80::2E0:FCFF:FE00:2 | 1 |

2）路由项类型

IPv6 路由项同样分为直连路由项、静态路由项和动态路由项。完成路由器接口全球地址和网络前缀配置过程后,路由器自动生成直连路由项,直连路由项的距离为 0。可以为路由器人工配置静态路由项。由路由协议生成的路由项称为动态路由项。支持 IPv4 的路由协议 RIP、OSPF 和 BGP 分别有支持 IPv6 的下一代 RIP(RIPng)、OSPFv3 和 BGP4＋。其中,RIPng 和 OSPFv3 是内部网关协议,BGP4＋是外部网关协议。

3）RIPng 建立路由表过程

IPv6 中路由器通过路由协议 RIPng 建立路由表的过程和 IPv4 中路由器通过路由协议 RIP 建立路由表的过程基本相同,只是路由项中的目的网络用 IPv6 地址的网络前缀表示方式表示。封装路由消息的 IPv6 分组的源地址是发送该路由消息的接口的链路本地地址,目的地址是表示链路本地范围内所有运行 RIPng 的路由器的著名组播地址:FF02::9。因此,路由表中下一跳路由器地址也是下一跳路由器对应接口的链路本地地址。下面通过用 RIPng 建立如图 5.14 所示的 IPv6 网络结构中路由器 R1 和 R2 的路由表为例,讨论 IPv6 网络中路由器建立路由表的过程。

当路由器 R1 的接口 1 和路由器 R2 的接口 2 配置了全球地址和网络前缀后,路由器 R1、R2 自动生成如图 5.17 所示的初始路由表。然后路由器 R1 和 R2 周期性地向对方发送包含路由表中路由项的路由消息。图 5.17(a)是路由器 R1 向路由器 R2 发送路由消息的过程,当路由器 R2 接收到路由器 R1 发送的路由消息,进行 RIP 路由消息处理流程,在路由表中增添用于指明通往网络 2001::/64 的传输路径的路由项。同样,路由器 R2 也向路由器 R1 发送路由消息,使得路由器 R1 也得出用于指明通往网络 2002::/64 的传输路径的路由项,整个过程如图 5.17(b)所示。

## 5.2.4　IPv6 over 以太网

IPv6 over 以太网涉及三方面内容,一是地址解析过程;二是将 IPv6 分组封装成 MAC 帧的过程;三是 MAC 帧逐段传输过程。除了地址解析过程,其他两方面内容与 IPv4 over 以太网基本相同。

### 1. IPv6 地址解析过程

1）终端邻站缓存

当图 5.14 中的终端 A 想给终端 B 发送数据时,终端 A 构建一个以终端 A 的 IPv6 地址 2001::2E0:FCFF:FE00:5 为源地址,以终端 B 的 IPv6 地址 2002::2E0:FCFF:FE00:6 为

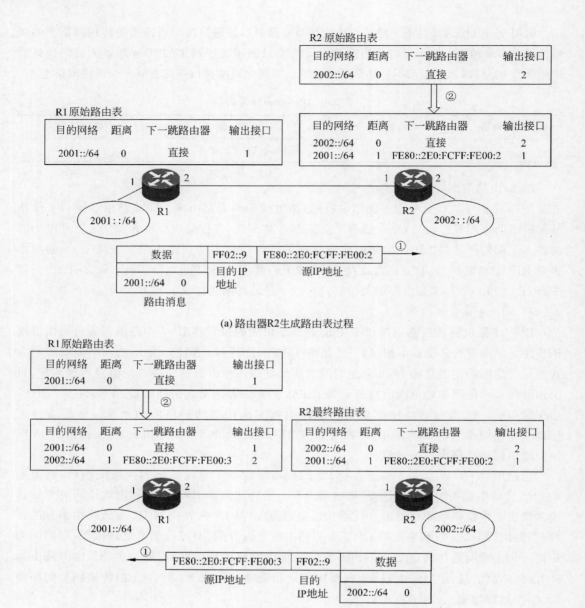

图 5.17 路由器建立路由表过程

目的地址的 IPv6 分组。终端 A 在开始发送该 IPv6 分组前,先检索路由表。根据如图 5.14 所示的配置,终端 A 的路由表中存在如表 5.5 所示的两项路由项。和 IPv4 相同,终端的路由表内容通过手工配置和邻站发现协议获得,不是通过路由协议获得。

表 5.5 终端 A 建立的路由表

| 目的网络 | 下一跳路由器 |
| --- | --- |
| 2001::/64 | 本地连接 |
| ::/0 | FE80::2E0:FCFF:FE00:1 |

第 1 项指明终端 A 所连接的网络的网络前缀,第 2 项指明默认路由。和 IPv4 一样,终端 A 首先确定 IPv6 分组的目的终端是否和源终端连接在同一个网络(在 IPv6 网络中,连接在同一个网络称为 on-link)上,这个过程需要比较目的地址的网络前缀和终端 A 所连接的网络的网络前缀。由于目的地址的网络前缀 2002::/64 和终端 A 所连接的网络的网络前缀 2001::/64 不同,确定源终端和目的终端不在同一个网络(在 IPv6 网络中,连接在不同网络称为 off-link),终端 A 选择将该 IPv6 分组发送给默认路由器。获取默认路由器的 IPv6 地址后,在将 IPv6 分组封装成经过以太网传输的 MAC 帧前,需要根据默认路由器的 IPv6 地址解析出默认路由器的 MAC 地址,这一过程称为地址解析过程,对应的 IPv6 地址称为解析地址。在讨论终端获取网络前缀和默认路由器地址的过程(无状态地址自动配置过程)中已经讲到,路由器在链路本地范围内组播的路由器通告不仅包含网络前缀,而且包含路由器连接该链路的接口的链路层地址,如果链路是以太网,接口的链路层地址就是 MAC 地址。因此,终端在完成获取网络前缀和默认路由器地址的过程后,不仅建立如表 5.5 所示的两项路由项,而且建立如表 5.6 所示的邻站缓存,邻站缓存中的每一项给出邻站的 IPv6 地址和对应的链路层地址。如果在邻站缓存中找到默认路由器的 IPv6 地址对应的项,终端 A 可以立即通过该项给出的 MAC 地址封装 MAC 帧。否则,需要通过地址解析过程来获取默认路由器的 MAC 地址。和 IPv4 的 ARP 缓存相同,邻站缓存中的每一项都有寿命,如果在寿命内没有接收到用于确认 IPv6 地址和对应的链路层地址之间关联的信息,该项将因为过时而不再有效。这种情况下,终端也将通过地址解析过程获取和某个 IPv6 地址关联的链路层地址。

表 5.6　终端 A 邻站缓存

| 邻站 IPv6 地址 | 邻站链路层地址 |
|---|---|
| FE80::2E0:FCFF:FE00:1 | 00E0:FC00:0001 |

### 2) 地址解析过程

地址解析过程首先由需要解析地址的终端发送邻站请求,邻站请求的源地址是发送该邻站请求的接口的 IPv6 地址,由于每一个接口有多个 IPv6 地址,如终端 A 连接链路的接口有链路本地地址和全球地址等,选择作为邻站请求的源地址的原则是,选择最有可能被邻站用来解析接口的链路层地址的 IPv6 地址。由于终端 A 用全球地址作为发送给终端 B 的 IPv6 分组的源地址,那么,终端 B 回送给终端 A 的 IPv6 分组必定以终端 A 的全球地址作为目的地址。当路由器 R1 通过以太网传输终端 B 回送给终端 A 的 IPv6 分组时,需要通过该 IPv6 分组的目的地址解析终端 A 的链路层地址。因此,在这次数据传输过程中,路由器 R1 最有可能用来解析终端 A 的链路层地址的接口地址是全球地址。因此,终端 A 用接口的全球地址作为邻站请求的源地址。邻站请求的目的地址是组播地址,组播组标识符是解析地址的低 24 位,表示接收方是接口地址低 24 位等于组播组标识符的接口。该邻站请求包含解析地址和发送该邻站请求的接口的链路层地址。所有接口地址的低 24 位和解析地址的低 24 位相同的接口都接收该邻站请求,目的结点首先在邻站缓存中检索该邻站请求源地址对应的项,如果找到对应项且对应项给出的链路层地址和该邻站请求中给出的链路层地址相同,更新寿命定时器。否则,在邻站缓存中记录下源地址和链路层地址之间的关联。如果发现接收该邻站请求的接口具有和解析地址相同的接口地址,目的结点回送邻站通告,邻站通告中给出解析地址和解析出的链路层地址。终端 A 解析出默认路由器的链路层地址的过程如图 5.18 所示。

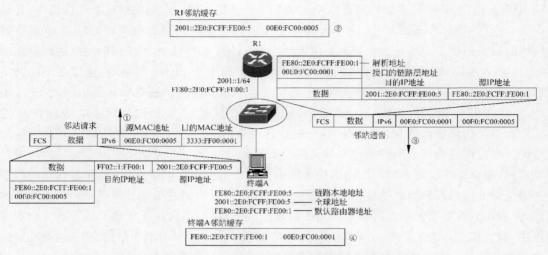

图 5.18　终端 A 解析出默认路由器的链路层地址的过程

5.2.3 节讨论重复地址检测时用到的也是邻站请求和邻站通告,这一节同样用邻站请求和邻站通告完成地址解析过程,目的结点必须区分出接收到的邻站请求是用于完成重复地址检测的邻站请求,还是用于完成地址解析的邻站请求。目的结点通过接收到的邻站请求的源地址区分出两种不同用途的邻站请求。由于通过重复地址检测前,分配给接口的地址是实验地址,不能正常使用,因此,邻站请求的源地址是未确定地址::。而进行地址解析时,邻站请求的源地址是发送接口的正常使用地址。不同用途下邻站请求包含的目标地址字段值也不同,重复地址检测时发送的邻站请求中的目标地址字段给出用于进行重复检测的实验地址,而地址解析时发送的邻站请求中的目标地址字段给出用于解析出邻站链路层地址的邻站 IPv6 地址。

**2. IPv6 分组传输过程**

终端 A 解析出默认路由器 R1 的 MAC 地址后,将传输给终端 B 的 IPv6 分组封装成 MAC 帧,并通过以太网将该 MAC 帧传输给路由器 R1。路由器 R1 从接收到的 MAC 帧中分离出 IPv6 分组,用 IPv6 分组的目的地址检索路由表,找到下一跳路由器。同样用下一跳路由器的 IPv6 地址解析出下一跳路由器的 MAC 地址,再将 IPv6 分组封装成 MAC 帧,经过以太网将该 MAC 帧传输给路由器 R2。经过逐跳转发,最终到达终端 B。整个传输过程如图 5.19 所示。

IPv4 over 以太网涉及三方面内容:地址解析、IPv4 分组封装和 MAC 帧传输。IPv6 over 以太网同样涉及这三方面内容,除了地址解析过程,其余两方面内容和 IPv4 基本相同。

IPv4 的地址解析过程通过 ARP 实现,ARP 报文被直接封装成 MAC 帧,因此,ARP 只能实现类似以太网的广播型网络的地址解析过程,这就意味着 IPv4 需要对不同的传输网络,采用不同的地址解析协议。而邻站发现协议以 IPv6 分组格式传输协议报文,和传输网络无关,因此,IPv6 地址解析协议独立于传输网络,不同传输网络均可用邻站发现协议实现地址解析过程。更重要的是,由于通过 IPv6 的鉴别和封装安全净荷扩展首部,可以对源终端进行鉴别,避免了其他终端冒用源终端的情况发生,因此,也不会出现类似 ARP 欺骗攻击

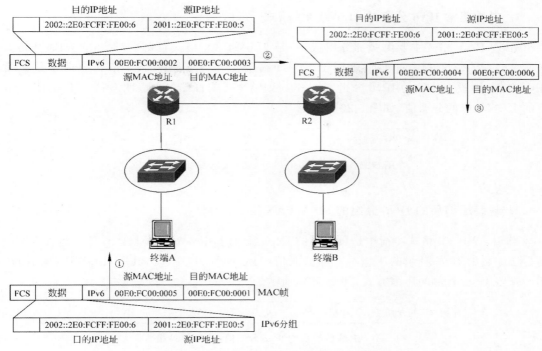

图 5.19　IPv6 分组终端 A 至终端 B 传输过程

这样的问题。ARP 欺骗攻击是指某个终端通过发送 ARP 请求报文,把别的终端的 IPv4 地址和自己的 MAC 地址绑定在一起,以此实现窃取发送给别的终端的 IPv4 分组的目的的攻击手段。

## 5.3　6LoWPAN

LoWPAN 是一种特殊的网络,网络中结点通常是受限结点,CPU 处理能力、存储容量和供电能力都较弱,而且网络的传输速率和传输可靠性也较低,因此,无法直接将 IPv6 分组封装成 LoWPAN 对应的链路层帧,并通过 LoWPAN 实现封装 IPv6 分组的 LoWPAN 对应的链路层帧的传输过程。因此,需要在作为接入网络的 LoWPAN 与 IPv6 之间插入适配层 6LoWPAN,6LoWPAN 的主要作用是实现 LoWPAN 中结点之间的 IPv6 分组传输过程。

### 5.3.1　6LoWPAN 封装过程

6LoWPAN 是作为接入网络的 LoWPAN 与 IPv6 之间的适配层,因此,IPv6 分组首先封装成 6LoWPAN 格式,然后再将 6LoWPAN 格式封装成接入网络对应的链路层帧。对应压缩、分片和网状网地址等不同的功能,有着不同的 6LoWPAN 格式。这一节主要讨论压缩和分片对应的 6LoWPAN 格式。

### 1. 封装正常 IPv6 分组的 6LoWPAN 格式

6LoWPAN 格式主要由两部分组成,一是 6LoWPAN 格式首部,二是 6LoWPAN 格式净荷。6LoWPAN 格式首部主要用于表明净荷类型。当 6LoWPAN 格式净荷中是正常 IPv6 分组(即没有压缩的 IPv6 分组)时,6LoWPAN 格式首部包含表明净荷是正常 IPv6 分组的 IPv6 对应的分派值,如图 5.20 所示。

| IPv6 对应的分派值 | IPv6首部 | 净荷 |
| --- | --- | --- |

图 5.20　封装正常 IPv6 分组的 6LoWPAN 格式

### 2. 封装压缩后的 IPv6 分组的 6LoWPAN 格式

当 6LoWPAN 格式净荷中是压缩后的 IPv6 分组时,6LoWPAN 格式首部中包含表明净荷是压缩后的 IPv6 分组的压缩对应的分派值＋LOWPAN_IPHC,其中,LOWPAN_IPHC 用于指定 IPv6 首部的压缩方式,如图 5.21 所示。

| 压缩对应的分派值+LOWPAN_IPHC | 压缩后的IPv6首部 | 净荷 |
| --- | --- | --- |

图 5.21　封装压缩后的 IPv6 分组的 6LoWPAN 格式

### 3. 封装分片＋压缩后的 IPv6 分组的 6LoWPAN 格式

当 6LoWPAN 格式净荷中是分片后的 IPv6 分组时,6LoWPAN 格式首部中包含表明净荷是分片后的 IPv6 分组的分片对应的分派值,如图 5.22 所示。分片首部用于接收端重新还原分片前的 IPv6 分组。分片和压缩是两个相互独立的操作,既可以对正常 IPv6 分组进行分片操作,也可以对压缩后的 IPv6 分组进行分片操作。需要说明的是,IPv6 本身可以进行分片操作,但它是对 IPv6 分组中的净荷进行的分片操作。6LoWPAN 分片操作是对 IPv6 分组或压缩后的 IPv6 分组进行的分片操作。在这里,IPv6 分组或压缩后的 IPv6 分组是 6LoWPAN 格式的净荷。

| 分片对应的分派值 | 分片首部 | 压缩对应的分派值+LOWPAN_IPHC | 压缩后的IPv6首部 | 净荷 |
| --- | --- | --- | --- | --- |

图 5.22　封装分片＋压缩后的 IPv6 分组的 6LoWPAN 格式

## 5.3.2　首部压缩

### 1. IPv6 首部压缩思路

由于针对的是 IPv6 首部,版本字段值固定是 6,因此可以省略。IPv6 分组的长度可以通过封装该 IPv6 分组的链路层帧结构导出,因此,净荷长度字段也可以省略。结点分配的 IPv6 地址是多种多样的,结点的网络接口能够自动生成链路本地地址,地址格式为 FE80::＋64 位接口标识符。该地址的前 64 位是固定的,后 64 位是接口标识符。封装成链路层帧时,接口标识符通常作为结点的链路层地址。如果在接入网络内结点之间传输 IPv6 分组,源和目的 IPv6 地址可以是源和目的的结点的链路本地地址,因此,可以根据链路层帧的源和目的地址推导出 IPv6 分组的源和目的链路本地地址,使得源和目的的地址字段都可以省略。

接入网络内结点的网络接口的全球 IPv6 地址格式为 64 位前缀＋64 位接口标识符,由于接入网络有着相同的 64 位前缀,而接口标识符往往又是结点的链路层地址,因此,如果在接入网络内结点之间传输 IPv6 分组,即使源和目的 IPv6 地址都是全球 IPv6 地址,也可以根据接入网络的 64 位前缀与链路层帧的源和目的地址推导出 IPv6 分组的源和目的的全球 IPv6 地址,使得源和目的的地址字段都可以省略。

结点可以分配 16 位短地址,根据 16 位短地址生成的 64 位接口标识符的格式为 0000：00ff:fe00:XXXX,其中,X 表示 16 位短地址。因此,如果结点的链路本地地址或全球 IPv6 地址是根据这样的 64 位接口标识符生成的,在接入网络内结点之间传输 IPv6 分组时,对应的地址字段只需保留 16 位短地址。

接入网络内结点与互联网通信时,传输路径是结点→边缘路由器→互联网,或是相反。对于结点至互联网传输过程,结点→边缘路由器这一段可以压缩 IPv6 分组的源 IP 地址字段。对于互联网至结点传输过程,边缘路由器→结点这一段可以压缩 IPv6 分组的目的 IP 地址字段。

信息流类别和流标签字段与特定应用有关,需要根据应用确定压缩方式。下一个首部字段和跳数限制字段的压缩方式也需要根据应用选择。

### 2. IPv6 首部压缩过程

6LoWPAN 压缩首部格式如图 5.23 所示,16 位分派值＋LOWPAN_IPHC 如图 5.24 所示,最高 3 位 011 是压缩对应的分派值,低 13 位 LOWPAN_IPHC 用于确定 IPv6 首部各个字段的压缩方式。2 位 TF 用于指定信息流类别字段和流标签字段的压缩方式,TF 值与压缩方式之间的关系如表 5.7 所示。1 位 NH 用于指定下一个首部字段的压缩方式,NH 值与压缩方式之间的关系如表 5.8 所示。2 位 HLIM 用于指定跳数限制字段的压缩方式,HLIM 值与压缩方式之间的关系如表 5.9 所示。1 位 CID 用于表明是否增加上下文标识符字段,上下文标识符字段用于有状态压缩,即基于上下文压缩。CID 为 0,表示不设置 8 位的上下文标识符字段,即采用无状态压缩;CID 为 1,表示在 DAM 字段后面,增加一个 8 位的上下文标识符字段,即采用有状态压缩。1 位 SAC 用于指定源地址字段压缩是采用有状态或无状态压缩,SAC 为 0,源地址字段采用无状态压缩;SAC 为 1,源地址字段采用基于上下文压缩(有状态压缩)。在指定 SAC 值的情况下,用 2 位 SAM 指定源地址字段压缩方式,因此,源地址字段压缩方式与 SAC 和 SAM 有关,如表 5.10 所示。目的地址可以是组播地址或单播地址(包括任播地址),因此,用 1 位 $M$ 指定目的地址是组播地址或单播地址(包括任播地址)。$M$ 为 0,表示目的地址不是组播地址(单播或任播地址);$M$ 为 1,表示目的地址是组播地址。1 位 DAC 用于指定目的地址字段压缩是采用有状态或无状态压缩,DAC 为 0,目的地址采用无状态压缩;DAC 为 1,目的地址采用基于上下文压缩(有状态压缩)。在指定 $M$ 和 DAC 值的情况下,用 2 位 DAM 指定目的地址字段压缩方式。因此,目的地址字段压缩方式与 $M$、DAC 和 DAM 有关,如表 5.11 所示。

| 分派值+LOWPAN_ IPHC | 压缩后的IPv6首部字段 |
| --- | --- |

图 5.23　6LoWPAN 压缩首部格式

| 0 | 1 | 1 | TF | NH | HLIM | CID | SAC | SAM | *M* | DAC | DAM |

图 5.24　16 位分派值+ LOWPAN_IPHC

表 5.7　TF 与信息流类别和流标签字段压缩方式

| TF | 信息流类别（ECN＋DSCP）和流标签字段压缩方式 |
| --- | --- |
| 00 | 2 位 ECN ＋6 位 DSCP ＋ 4 位填充 ＋20 位的流标签（4B） |
| 01 | 2 位 ECN ＋ 2 位填充 ＋20 位流标签（3B）；省略 DSCP 字段 |
| 10 | 2 位 ECN ＋6 位 DSCP（1B）；省略流标签字段 |
| 11 | 省略服务类型（ECN＋DSCP）和流标签字段 |

表 5.8　NH 与下一个首部字段压缩方式

| NH | 下一个首部字段压缩方式 |
| --- | --- |
| 0 | 保留 8 位的下一个首部字段 |
| 1 | 省略下一个首部字段，并用 LOWPAN_NHC 对下一个首部编码 |

表 5.9　HLIM 与跳数限制字段压缩方式

| HLIM | 跳数限制字段压缩方式 |
| --- | --- |
| 00 | 保留 8 位的跳数限制字段 |
| 01 | 省略跳数限制字段，将跳数限制设置为 1 |
| 10 | 省略跳数限制字段，将跳数限制设置为 64 |
| 11 | 省略跳数限制字段，将跳数限制设置为 255 |

表 5.10　SAC 和 SAM 与源地址字段压缩方式

| SAC | SAM | 源地址字段压缩方式 |
| --- | --- | --- |
| 0 | 00 | 保留 128 位源地址字段 |
| | 01 | 省略 128 位源地址中的 64 位前缀，保留后 64 位地址，该压缩方式假定源地址是根据 64 位接口标识符生成的链路本地地址 |
| | 10 | 省略 128 位源地址中的 112 位前缀，保留后 16 位地址，该压缩方式假定源地址是根据 16 位短地址生成的链路本地地址，根据 16 位短地址生成的 64 位接口标识符为 0000:00ff:fe00:XXXX，其中，用 X 表示 16 位短地址 |
| | 11 | 省略 128 位源 IP 地址字段 |
| 1 | 00 | 源地址是未确定地址：： |
| | 01 | 根据上下文导出源地址前 64 位，保留源地址后 64 位 |
| | 10 | 根据上下文导出源地址前 112 位，保留源地址后 16 位 |
| | 11 | 省略源地址字段，128 位源地址通过上下文和链路层帧的源地址导出 |

表 5.11　*M*、DAC 和 DAM 与目的地址字段压缩方式

| *M* | DAC | DAM | 目的地址字段压缩方式 |
|---|---|---|---|
| 0 | 0 | 00 | 保留 128 位目的地址字段 |
| | | 01 | 省略 128 位目的地址中的 64 位前缀,保留后 64 位地址,该压缩方式假定目的地址是根据 64 位接口标识符生成的链路本地地址 |
| | | 10 | 省略 128 位目的地址中的 112 位前缀,保留后 16 位地址,该压缩方式假定目的地址是根据 16 位短地址生成的链路本地地址 |
| | | 11 | 省略目的地址字段,目的地址前 64 位是链路本地地址前缀,后 64 位根据链路层地址导出 |
| 0 | 1 | 00 | 目前没有定义 |
| | | 01 | 根据上下文导出目的地址前 64 位,保留目的地址后 64 位 |
| | | 10 | 根据上下文导出目的地址前 112 位,保留目的地址后 16 位 |
| | | 11 | 省略目的地址字段,128 位目的地址通过上下文和链路层帧的目的地址导出 |
| 1 | 0 | 00 | 保留 128 位目的地址字段 |
| | | 01 | 保留 128 位目的地址中的 48 位,组播地址格式为 ffXX∷00XX∶XXXX∶XXXX,其中,X 是需要保留的地址 |
| | | 10 | 保留 128 位目的地址中的 32 位,组播地址格式为 ffXX∷00XX∶XXXX,其中,X 是需要保留的地址 |
| | | 11 | 保留 128 位目的地址中的 8 位,组播地址格式为 ff02∷00XX,其中,X 是需要保留的地址 |
| 1 | 1 | 00 | 保留 128 位目的地址中的 48 位,组播地址格式为 ffXX∶XXLL∶PPPP∶PPPP∶PPPP∶PPPP∶XXXX∶XXXX,其中,X 是需要保留的地址。P 和 L 通过上下文导出 |
| | | 01 | 目前没有定义 |
| | | 10 | 目前没有定义 |
| | | 11 | 目前没有定义 |

### 3. 扩展首部中下一个首部字段压缩过程

如果省略 IPv6 首部中的下一个首部字段,则在压缩后的 IPv6 首部后面,紧跟分派值＋LOWPAN_NHC,如图 5.25 所示。如果 IPv6 分组的净荷中包含扩展首部,则分派值＋LOWPAN_NHC 编码如图 5.26 所示,用于指定扩展首部类型和扩展首部中下一个首部字段的压缩方式,3 位 EID 字段与扩展首部类型之间的关系如表 5.12 所示。1 位 NH 用于指定扩展首部中下一个首部字段的压缩方式,NH 与扩展首部中下一个首部字段压缩方式之间的关系如表 5.13 所示。

| 分派值+LOWPAN_IPHC | 压缩后的 IPv6 首部字段 | 分派值+LOWPAN_NHC | 压缩后的下一个首部字段或净荷 |
|---|---|---|---|

图 5.25　IPv6 首部和 IPv6 下一个首部压缩格式

图 5.26　扩展首部对应的分派值+ LOWPAN_NHC

表 5.12　EID 与扩展首部类型

| EID | 扩展首部类型 |
| --- | --- |
| 000(0) | 逐跳选项 |
| 001(1) | 路由 |
| 010(2) | 分片 |
| 011(3) | 目的端选项 |
| 100(4) | 移动 |
| 101(5) | 目前没有定义 |
| 110(6) | 目前没有定义 |
| 111(7) | 嵌套的 IPv6 首部 |

表 5.13　NH 与扩展首部中下一个首部字段的压缩方式

| NH | 下一个首部字段压缩方式 |
| --- | --- |
| 0 | 扩展首部中保留 8 位的下一个首部字段 |
| 1 | 扩展首部中省略下一个首部字段 |

### 4. UDP 首部压缩过程

如果 IPv6 分组的净荷是 UDP 报文，且 IPv6 首部中表明净荷是 UDP 报文的下一个首部字段被省略，则在 UDP 报文前插入如图 5.27 所示的分派值＋LOWPAN_NHC 编码，用于指定 UDP 首部压缩过程。UDP 首部格式如图 5.28 所示，包含源端口号、目的端口号、UDP 报文长度和检验和这 4 个字段。UDP 报文长度可以通过 IPv6 分组的净荷长度推导出，因此可以省略。如图 5.27 所示的分派值＋LOWPAN_NHC 编码主要用于指定源端口号、目的端口号和检验和这 3 个字段的压缩方式。1 位 $C$ 用于指定 UDP 首部中检验和字段的压缩方式，$C$ 与 UDP 首部中检验和字段压缩方式之间的关系如表 5.14 所示。由于网际层协议（IPv4 和 IPv6）没有数据检错功能，因此，需要通过传输层协议（TCP 和 UDP）的检错功能检测数据传输过程中发生的错误，因此，只有在保证其他层中存在检测数据传输过程中发生的错误的机制的前提下，才能省略 UDP 首部中的检验和字段。2 位 $P$ 用于指定源和目的端口号字段的压缩方式，$P$ 与源和目的端口号字段压缩方式之间的关系如表 5.15 所示。在源和目的端口号格式为 0xf0bX（前 12 位固定为 0xf0b）的情况下，源和目的端口号字段只需给出后 4 位。

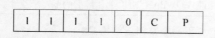

图 5.27　UDP 对应的分派值+ LOWPAN_NHC

| 源端口号 | 目的端口号 |
| --- | --- |
| UDP 报文长度 | 检验和 |

图 5.28　UDP 首部格式

表 5.14 C 与 UDP 首部中检验和字段的压缩方式

| C | 检验和字段压缩方式 |
|---|---|
| 0 | UDP 首部中保留 16 位的检验和字段 |
| 1 | UDP 首部中省略检验和字段 |

表 5.15 P 与 UDP 首部中源和目的端口号字段的压缩方式

| P | 源端口号和目的端口号压缩方式 |
|---|---|
| 00 | UDP 首部中保留 16 位的源端口号和 16 位的目的端口号 |
| 01 | UDP 首部中保留 16 位的源端口号,16 位的目的端口号形式为 0xf0XX,保留其中的后 8 位 |
| 10 | UDP 首部中 16 位的源端口号形式为 0xf0XX,保留其中的后 8 位。保留 16 位的目的端口号 |
| 11 | UDP 首部中源和目的端口号的形式为 xf0bX,保留源和目的端口号的后 4 位 |

### 5. 压缩实例

压缩要求如下,IPv6 首部采用无状态压缩,省略所有字段,目的地址为单播地址,跳数限制指定为 64。IPv6 分组不包含扩展首部,净荷是 UDP 报文。UDP 首部中源和目的端口号字段压缩为 4 位。保留检验和字段。省略 UDP 报文长度字段。压缩后包括 6LoWPAN 压缩首部、IPv6 分组首部、UDP 报文首部和 UDP 报文数据的以 UDP 报文为净荷的 IPv6 分组以及以压缩后的 IPv6 分组为净荷的 6LoWPAN 格式如图 5.29 所示,6LoWPAN 压缩首部和 IPv6 分组首部压缩为 2 字节,即 2 字节的分派值+LOWPAN_IPHC。UDP 首部压缩为 4 字节,即 1 字节的分派值+LOWPAN_NHC,1 字节的源和目的端口号字段和 2 字节的检验和字段。

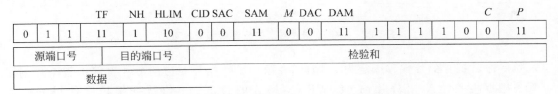

图 5.29 压缩后的 IPv6 分组为净荷的 6LoWPAN 格式

## 5.3.3 分片

压缩后的 6LoWPAN 格式如图 5.30 所示,由于接入网络对应的链路层帧中的净荷长度较小,单帧接入网络对应的链路层帧可能无法封装如图 5.30 所示的压缩后的 6LoWPAN 格式,需要将压缩后的 6LoWPAN 格式划分为多个数据片,如图 5.30 所示,每一个数据片的长度+分片对应的分派值的长度+分片首部的长度之和应该小于接入网络对应的链路层帧中的净荷长度。6LoWPAN 要求分片前的 6LoWPAN 格式的长度小于 2048,因此可以用 11 位二进制数表示分片前的 6LoWPAN 格式的长度。

接收端为了将分片后生成的各个数据片还原成分片前的 6LoWPAN 格式,需要做到以下两件事情,一是可以确定分片同一个 6LoWPAN 格式生成的所有数据片,二是可以确定每

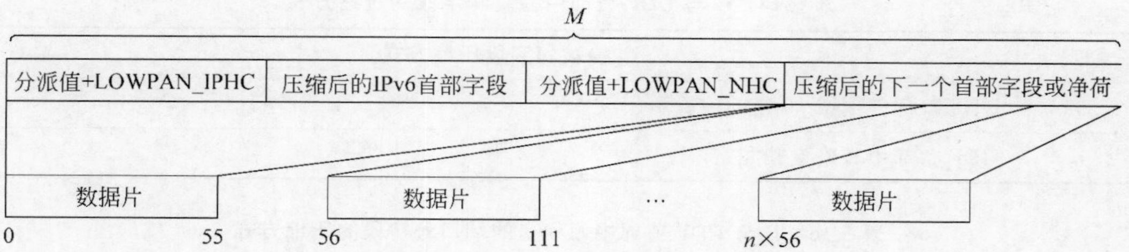

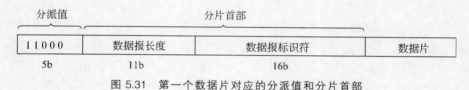

图 5.30   分片过程

一个数据片在 6LoWPAN 格式中的起始位置。因此,分片首部需要给出用于确定这两件事情的信息。如图 5.31 和图 5.32 所示,这里用数据报标识符标识分片同一个 6LoWPAN 格式生成的所有数据片,即分片同一个 6LoWPAN 格式生成的所有数据片有着相同的数据报标识符,分片不同 6LoWPAN 格式生成的数据片有着不同的数据报标识符。用片偏移给出每一个数据片在 6LoWPAN 格式中的起始位置。由于要求除最后一个数据片外,其他数据片的长度必须是 8 的倍数,因此,片偏移只需给出 11 位中的高 8 位,最后 3 位固定为 0,可以省略。

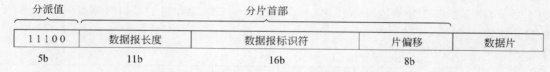

图 5.31   第一个数据片对应的分派值和分片首部

| 分派值 | 分片首部 | | 数据片 |
|---|---|---|---|
| 11100 | 数据报长度 | 数据报标识符 | 片偏移 | 数据片 |

图 5.32   后续数据片对应的分派值和分片首部

第一个数据片的片偏移固定为 0,因此,在第一个数据片对应的分片首部中省略片偏移字段。数据报长度给出分片前 6LoWPAN 格式的长度,11 位数据报长度使得分片前 6LoWPAN 格式的长度必须小于 2048。接收端通过数据报长度判断是否已经接收分片同一个 6LoWPAN 格式后生成的全部数据片。

对应如图 5.30 所示的压缩后的 6LoWPAN 格式,分片首部中的数据报长度为 $M$,第二个数据片的片偏移为 $7(7 \times 8 = 56)$。

## 5.3.4   基于 LoWPAN 优化的邻居发现协议

### 1. 发布网络前缀

LoWPAN 结构如图 5.33 所示,存在无线信道的两个结点之间可以相互通信,结点包括路由器和主机。由边缘路由器实现互联网与 LoWPAN 之间互联。

LoWPAN 中的每一个结点分配唯一的 64 位扩展通用标识符(64-bit Extended Universal Identifier,EUI-64),结点根据该 EUI-64 自动生成链路本地地址。如果结点临时分配 16 位短地址，可以将 16 位短地址扩展为 64 位的接口标识符，然后根据该 64 位的接口标识符自动生成链路本地地址。

由于 LoWPAN 中的主机可能处于睡眠状态，因此一般情况下，只有在接收到路由器请求（Router Solicitation，RS）的情况下，路由器才会发送路由器公告（Router Advertisement，RA）。但在边缘路由器配置网络前缀后，边缘路由器主动通过发送路由器公告向 LoWPAN 发布网络前缀。接收到 RA 的路由器，主动转发 RA，使得 RA 遍历整个 LoWPAN，如图 5.34 所示。这里 RA 的目的地址是表示链路本地范围内所有结点的组播地址 FF02::1。

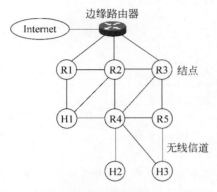

图 5.33　LoWPAN 结构

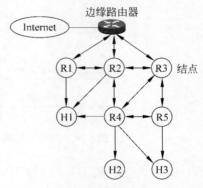

图 5.34　路由器公告传播过程

主机启动后可以通过发送 RS 来获取网络前缀，如图 5.35 所示，这里 RS 的源地址是主机的链路本地地址，目的地址是表示链路本地范围内所有路由器的组播地址 FF02::2。该 RS 对应的 RA 的目的地址是主机的链路本地地址。

LoWPAN 中的每一个结点获取 64 位网络前缀后，根据结点生成的 64 位接口标识符生成唯一的全球 IPv6 地址。64 位接口标识符可以是 64 位扩展通用标识符（EUI-64），也可以是通过 16 位短地址扩展成的 64 位接口标识符，甚至可以是结点随机生成的 64 位随机数。

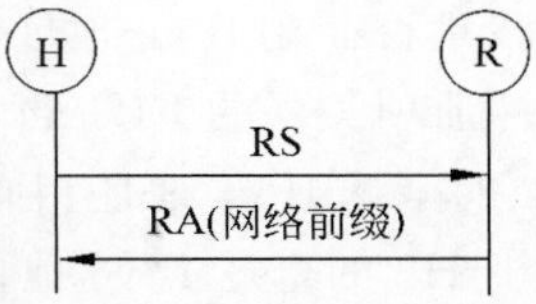

图 5.35　RS 和 RA 交互过程

### 2. 地址注册和重复地址检测

主机通过路由器请求（RS）和路由器公告（RA）完成两个任务，一是获取网络前缀；二是确定默认路由器，并记录默认路由器的链路本地地址。主机在获取 64 位网络前缀后，根据 64 位接口标识符生成全球 IPv6 地址的步骤如下：①通常情况下，结点成功加入 LoWPAN 后，分配一个 16 位的短地址，结点将该 16 位短地址作为自己的链路层地址；②结点根据 16 位短地址生成 64 位接口标识符 0000:00ff:fe00:XXXX，其中，用 X 表示 16 位短地址；③结点根据获取的 64 位网络前缀和根据 16 位短地址生成的 64 位接口标识符生成结点的全球 IPv6 地址。结点生成全球 IPv6 地址后，需要进行地址重复检测（Duplicate Address Detection，DAD），对应如图 5.33 所示的 LoWPAN 结构，采用多跳地址重复检测机制。

图 5.33 中主机 H2 完成地址注册和重复地址检测的过程如图 5.36 所示。H2 生成全球 IPv6 地址后，构建邻居发现（NS）消息，该消息封装成以 H2 的全球 IPv6 地址为源地址、以 H2 的默认路由器 R4 的链路本地地址为目的地址的 IPv6 分组，邻居发现消息中包含地址注册选项（Address Registration Option，ARO）和源链路层地址选项（Source Link-Layer

Address Option,SLLAO)。ARO 中包含 H2 的 EUI-64,SLLAO 通常是 H2 的链路层地址。路由器 R2 接收到该 NS 后,在缓冲区中查找是否存在 IPv6 地址与 H2 的全球 IPv6 地址相同的注册项,如果存在这样的注册项,且该注册项关联的 EUI-64 等于 H2 的 EUI-64,重置注册寿命定时器。如果存在 IPv6 地址与 H2 的全球 IPv6 地址相同的注册项,且该注册项关联的 EUI-64 不等于 H2 的 EUI-64,表示 H2 的全球 IPv6 地址与其他结点的全球 IPv6 地址重复。如果在缓冲区中找不到 IPv6 地址与 H2 的全球 IPv6 地址相同的注册项,创建一项注册项,该注册项的 IPv6 地址是 H2 的全球 IPv6 地址、EUI-64 是 H2 的 EUI-64、链路层地址是 H2 的链路层地址。

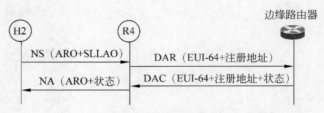

图 5.36  主机 H2 完成地址注册和重复地址检测的过程

路由器 R4 确定主机 H2 的全球 IPv6 地址不是重复地址后,向边缘路由器发送重复地址请求(Duplicate Address Request,DAR)消息,该消息封装成以路由器 R4 的全球 IPv6 地址为源地址、以边缘路由器的全球 IPv6 地址为目的地址的 IPv6 分组,DAR 中包含 H2 的全球 IPv6 地址(注册地址)和 H2 的 EUI-64。同样,边缘路由器接收到该 DAR 后,在缓冲区中查找是否存在 IPv6 地址与 H2 的全球 IPv6 地址相同的注册项,如果存在这样的注册项,且该注册项关联的 EUI-64 等于 H2 的 EUI-64,重置注册寿命定时器。如果存在 IPv6 地址与 H2 的全球 IPv6 地址相同的注册项,且该注册项关联的 EUI-64 不等于 H2 的 EUI-64,表示主机 H2 的全球 IPv6 地址与其他结点的全球 IPv6 地址重复。如果在缓冲区中找不到 IPv6 地址与 H2 的全球 IPv6 地址相同的注册项,创建一项注册项,该注册项的 IPv6 地址是 H2 的全球 IPv6 地址、EUI-64 是 H2 的 EUI-64。边缘路由器向路由器 R4 发送重复地址确认(Duplicate Address Confirmation,DAC)消息,DAC 中给出边缘路由器检测主机 H2 的全球 IPv6 地址的结果。路由器 R4 接收到边缘路由器发送的 DAC 后,向 H2 发送邻居公告(Neighbor Advertisement,NA)消息,NA 中给出 H2 的 EUI-64 和检测主机 H2 的全球 IPv6 地址的结果。

需要说明的是,路由器记录下相邻结点的全球 IPv6 地址和 EUI-64 的同时,也记录下相邻结点的链路层地址,因此,当路由器转发以该相邻结点的全球 IPv6 地址为目的地址的 IPv6 分组时,无须进行针对该相邻结点的全球 IPv6 地址的地址解析过程。

针对如图 5.33 所示的 LoWPAN,所有结点(包括主机和路由器)都需要完成地址注册和重复地址检测过程。路由器结点同样通过 RS 和 RA 选择一个相邻路由器作为默认路由器,并与主机一样,通过默认路由器完成地址注册和重复地址检测过程。

## 5.4  RPL

基于低功耗有损网络的 IPv6 路由协议(IPv6 Routing Protocol for Low-Power and Lossy Networks,RPL)是一种作用于作为末梢网络的 LoWPAN 的路由协议。其作用是构

成以边缘路由器为根的面向目的的有向无环图（Destination-Oriented Directed Acyclic Graph，DODAG），以此生成结点至边缘路由器的上行路由和边缘路由器至结点的下行路由。

### 5.4.1　RPL 的作用范围和功能

#### 1. RPL 作用范围

RPL 作用于作为末梢网络的 LoWPAN，如图 5.37 所示，由于 LoWPAN 是末梢网络，因此，RPL 用于在 LoWPAN 中建立 LoWPAN 中各个结点通往边缘路由器的传输路径和边缘路由器通往 LoWPAN 中各个结点的传输路径。由于 LoWPAN 中各个结点与互联网中结点之间的通信过程需要经过边缘路由器，因此，当目的结点不是 LoWPAN 中各个结点时，LoWPAN 中各个结点将通往边缘路由器的传输路径（上行路由）作为默认路由。

#### 2. RPL 功能

RPL 主要功能有两个，一是基于 LoWPAN 构建面向目的的有向无环图（DODAG）。如图 5.38 所示的 DODAG 就是基于如图 5.37 所示的 LoWPAN 构建的 DODAG。DODAG 是一棵以边缘路由器为根的树，除了边缘路由器，DODAG 中的每一个结点都存在一个父结点，父结点是该结点通往边缘路由器的传输路径上的下一跳结点。建立 LoWPAN 中各个结点（主机和路由器）通往边缘路由器的传输路径（上行路由）的过程，就是为 LoWPAN 中的各个结点选择 DODAG 中的父结点的过程。

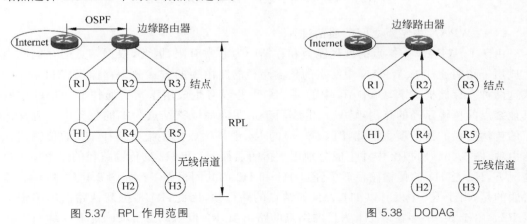

图 5.37　RPL 作用范围　　　　　　图 5.38　DODAG

二是在成功构建 DODAG 后，基于 DODAG 生成边缘路由器通往 DODAG 中所有结点的传输路径（下行路由）。指明上行路由的路由项一般是默认路由项，指明下行路由的路由项一般是以 DODAG 中各个结点为目的结点的路由项。

#### 3. 通信过程

下面通过 LoWPAN 中结点与互联网中结点之间的通信过程和 LoWPAN 中结点之间的通信过程，了解 RPL 建立路由项的模式。

### 1) LoWPAN 中的结点与互联网中结点之间的通信过程

当图 5.38 中的主机 H2 向互联网中结点发送 IPv6 分组时,该 IPv6 分组以 H2 的全球 IPv6 地址为源地址、以互联网中结点的全球 IPv6 地址为目的地址。由于互联网中结点的全球 IPv6 地址不属于分配给 LoWPAN 的 IPv6 地址范围,因此,该 IPv6 分组经过的 DODAG 中的各个结点为其选择默认路由项指定的传输路径,即 H2 至边缘路由器的传输路径,如图 5.39(a)所示。当互联网中结点向主机 H2 发送 IPv6 分组时,该 IPv6 分组以互联网中结点的全球 IPv6 地址为源地址、以 H2 的全球 IPv6 地址为目的地址。因此,该 IPv6 分组经过的 DODAG 中的各个结点为其选择以 H2 为目的结点的路由项指明的传输路径,即边缘路由器至 H2 的传输路径,如图 5.39(b)所示。

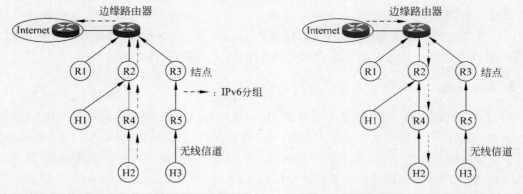

(a) IPv6分组LoWPAN 中结点至互联网的传输过程　　　(b) IPv6分组互联网至LoWPAN中结点的传输过程

图 5.39　主机 H2 与互联网中结点之间的通信过程

### 2) LoWPAN 中结点之间的通信过程

由于 LoWPAN 中结点的处理能力和存储能力非常有限,因此,根据结点的存储能力将生成用于指明通往 LoWPAN 中结点的传输路径的路由项的方式分为存储模式和非存储模式这两种。存储模式下,DODAG 中的某个结点并没有生成用于指明通往 DODAG 中所有其他结点的传输路径的路由项,只是生成用于指明通往以该结点为根的分支中所有其他结点的传输路径的路由项。因此,图 5.40(a)的 R4 中只生成用于指明通往 H2 的传输路径的路由项,图 5.40(a)的 R2 中才生成分别用于指明通往 H1 和 H2 的传输路径的路由项。这种情况下,H2 至 H1 的传输路径需要经过 H1 和 H2 的共同祖先 R2,如图 5.40(a)所示。需要说明的是,由于 R4 中没有以 H1 为目的结点的路由项,因此,R4 根据默认路由项确定下一跳 R2。由于 R2 中存在以 H1 为目的结点的路由项,R2 根据该路由项确定下一跳 H1。

非存储模式下,DODAG 中只有边缘路由器生成用于指明通往 DODAG 中所有其他结点的传输路径的路由项,其他结点中没有用于指明通往 DODAG 中其他结点的传输路径的路由项。因此,当 H2 向 H1 发送 IPv6 分组时,该 IPv6 分组沿着默认路由项指明的通往边缘路由器的传输路径到达边缘路由器,边缘路由器在 IPv6 分组的路由扩展首部中给出边缘路由器至 H1 传输路径经过的全部结点(边缘路由器→R2→H1),这些结点依次将 IPv6 分组转发给下一跳结点,如图 5.40(b)所示。

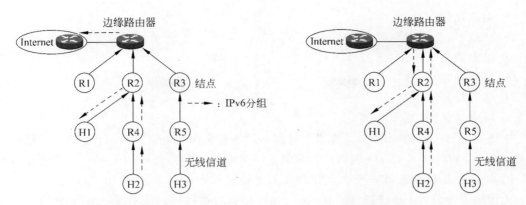

(a) 存储模式下H2至H1 IPv6分组传输过程　　　　(b) 非存储模式下H2至H1 IPv6分组传输过程

图 5.40　存储和非存储模式下 H2 至 H1 IPv6 分组传输过程

## 5.4.2　RPL 构建上行路由过程

### 1. DIO

如图 5.38 所示的 LoWPAN 中,构建 DODAG 的过程,其实就是每一个结点(除边缘路由器外)确定父结点的过程。每一个结点将距离最短的通往边缘路由器的传输路径上的下一跳结点作为父结点。RPL 的距离度量是深度(Rank)。DODAG 信息对象(DODAG Information Object,DIO)的作用就是让 LoWPAN 中的每一个结点计算出通往边缘路由器的各条传输路径的 Rank。从而选择一条 Rank 最小的通往边缘路由器的传输路径,并将该传输路径上的下一跳结点作为父结点。

DIO 中包含作为 DODAGID 的边缘路由器的全球 IPv6 地址、操作模式和公告 DIO 的结点根据目标函数(Objective Function,OF)计算出的深度(Rank),以及用于标识上行路由中的父结点的全球 IPv6 地址。操作模式指定 LoWPAN 中结点构建下行路由时的操作模式,如存储模式或非存储模式。各个结点公告的 DIO 中包含的信息如表 5.16 所示。

### 2. DIO 公告过程

假定 LoWPAN 中各个结点通过链路层协议获得 16 位的短地址,根据这 16 位的短地址生成 64 位的接口标识符,并因此生成链路本地地址。同时,通过邻居发现协议获取 LoWPAN 的网络前缀,并结合根据短地址生成的 64 位接口标识符生成全球 IPv6 地址。LoWPAN 中各个结点的全球 IPv6 地址和链路本地地址如表 5.17 所示。

边缘路由器通过配置确定成为 DODAG 的根结点后,通过公告 DIO 开始创建以其为根的 DODAG 的过程。边缘路由器公告的 DIO 中包含作为 DODAGID 的边缘路由器的全球 IPv6 地址、操作模式(存储模式)和边缘路由器根据目标函数(OF)计算出的深度(Rank)。由于接收该 DIO 的结点可能将公告 DIO 的结点作为父结点,因此,将边缘路由器的全球 IPv6 地址作为父结点地址。目标函数计算结点对应的深度(Rank)时与结点自身的以下因素有关。

- 结点能量。

- 结点存储容量。
- 结点 CPU。
- 结点负载。
- 链路吞吐率。
- 链路时延。
- 链路可靠性。

边缘路由器公告的 DIO 封装成以其链路本地地址为源地址、以 ff02::1a 为目的地址的 IPv6 分组,目的地址 ff02::1a 表明接收端是链路本地范围内的全部 RPL 结点。边缘路由器公告的 DIO 以及封装成 IPv6 分组时的源和目的地址如表 5.16 所示。

边缘路由器公告 DIO 的过程如图 5.41(a)所示,与边缘路由器有着无线信道的路由器 R1、R2 和 R3 接收到边缘路由器公告的 DIO。由于边缘路由器公告的 DIO 是路由器 R1、R2 和 R3 第一次接收到的关联某个 DODAG 的 DIO,确定边缘路由器为该 DODAG 的父结点。R1、R2 和 R3 根据自身结点因素和接收到的 DIO 中的深度重新计算出各自的深度,根据边缘路由器公告的 DIO 和新的深度重新生成 DIO,R1、R2 和 R3 重新生成的 DIO 如表 5.16 所示,路由器 R1 DIO 中的 DODAGID 和操作模式与边缘路由器公告的 DIO 相同,深度是路由器 R1 重新计算出的深度,父结点地址是路由器 R1 的全球 IPv6 地址。该 DIO 封装成以路由器 R1 的链路本地地址为源地址、以 ff02::1a 为目的地址的 IPv6 分组。

路由器 R1、R2 和 R3 公告 DIO 的过程分别如图 5.41(b)～图 5.41(d)所示,与路由器 R1、R2 和 R3 有着无线信道的结点分别接收到路由器 R1、R2 和 R3 公告的 DIO。如图 5.41(b)所示,主机 H1、路由器 R2 和边缘路由器接收到路由器 R1 公告的 DIO,由于边缘路由器是 R1 公告的 DIO 关联的 DODAG 的根路由器,因此,丢弃该 DIO。R2 已经接收过关联相同 DODAG 的 DIO,且该 DIO 中的深度比 R1 公告的 DIO 中的深度要小,R2 丢弃 R1 公告的 DIO。假定 R1 比 R2 先公告 DIO,则 R1 公告的 DIO 是主机 H1 第一次接收到的 DIO,H1 加入到该 DIO 关联的 DODAG,将路由器 R1 作为父结点。当 H1 接收到 R2 公告的 DIO,由于 R2 公告的 DIO 与 R1 公告的 DIO 关联相同的 DODAG,且 R2 公告的 DIO 中的深度小于 R1 公告的 DIO 中的深度,因此,H1 重新选择 R2 作为父结点。

某个路由器在以下两种情况下公告更新后的 DIO。一是第一次接收到 DIO;二是虽然不是第一次接收到 DIO,但新接收到的 DIO 中的深度比已经接收到的所有 DIO 中的深度小。这两种情况下,该路由器都将在重新设置深度和父结点后,公告该 DIO。随着各个路由器公告关联相同 DODAG 的 DIO,该 DIO 遍历 LoWPAN 中的每一个结点,每一个结点通过指定父结点加入该 DIO 关联的 DODAG。

某个结点可以通过发送 DODAG 信息请求(DODAG Information Solicitation,DIS),要求相邻结点公告 DIO。

### 3. 指明上行路由的路由项

完成 DODAG 构建后,LoWPAN 中的各个结点生成用于指明通往边缘路由器的传输路径的路由项,并将该路由项作为默认路由项,以此完成构建上行路由的过程。LoWPAN 中的各个结点生成的用于指明上行路由的路由项分别如表 5.18～表 5.25 所示。如表 5.23 所示,主机 H1 通往边缘路由器的传输路径上的下一跳是路由器 R2(下一跳地址是路由器 R2 的链路本地地址)。如表 5.19 所示,路由器 R2 通往边缘路由器的传输路径上的下一跳是边缘路由器(下一跳地址是边缘路由器的链路本地地址)。由此表明 R2 是 H1 的父结点,边缘路由器是 R2 的父结点。

表 5.16　LoWPAN 中各个结点公告的 DIO 以及封装成 IPv6 分组时的源和目的地址

| 结　　点 | DIO 中信息 | 源 IPv6 地址 | 目的 IPv6 地址 |
|---|---|---|---|
| 边缘路由器 | 边缘路由器: a::ff:fe00:aaaa/128<br>父结点: a::ff:fe00:aaaa/128<br>Rank: 10<br>操作模式: 存储模式 | fe80::ff:fe00:aaaa | ff02::1a |
| R1 | 边缘路由器: a::ff:fe00:aaaa/128<br>父结点: a::ff:fe00:1111/128<br>Rank: 25<br>操作模式: 存储模式 | fe80::ff:fe00:1111 | ff02::1a |
| R2 | 边缘路由器: a::ff:fe00:aaaa/128<br>父结点: a::ff:fe00:2222/128<br>Rank: 22<br>操作模式: 存储模式 | fe80::ff:fe00:2222 | ff02::1a |
| R3 | 边缘路由器: a::ff:fe00:aaaa/128<br>父结点: a::ff:fe00:3333/128<br>Rank: 23<br>操作模式: 存储模式 | fe80::ff:fe00:3333 | ff02::1a |
| R4 | 边缘路由器: a::ff:fe00:aaaa/128<br>父结点: a::ff:fe00:4444/128<br>Rank: 36<br>操作模式: 存储模式 | fe80::ff:fe00:4444 | ff02::1a |
| R5 | 边缘路由器: a::ff:fe00:aaaa/128<br>父结点: a::ff:fe00:5555/128<br>Rank: 35<br>操作模式: 存储模式 | fe80::ff:fe00:5555 | ff02::1a |

表 5.17　LoWPAN 中各个结点的 IPv6 地址

| 结　　点 | 全球 IPv6 地址 | 链路本地地址 |
|---|---|---|
| 边缘路由器 | a::ff:fe00:aaaa | fe80::ff:fe00:aaaa |
| R1 | a::ff:fe00:1111 | fe80::ff:fe00:1111 |
| R2 | a::ff:fe00:2222 | fe80::ff:fe00:2222 |
| R3 | a::ff:fe00:3333 | fe80::ff:fe00:3333 |
| R4 | a::ff:fe00:4444 | fe80::ff:fe00:4444 |
| R5 | a::ff:fe00:5555 | fe80::ff:fe00:5555 |
| H1 | a::ff:fe00:aa11 | fe80::ff:fe00:aa11 |
| H2 | a::ff:fe00:aa22 | fe80::ff:fe00:aa22 |
| H3 | a::ff:fe00:aa33 | fe80::ff:fe00:aa33 |

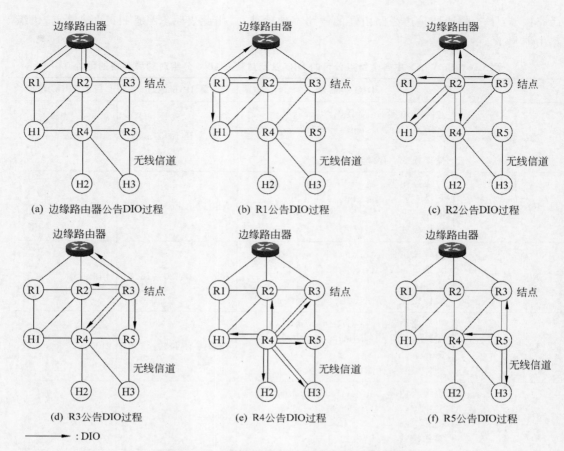

(a) 边缘路由器公告DIO过程　　(b) R1公告DIO过程　　(c) R2公告DIO过程

(d) R3公告DIO过程　　(e) R4公告DIO过程　　(f) R5公告DIO过程

————→ : DIO

图 5.41　LoWPAN 中各个结点公告 DIO 过程

**表 5.18　R1 路由表**

| 目的网络 | 下一跳 |
|---|---|
| ::/0 | fe80:: ff:fe00:aaaa |
| a:: ff:fe00:1111/128 | 直接 |

**表 5.19　R2 路由表**

| 目的网络 | 下一跳 |
|---|---|
| ::/0 | fe80:: ff:fe00:aaaa |
| a:: ff:fe00:2222/128 | 直接 |

**表 5.20　R3 路由表**

| 目的网络 | 下一跳 |
|---|---|
| ::/0 | fe80:: ff:fe00:aaaa |
| a:: ff:fe00:3333/128 | 直接 |

表 5.21　R4 路由表

| 目的网络 | 下一跳 |
|---|---|
| ::/0 | fe80::ff:fe00:2222 |
| a::ff:fe00:4444/128 | 直接 |

表 5.22　R5 路由表

| 目的网络 | 下一跳 |
|---|---|
| ::/0 | fe80::ff:fe00:3333 |
| a::ff:fe00:5555/128 | 直接 |

表 5.23　H1 路由表

| 目的网络 | 下一跳 |
|---|---|
| ::/0 | fe80::ff:fe00:2222 |
| a::ff:fe00:aa11/128 | 直接 |

表 5.24　H2 路由表

| 目的网络 | 下一跳 |
|---|---|
| ::/0 | fe80::ff:fe00:4444 |
| a::ff:fe00:aa22/128 | 直接 |

表 5.25　H3 路由表

| 目的网络 | 下一跳 |
|---|---|
| ::/0 | fe80::ff:fe00:5555 |
| a::ff:fe00:aa33/128 | 直接 |

### 5.4.3　RPL 构建下行路由过程

不同操作模式下,RPL 有着不同的构建下行路由的过程。

#### 1. 存储模式

存储模式下,LoWPAN 中的每一个结点向父结点发送目的公告对象(Destination Advertisement Object,DAO)。DAO 中包含通过该结点可以到达的结点,主机发送的 DAO 中包含的可以到达的结点是主机本身。如表 5.26 所示,主机 H3 发送的 DAO 中包含的可以到达的目的网络是 H3 的全球 IPv6 地址。该 DAO 封装成以 H3 的链路本地地址为源地址、以 H3 的父结点(路由器 R5)的链路本地地址为目的地址的 IPv6 分组。路由器 R5 接收到 H3 发送的 DAO 后,生成一项用于指明通往 H3 的传输路径的路由项,目的网络是 H3 的全球 IPv6 地址,下一跳是 H3 的链路本地地址。R5 发送的 DAO 中包含的可以到达的目的网络是 H3 和 R5 的全球 IPv6 地址。该 DAO 封装成以 R5 的链路本地地址为源地址、以 R5

的父结点(路由器 R3)的链路本地地址为目的地址的 IPv6 分组。路由器 R3 接收到 R5 发送的 DAO 后,生成两项分别用于指明通往 H3 和 R5 的传输路径的路由项,一项路由项的目的网络是 H3 的全球 IPv6 地址,另一项路由项的目的网络是 R5 的全球 IPv6 地址,这两项路由项的下一跳都是 R5 的链路本地地址。

当 LoWPAN 中的每一个结点都向父结点发送目的公告对象(DAO)后,边缘路由器和路由器 R1～R5 分别生成如表 5.27～表 5.32 所示的路由表,路由表中包含用于指明下行路由的路由项。

表 5.26　存储模式下 LoWPAN 中各个结点发送的 DAO 以及 IPv6 分组封装格式

| 结点 | DAO 中信息 | 源 IPv6 地址 | 目的 IPv6 地址 |
|---|---|---|---|
| H3 | 目的网络:a::ff:fe00:aa33/128 | fe80::ff:fe00:aa33 | fe80::ff:fe00:5555 |
| H2 | 目的网络:a::ff:fe00:aa22/128 | fe80::ff:fe00:aa22 | fe80::ff:fe00:4444 |
| H1 | 目的网络:a::ff:fe00:aa11/128 | fe80::ff:fe00:aa11 | fe80::ff:fe00:2222 |
| R5 | 目的网络:a::ff:fe00:aa33/128<br>目的网络:a::ff:fe00:5555/128 | fe80::ff:fe00:5555 | fe80::ff:fe00:3333 |
| R4 | 目的网络:a::ff:fe00:aa22/128<br>目的网络:a::ff:fe00:4444/128 | fe80::ff:fe00:4444 | fe80::ff:fe00:2222 |
| R3 | 目的网络:a::ff:fe00:aa33/128<br>目的网络:a::ff:fe00:5555/128<br>目的网络:a::ff:fe00:3333/128 | fe80::ff:fe00:3333 | fe80::ff:fe00:aaaa |
| R2 | 目的网络:a::ff:fe00:aa11/128<br>目的网络:a::ff:fe00:aa22/128<br>目的网络:a::ff:fe00:4444/128 | fe80::ff:fe00:2222 | fe80::ff:fe00:aaaa |
| R1 | 目的网络:a::ff:fe00:1111/128 | fe80::ff:fe00:1111 | fe80::ff:fe00:aaaa |

表 5.27　边缘路由器路由表

| 目的网络 | 下一跳 |
|---|---|
| a::ff:fe00:aaaa/128 | 直接 |
| a::ff:fe00:1111/128 | fe80::ff:fe00:1111 |
| a::ff:fe00:2222/128 | fe80::ff:fe00:2222 |
| a::ff:fe00:aa11/128 | fe80::ff:fe00:2222 |
| a::ff:fe00:4444/128 | fe80::ff:fe00:2222 |
| a::ff:fe00:aa22/128 | fe80::ff:fe00:2222 |
| a::ff:fe00:3333/128 | fe80::ff:fe00:3333 |
| a::ff:fe00:5555/128 | fe80::ff:fe00:3333 |
| a::ff:fe00:aa33/128 | fe80::ff:fe00:3333 |

需要说明的是,某个结点通过 DAO 生成的只是用于指明通往连接在以该结点为根的分支上的结点的路由项。如以路由器 R5 为根的分支上只连接主机 H3,因此,路由器 R5 用于指明下行路由的路由项中只包含用于指明通往主机 H3 的传输路径的路由项。以路由器 R3

为根的分支上连接主机 H3 和路由器 R5,因此,路由器 R3 用于指明下行路由的路由项中分别包含用于指明通往主机 H3 和路由器 R5 的传输路径的路由项。

表 5.28 R1 路由表

| 目的网络 | 下一跳 |
| --- | --- |
| ::/0 | fe80::ff:fe00:aaaa |
| a::ff:fe00:1111/128 | 直接 |

表 5.29 R2 路由表

| 目的网络 | 下一跳 |
| --- | --- |
| ::/0 | fe80::ff:fe00:aaaa |
| a::ff:fe00:2222/128 | 直接 |
| a::ff:fe00:aa11/128 | fe80::ff:fe00:aa11 |
| a::ff:fe00:4444/128 | fe80::ff:fe00:4444 |
| a::ff:fe00:aa22/128 | fe80::ff:fe00:4444 |

表 5.30 R3 路由表

| 目的网络 | 下一跳 |
| --- | --- |
| ::/0 | fe80::ff:fe00:aaaa |
| a::ff:fe00:3333/128 | 直接 |
| a::ff:fe00:5555/128 | fe80::ff:fe00:5555 |
| a::ff:fe00:aa33/128 | fe80::ff:fe00:5555 |

表 5.31 R4 路由表

| 目的网络 | 下一跳 |
| --- | --- |
| ::/0 | fe80::ff:fe00:2222 |
| a::ff:fe00:4444/128 | 直接 |
| a::ff:fe00:aa22/128 | fe80::ff:fe00:aa22 |

表 5.32 R5 路由表

| 目的网络 | 下一跳 |
| --- | --- |
| ::/0 | fe80::ff:fe00:3333 |
| a::ff:fe00:5555/128 | 直接 |
| a::ff:fe00:aa33/128 | fe80::ff:fe00:aa33 |

**2. 非存储模式**

如果 LoWPAN 中各个结点公告的 DIO 中的操作模式是非存储模式。LoWPAN 中各个结点以非存储模式构建下行路由。非存储模式下,LoWPAN 中各个结点直接向边缘路由器发送 DAO,DAO 中给出该结点的全球 IPv6 地址和该结点的父结点的全球 IPv6 地址。该 DAO 封装成以该结点的全球 IPv6 地址为源地址、以边缘路由器的全球 IPv6 地址为目的地址的 IPv6 分组,该 IPv6 分组沿着默认路由项指明的该结点通往边缘路由器的传输路径到达边缘路由器。LoWPAN 中各个结点发送的 DAO 以及封装成 IPv6 分组时的源和目的地址如表 5.33 所示。

当边缘路由器接收到 LoWPAN 中各个结点发送的 DAO 后,生成如表 5.34 所示的用于指明下行路由的路由项。当边缘路由器需要向某个 LoWPAN 中的结点发送 IPv6 分组时,可以构建边缘路由器至该结点传输路径经过的全部结点的全球 IPv6 地址列表,并在路由扩展首部中给出该全球 IPv6 地址列表。

表 5.33　非存储模式下 LoWPAN 中各个结点发送的 DAO 以及 IPv6 分组封装格式

| 结点 | DAO 中信息 | 源 IPv6 地址 | 目的 IPv6 地址 |
|---|---|---|---|
| H3 | 目的网络：a∷ff∶fe00∶aa33/128<br>父结点：a∷ff∶fe00∶5555 | a∷ff∶fe00∶aa33 | a∷ff∶fe00∶aaaa |
| H2 | 目的网络：a∷ff∶fe00∶aa22/128<br>父结点：a∷ff∶fe00∶4444 | a∷ff∶fe00∶aa22 | a∷ff∶fe00∶aaaa |
| H1 | 目的网络：a∷ff∶fe00∶aa11/128<br>父结点：a∷ff∶fe00∶2222 | a∷ff∶fe00∶aa11 | a∷ff∶fe00∶aaaa |
| R5 | 目的网络：a∷ff∶fe00∶5555/128<br>父结点：a∷ff∶fe00∶3333 | a∷ff∶fe00∶5555 | a∷ff∶fe00∶aaaa |
| R4 | 目的网络：a∷ff∶fe00∶4444/128<br>父结点：a∷ff∶fe00∶2222 | a∷ff∶fe00∶4444 | a∷ff∶fe00∶aaaa |
| R3 | 目的网络：a∷ff∶fe00∶3333/128<br>父结点：a∷ff∶fe00∶aaaa | a∷ff∶fe00∶3333 | a∷ff∶fe00∶aaaa |
| R2 | 目的网络：a∷ff∶fe00∶2222/128<br>父结点：a∷ff∶fe00∶aaaa | a∷ff∶fe00∶2222 | a∷ff∶fe00∶aaaa |
| R1 | 目的网络：a∷ff∶fe00∶1111/128<br>父结点：a∷ff∶fe00∶aaaa | a∷ff∶fe00∶1111 | a∷ff∶fe00∶aaaa |

表 5.34　边缘路由器用于指明下行路由的路由项

| 目 的 网 络 | 父 结 点 |
|---|---|
| a∷ff∶fe00∶aaaa/128 | 直接 |
| a∷ff∶fe00∶1111/128 | a∷ff∶fe00∶aaaa |
| a∷ff∶fe00∶2222/128 | a∷ff∶fe00∶aaaa |
| a∷ff∶fe00∶3333/128 | a∷ff∶fe00∶aaaa |
| a∷ff∶fe00∶4444/128 | a∷ff∶fe00∶2222 |
| a∷ff∶fe00∶5555/128 | a∷ff∶fe00∶3333 |
| a∷ff∶fe00∶aa11/128 | a∷ff∶fe00∶2222 |
| a∷ff∶fe00∶aa22/128 | a∷ff∶fe00∶4444 |
| a∷ff∶fe00∶aa33/128 | a∷ff∶fe00∶5555 |

假定边缘路由器向主机 H3 发送 IPv6 分组,根据 H3 的全球 IPv6 地址 a∶∶ff∶fe00∶aa33,在表 5.34 中找到其父结点的全球 IPv6 地址 a∶∶ff∶fe00∶5555。根据 R5 的全球 IPv6 地址 a∶∶ff∶fe00∶5555,在表 5.34 中找到其父结点的全球 IPv6 地址 a∶∶ff∶fe00∶3333。根据 R3 的全球 IPv6 地址 a∶∶ff∶fe00∶3333,在表 5.34 中找到其父结点的全球 IPv6 地址 a∶∶ff∶fe00∶aaaa。通过上述迭代查找过程,获得边缘路由器至 H3 传输路径经过的全球 IPv6 地址列表:a∶∶ff∶fe00∶aaaa、a∶∶ff∶fe00∶3333、a∶∶ff∶fe00∶5555 和 a∶∶ff∶fe00∶aa33。

## 本章小结

- 网关模式和边缘路由器模式是两种实现 LoWPAN 与 Internet 互联的方式。
- 模式选择因素包括通信方式、传输开销、数据流模式、网络多样性、结点资源和网络能力。
- 物联网对边缘路由器模式的制约因素包括受限结点和受限网络等。
- 边缘路由器模式下需要适配层协议。
- IPv6 对应的适配层协议是 6LoWPAN。
- IPv6 首部分为固定长度的基本首部和净荷长度范围内的扩展首部。
- IPv6 分片操作由源终端完成。
- IPv6 地址长度为设计 IPv6 地址结构提供了很大灵活性。
- IPv6 邻站发现协议实现无状态地址自动配置过程。
- 封装正常 IPv6 分组、压缩后的 IPv6 分组和分片后的 IPv6 分组对应的 6LoWPAN 格式都是不同的。
- 基于 6LoWPAN 优化的邻居发现协议增强了网络前缀发布、地址注册和重复地址检测等功能。
- RPL 是一种作用于作为末梢网络的 LoWPAN 的路由协议。

## 习题

5.1　简述网关模式与边缘路由器模式之间的区别。

5.2　简述模式选择因素及其含义。

5.3　简述边缘路由器模式下需要适配层协议的理由。

5.4　简述 6LoWPAN 的功能。

5.5　IPv6 地址结构的设计依据是什么?

5.6　将以下用基本表示方式表示的 IPv6 地址用零压缩表示方式表示。

(1) 0000∶0000∶0F53∶6382∶AB00∶67DB∶BB27∶7332

(2) 0000∶0000∶0000∶0000∶0000∶0000∶004D∶ABCD

(3) 0000∶0000∶0000∶AF36∶7328∶0000∶87AA∶0398

(4) 2819∶00AF∶0000∶0000∶0000∶0035∶0CB2∶B271

5.7　将以下用零压缩表示方式表示的 IPv6 地址用基本表示方式表示。

(1) ∷

(2) 0∷AA∷∷0

(3) 0∷1234∷∷3

(4) 123∷∷1∷2

5.8　给出以下每一个 IPv6 地址所属的类型。

(1) FE80∷∷12

(2) FEC0∷∷24A2

(3) FF02∷∷0

(4) 0∷∷01

5.9　下述地址表示方法是否正确？

(1) ∷0F53∷6382∷AB00∷67DB∷BB27∷7332

(2) 7803∷42F2∷∷88EC∷D4BA∷B75D∷11CD

(3) ∷∷4BA8∷95CC∷∷DB97∷4EAB

(4) 74DC∷∷02BA

(5) ∷∷00FF∷128.112.92.116

5.10　IPv6 设置链路本地地址的目的是什么？

5.11　IPv6 分片操作与 IPv4 分片操作有什么不同？

5.12　IPv6 over 以太网需要实现哪些功能？如何实现？

5.13　简述 IPv6 首部压缩思路。

5.14　简述 UDP 首部压缩思路。

5.15　简述 6LoWPAN 分片和将分片后的数据片还原成分片前的 6LoWPAN 格式的过程。

5.16　基于 6LoWPAN 优化的邻居发现协议是如何增强网络前缀发布、地址注册和重复地址检测等功能的？

5.17　简述 LoWPAN 中结点与互联网中结点之间的通信过程。

5.18　简述 LoWPAN 中结点之间的通信过程。

5.19　简述图 5.37 中路由器 R4 构建上行路由的过程。

5.20　简述存储模式下图 5.37 中路由器 R2 构建下行路由的过程。

5.21　简述非存储模式下图 5.37 中边缘路由器构建通往 H1 的传输路径所经过结点的全球 IPv6 地址列表的过程。

# 第 6 章    CoAP 和 MQTT

物联网的应用方式是,由传感器等前端设备向服务器上传监测到的数据。由服务器对上传的数据进行处理,并根据处理结果生成控制命令。最后由服务器向执行器等前端设备发送控制命令。物联网应用层协议就是为了实现前端设备与服务器之间数据和控制命令传输过程而指定的规则,受限应用协议(Constrained Application Protocol ,CoAP)和消息队列遥测传输(Message Queuing Telemetry Transport,MQTT)是两种目前最常用的物联网应用层协议。

## 6.1    物联网应用方式与应用层协议

物联网的应用结构是 C/S 结构,由前端和服务器构成,前端作为客户端,主要由传感器和执行器组成,负责上传数据,执行控制命令。服务器根据前端上传的数据生成控制命令,并把控制命令发送给前端。物联网应用层协议就是一种客户端与服务器之间为实现数据和控制命令传输过程约定的规则,且这种规则必须满足物联网中的前端设备是受限设备,连接前端设备的接入网络是受限网络的特点。

### 6.1.1    物联网结构与应用方式

#### 1. 物联网结构

物联网结构如图 6.1 所示,传感器和执行器连接到接入网络(如 ZigBee 等),接入网络通过边缘路由器连接到互联网。智能手机通过蜂窝移动通信网络(如 4G、5G 等)连接到互联网。传感器和执行器可以与连接在互联网上的服务器相互通信,智能手机也可以与连接在互联网上的服务器相互通信。实际物联网结构中,可以由云平台代替图 6.1 中连接在互联网上的服务器。

#### 2. 应用方式

实际物联网应用中,传感器向服务器传输采集到的数据,服务器向执行器发送控制命令。服务器可以将传感器采集到的数据推送给智能手机,以便智能手机用户实时掌握传感器监测到的环境数据。智能手机用户也可以向服务器发送控制命令,并由服务器发送给执行器。智能手机、服务器与传感器和执行器之间的数据交换过程如图 6.2 所示。图 6.2 中用智能手机代表运行物联网应用程序的终端设备,运行物联网应用程序的终端设备可以是其他类型的计算机系统。

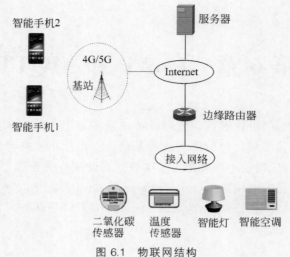

图 6.1　物联网结构

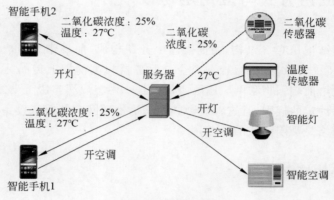

图 6.2　应用方式

### 6.1.2　物联网应用层协议功能

如图 6.2 所示，通过应用层协议实现智能手机、服务器与传感器和执行器之间的数据交换过程。这样的物联网应用层协议需要具备以下功能。

**1. 资源标识**

图 6.2 中传感器上传的数据、智能手机发送的控制命令等都是资源，应用层协议必须对每一个资源分配唯一的标识符，这样的标识符称为统一资源标识符（Uniform Resource Identifier，URI）。

**2. 资源格式**

智能手机、服务器、传感器和执行器之间能够相互交换数据的前提是统一资源的格式，如服务器能够正确理解传感器上传的数据，执行器能够正确理解服务器发送的控制命令等。

**3. 资源操作**

智能手机、服务器、传感器和执行器需要对资源定义一组统一的操作。如传感器用 PUT 表示上传一个新的数据，用 DELETE 表示删除一个已经上传的数据。服务器用 READ 表示读取执行器状态，用 WRITE 表示执行一个命令。

## 6.2　CoAP

受限应用协议(CoAP)是一种基于 C/S 结构的物联网应用层协议，通过请求/响应模式实现客户端与服务器之间数据和控制命令传输过程。在 CoAP 中，数据和控制命令都称为资源，由统一资源标识符(URI)唯一标识。

### 6.2.1　CoAP 与体系结构

图 6.1 中受限结点(传感器和执行器)和服务器的体系结构如图 6.3 所示，受限应用协议 (CoAP)是基于 UDP 的应用层协议。虽然 IPv4 和 IPv6 都可以作为网际层协议，对于物联网，更倾向于 IPv6 作为网际层协议。对于受限结点(传感器和执行器)和受限网络 (LoWPAN)，需要在接入网络链路层协议与 IPv6 之间插入适配层协议 6LoWPAN，以此使得接入网络能够实现传输 IPv6 分组的功能，边缘路由器实现 IPv6 分组接入网络与 Internet 之间的转发过程。

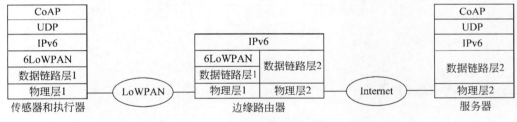

图 6.3　CoAP 与服务器体系结构

### 6.2.2　CoAP 特点

CoAP 是基于 UDP 的应用层协议，作用于传感器和执行器这样的受限结点，需要通过受限网络(如 LoWPAN)实现消息传输过程，因此，需要具有以下特点。

**1. 适合受限结点和受限网络**

受限结点的特点是 CPU 处理能力弱、存储器容量小。受限网络的特点是传输速率低、可靠性差、MTU 小。因此，要求 CoAP 实现简单，消息短。

## 2. RESTful 风格

客户端与服务器端之间实现数据传输、存储和操作的成熟协议是 HTTP,采用 RESTful 风格。一切用于传输、存储和操作的对象称为资源,用统一资源标识符(URI)唯一标识每一个资源,对资源定义多种操作方法和多种表示格式。CoAP 继承了 HTTP 的 RESTful 风格,但充分考虑了 CoAP 适合受限结点和受限网络的要求。

## 3. 基于 UDP

UDP 本身没有提供完善的差错控制功能。因此,基于 UDP 的 CoAP 自身需要提供差错控制功能,如重传机制。

## 4. 面向 IoT

CoAP 要求实现如图 6.2 所示的 IoT 应用方式,因此,需要增加用于实现服务器向作为客户端的结点实时发送命令和推送数据的功能,如实现服务器向作为客户端的执行器实时发送命令的功能,以及向作为客户端的智能手机实时推送传感器采集的环境参数的功能。

## 5. 请求/响应模式

请求/响应模式如图 6.4 所示,协议的一端称为客户端,另一端称为服务器端,由客户端发送请求消息,由服务器端对客户端发送的请求消息进行处理,并通过响应消息把处理结果发送给客户端。

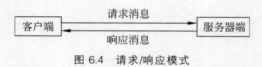

图 6.4　请求/响应模式

## 6.2.3　CoAP 消息格式

CoAP 消息格式如图 6.5 所示,各个字段的长度及含义如下。

| 2b | 2b | 4b | 8b | 16b |
|---|---|---|---|---|
| 版本 | 类型 | 标签长度 | 编码 | 消息标识符 |
| 标签（如果存在的话） | | | | |
| 选项（如果存在的话） | | | | |
| 0xff | | | 净荷（如果存在的话） | |

图 6.5　CoAP 消息格式

版本(Version,Ver):2 位,目前是固定值 01。

类型(Type,T):2 位,用于指定消息类型,00 表示需要被确认的消息(Confirmable),01 表示不需要被确认的消息(Non-confirmable),10 表示应答消息(Acknowledgement),11 表示复位消息(Reset)。

标签长度(Token Length,TKL),4 位,用于指示标签字段的具体长度。目前允许取值的范围为 0～8,表示标签字段长度可以是 0～8 字节。

编码(Code),8 位,分为高 3 位和低 5 位两部分。高 3 位用于指定类别,低 5 位用于描述细节。用 c.dd 表示这两部分,其中,c 是类别,取值范围为 0～7;dd 是细节,取值范围为 0～31。类别 0 表示请求消息,类别 2 表示成功响应消息,类别 4 表示客户端出错响应消息,类别 5 表示服务器端出错响应消息。其他类别保留。dd 用于描述指定类别下的细节,如请求消息中可以分别指定 4 种不同的方法,因此,用 0.01 表示 GET 方法的请求消息,用 0.02 表示 POST 方法的请求消息,用 0.03 表示 PUT 方法的请求消息,用 0.04 表示 DELETE 方法的请求消息。同样,响应消息中可以用 dd 给出服务器执行对应请求消息的结果,即状态码。用 0.00 表示空消息,空消息既非请求消息,也非响应消息,一般用来作为单纯的应答消息,消息总长只有 4 字节。

消息标识符(Message ID),16 位,用于标识某个消息,其作用有两个,一是用于检测重复的消息;二是用于匹配请求消息和对应的应答/复位消息。捎带模式下,请求消息对应的应答/复位消息就是该请求消息的响应消息,因此,消息标识符也即用于匹配请求消息和对应的响应消息。分离模式下,通常用空消息作为应答消息,而空消息只是单纯的应答消息,这种情况下,消息标识符只是用于匹配请求消息和对应的应答消息。

标签(Token),0～8 字节,其长度由标签长度(TKL)字段指定。标签的作用是关联请求消息和对应的响应消息,由于捎带模式下,可以由消息标识符关联请求消息和对应的响应消息,因此,标签字段可以省略。分离模式下,需要由标签关联请求消息和对应的响应消息。

选项(Options),可以包含 0 个或多个选项,不同选项的长度是不同的。每一个选项都有长度字段,用于指定该选项的长度。

如果存在净荷字段,用 1 字节长度的 0xff 作为净荷标志,以该标志表示选项字段或标签字段(不存在选项的情况)结束,净荷字段开始。该标志以后的所有字节都属于 CoAP 净荷,因此,CoAP 净荷长度通过 UDP 报文数据字段长度导出。可以有多种格式表示 CoAP 净荷,这些格式包括二进制、文本和 JSON 等。

## 6.2.4　CoAP 消息类型和请求方法

CoAP 一般由客户端向服务器端发送请求消息,由服务器端根据客户端发送的请求消息中的 URI 定位资源在服务器中的具体位置,根据客户端发送的请求消息中的方法确定对该资源的操作,如读取资源、创建资源、修改资源或者删除资源等。CoAP 服务器端完成对该请求消息的处理过程后,向客户端返回一个 CoAP 响应消息,CoAP 响应消息中包含响应码,也可以包含响应净荷。

### 1. 消息类型

需要被确认的消息(CON):在请求/响应交互过程中,CON 消息需要被接收者确认。每一个 CON 消息必须对应一个准确的 ACK 消息或 RST 消息,如果在规定的时间内,CON 消息发送者未接收到接收者发送的 ACK 消息或 RST 消息,CON 消息发送者将再次发送 CON 消息。

不需要被确认的消息(NON):NON 消息不需要被接收者确认,如果客户端发送的请求消息是 NON 消息,服务器端可以不发送对应的响应消息。每一个 NOP 消息无须对应一个准确的 ACK 消息或 RST 消息,NON 消息发送者即使在规定的时间内未接收到接收者发送的 ACK 消息或 RST 消息,NON 消息发送者也不会重发 NON 消息。

应答消息(ACK):ACK 消息用于确认 CON 消息,ACK 消息的消息标识符必须与它所确认的 CON 消息的消息标识符相同。ACK 消息可以是与某个请求消息对应的响应消息,也可以是单纯用于确认 CON 消息的空消息。空消息通常用于分离模式下。

复位消息(RST):若接收者接收到一个 CON 消息,但因为 CON 消息中缺失上下文导致接收者无法处理该 CON 消息,接收者向 CON 消息发送者发送一个 RST 消息。RST 消息的消息标识符必须与对应的 CON 消息的消息标识符相同,而且 RST 消息的净荷一定为空。

**2. 请求方法**

CoAP 请求消息中可以指定 4 种方法,分别是 GET、PUT、POST 和 DELETE。

1) GET

GET 用于查询 URI 指定的资源,资源格式可以由 Accept 选项指定。如果 GET 方法被服务器正确执行,服务器将在响应消息中给出响应码 2.05(Content)和 2.03(Valid)。否则,服务器将在响应消息中给出用于指明相应错误的响应码。

2) PUT

PUT 方法要求客户端在发送给服务器的请求消息中给出 URI,并在请求消息的净荷中包含按照指定格式描述的资源,如果服务器中该 URI 所指定的位置已经存在资源,用净荷中包含的资源替换服务器中已经存在的资源,并在服务器发送给客户端的响应消息中给出响应码 2.04(Changed)。否则,用净荷中包含的资源作为该 URI 所指定的位置的资源,并在服务器发送给客户端的响应消息中给出响应码 2.01(Created)。

3) POST

POST 方法要求客户端在发送给服务器的请求消息的净荷中包含按照指定格式描述的资源,由服务器根据请求消息净荷中包含的资源确定是创建资源或更新已经存在的资源。如果是创建资源,由服务器指定该资源的 URI,并在服务器发送给客户端的响应消息中给出响应码 2.01(Created),并通过多个 Location-Path 和 Location-Query 选项给出该资源的URI。如果是更新已经存在的资源,在服务器发送给客户端的响应消息中给出响应码 2.04(Changed)。如果服务器完成 POST 操作后的结果是删除已经存在的资源,在服务器发送给客户端的响应消息中给出响应码 2.02(Deleted)。

POST 与 PUT 有着以下区别:PUT 在请求消息中给出用于在服务器中精确定位资源的 URI,服务器或是创建该 URI 定位的资源,或是替换该 URI 定位的已经存在的资源。POST 不需要在请求消息中给出用于在服务器中精确定位资源的 URI,当服务器创建资源时,由服务器根据请求消息的净荷中包含的资源本身和请求消息中给出的 URI 指定该资源的 URI,并在响应消息中通过选项给出服务器指定的 URI。当服务器更新资源时,服务器并不是用请求消息的净荷中包含的资源替换请求消息中的 URI 指定的资源。

所以 PUT 方法具有幂等性,即同一请求消息执行多次的结果与执行一次的结果是相同的。但 POST 方法不具有幂等性,同一请求消息执行多次的结果与执行一次的结果是不同的。

4）DELETE

DELETE 方法要求客户端在发送给服务器的请求消息中给出 URI,要求服务器删除该 URI 定位的资源,如果服务器成功删除该资源,在发送给客户端的响应消息中给出响应码 2.02(Deleted)。

CoAP 的 4 种方法中,GET、PUT 和 DELETE 具有幂等性,需要在请求消息中给出用于在服务器中精确定位资源的 URI。

## 6.2.5　CoAP 传输过程

### 1. 可靠传输过程

实现可靠传输,一是对需要被确认的消息(CON)进行确认应答,二是重传规定时间内没有接收到对应的确认应答的 CON 消息。

1）确认应答

确认应答过程如图 6.6 所示,客户端发送一个需要被确认的消息(CON)给服务器,服务器接收到该 CON 消息,并完成该 CON 消息的处理过程后,回送一个应答消息给客户端,服务器回送的应答消息与客户端发送的 CON 消息必须有着相同的消息标识符。

2）重传情况一

因为 CON 消息丢失,导致 CON 消息发送端重传 CON 消息的过程如图 6.7 所示,客户端发送给服务器的 CON 消息因为传输过程出错没有被服务器接收到,服务器因此没有发送该 CON 消息对应的应答消息。客户端发送 CON 消息后,启动该 CON 消息关联的重传定时器,如果直到该重传定时器溢出,客户端一直没有接收到该 CON 消息对应的应答消息,客户端将重传该 CON 消息,重传的 CON 消息与原来的 CON 消息有着相同的消息标识符。服务器接收到客户端重传的 CON 消息,并完成该 CON 消息的处理过程后,回送一个应答消息给客户端。

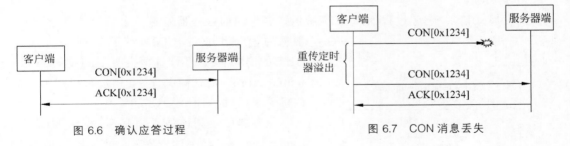

图 6.6　确认应答过程　　　　　　　图 6.7　CON 消息丢失

3）重传情况二

因为应答消息丢失,导致 CON 消息发送端重传 CON 消息的过程如图 6.8 所示,客户端向服务器发送一个 CON 消息。服务器接收到客户端发送的 CON 消息,并完成该 CON 消息的处理过程后,回送一个应答消息给客户端。服务器发送给客户端的应答消息由于传输过程出错,没有被客户端接收到。客户端在发送 CON 消息后,启动该 CON 消息关联的重传定时器,如果直到该重传定时器溢出,客户端一直没有接收到该 CON 消息对应的应答消息,客户端将重传该 CON 消息,重传的 CON 消息与原来的 CON 消息有着相同的消息标识符。服务器接收到重传的 CON 消息后,由于该重传的 CON 消息携带的消息标识符与前面已经接收到的 CON 消息携带的消息标识符相同,服务器丢弃该重传的 CON 消息,并再次向客户端发送该重传的 CON 消息对应的应答消息。

### 2. 不可靠传输过程

不可靠传输过程如图 6.9 所示,不需要被确认的消息(NON)的发送端和接收端之间不存在确认应答过程。NON 消息的发送端也没有重传机制,即不会因为没有接收到 NON 消息对应的应答消息而重传该 NON 消息。

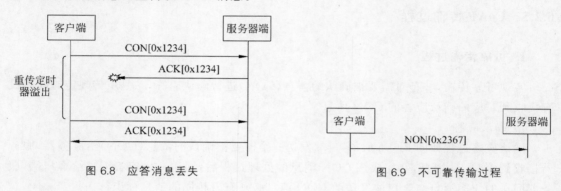

图 6.8　应答消息丢失　　　　　图 6.9　不可靠传输过程

## 6.2.6　CoAP 请求/响应模式

CoAP 由客户端向服务器发送请求消息,由服务器完成对请求消息的处理过程,并把处理结果通过响应消息回送给客户端。捎带模式下,响应消息兼具应答消息的功能。分离模式下,单独用空消息作为应答消息。

### 1. 确认模式

1) 捎带模式

捎带模式请求/响应过程如图 6.10 所示。客户端向服务器发送一个请求消息,该请求

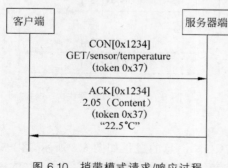

图 6.10　捎带模式请求/响应过程

消息的消息类型是 CON,编码表明是方法为 GET 的请求消息,URI 选项指明 URI 是/sensor/temperature。消息标识符为 0x1234,存在 1 字节的标签字段,标签值为 0x37。

服务器接收到该请求消息后,找到 URI 为/sensor/temperature 的资源(这里是温度值),生成该请求消息对应的响应消息,该消息的消息类型为 ACK,消息标识符与对应的请求消息的消息标识符相同。编码 2.05 表明是成功执行 GET 方法后,在净荷中提供 URI 指定资源(温度值 22.5℃)的响应消息,格式选项表明以文本格式描述温度值。存在 1 字节的标签字段,标签值为 0x37。

捎带模式是将响应消息的消息类型设置为应答消息,并使得该响应消息的消息标识符和标签字段值(如果存在的话)与对应的请求消息严格一致,从而使得响应消息兼具应答消

息的功能。

2) 分离模式

分离模式请求/响应过程如图 6.11 所示。客户端向服务器发送一个请求消息,该请求消息的消息类型是 CON,编码表明是方法为 GET 的请求消息,URI 选项指明 URI 是/sensor/temperature。消息标识符为 0x1234,存在 1 字节的标签字段,标签值为 0x37。与捎带模式不同的是,服务器无法及时完成 GET 方法执行,为了避免客户端因为没有及时接收应答消息而重传该请求消息,向客户端发送一个空消息,该空消息的类型为应答消息,用编码 0.00 表明是空消息,消息标识符与对应的请求消息的消息标识符相同。客户端接收到应答消息后,确认服务器已经接收到该请求消息。

服务器找到 URI 为/sensor/temperature 的资源(这里是温度值)后,生成该请求消息对应的响应消息,该消息的消息类型为 CON,消息标识符为 0x1737。编码 2.05 表明是成功执行 GET 方法后,在净荷中提供 URI 指定资源(温度值 22.5℃)的响应消息,格式选项表明以文本格式描述温度值。存在 1 字节的标签字段,标签值为 0x37。

客户端接收到该 CON 消息后,发送消息类型为 ACK 的空消息,并使得 ACK 消息的消息标识符与该 CON 消息一致。

这里,为了关联请求消息和响应消息,需要在请求消息中设置标签字段,在该请求消息对应的响应消息中同样设置标签字段并使得这两个标签字段值相同。用相同的标签字段值建立请求消息与响应消息之间的关联。

所以,消息标识符只是用于关联 CON 消息与对应的应答消息(ACK 消息)或复位消息(RST 消息),只有在捎带模式下,才能用消息标识符关联请求消息和对应的响应消息。分离模式下,需要用标签字段值关联请求消息和对应的响应消息。

**2. 非确认模式**

非确认模式请求/响应过程如图 6.12 所示,请求消息的消息类型为 NON,响应消息的消息类型也为 NON,因此,双方都不对 NON 消息进行确认应答。请求消息中的消息标识符与响应消息中的消息标识符相互独立,用于建立请求消息和响应消息之间关联的是标签字段值,即请求消息和响应消息都需携带相同的标签字段值。

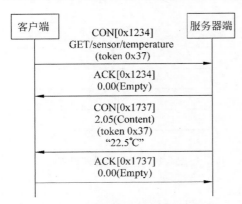

图 6.11　分离模式请求/响应过程

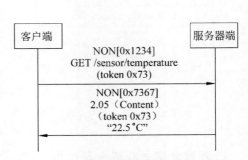

图 6.12　非确认模式请求/响应过程

### 6.2.7 CoAP 观察者模式

#### 1. 引入观察者模式原因

如果客户端需要实时从服务器获取温度传感器的温度值,可以采取如图 6.13 所示的轮询过程,但这种轮询过程带来的问题是,可能多次轮询获取的多个温度传感器的温度值是相同的。理想的情况是由服务器向客户端推送温度传感器的温度值,而且只在温度传感器的温度值发生变化时才向客户端推送温度传感器的温度值,这样,既使得客户端能够实时获取温度传感器的温度值,又尽可能减少客户端与服务器之间相互交换的消息。

#### 2. 观察者选项

观察者模式中的观察者是需要实时获取某个资源的客户端。主题是某个内容随时间频繁变化的资源。观察者可以向主题发起注册过程,实现注册的请求消息其实就是一个特殊的方法为 GET 的请求消息,通过 URI 选项给出主题的 URI。服务器将该客户端的相关信息记录在该资源关联的观察者列表中。然后,服务器将立即回送反映资源当前内容的通知消息给客户端。以后,一旦该资源的内容发生变化,服务器将立即向该资源关联的观察者列表中的所有客户端发送反映资源当前内容的通知消息。通知消息其实就是用于实现注册的请求消息对应的响应消息。

为了实现注册和通知过程(见图 6.14),引入 Observe 选项,请求消息中的 Observe 选项只有两种值:0 和 1。如果请求消息的方法为 GET,且 Observe 选项值为 0,服务器将该客户端信息记录在 URI 指定的资源所关联的观察者列表中,并立即回送反映资源当前内容的通知消息给客户端。如果请求消息的方法为 GET,且 Observe 选项值为 1,服务器将该客户端信息从 URI 指定的资源所关联的观察者列表中删除。

当该资源内容发生改变时,服务器向该资源关联的观察者列表中的所有客户端发送响应消息。响应消息中也包含 Observe 选项,其作用等同于序号,其值是不断增加的。

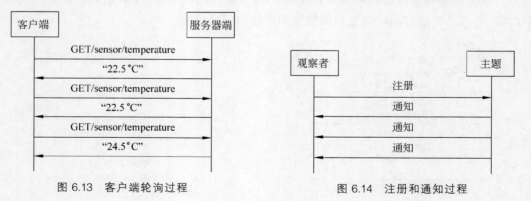

图 6.13 客户端轮询过程      图 6.14 注册和通知过程

#### 3. 观察者模式获取资源过程

观察者模式获取资源过程如图 6.15 所示,观察者首先向服务器发送注册消息,该注册消息其实是方法为 GET 的请求消息,用 URI=/sensor/temperature 指定资源,通过值为 0

的 Observe 选项表明注册到 URI＝/sensor/temperature的资源所关联的观察者列表中。用标签字段值 0x37 关联该注册消息和以后的通知消息。服务器接收到观察者发送的注册消息后，将立即生成对应的通知消息，该通知消息其实是作为注册消息的请求消息所对应的响应消息。用响应码 2.05 表示在净荷中提供资源内容，用标签字段值 0x37 关联对应的请求消息，净荷中以文本格式给出资源内容，这里是 URI＝/sensor/temperature 的温度传感器的温度值。服务器将该通知消息发送给观察者。

每当 URI＝/sensor/temperature 的资源内容发生变化时，服务器向该资源关联的观察者列表中的所有客户端发送通知消息。不同通知消息的 Observe 选项值是不同的，且是不断增加的。

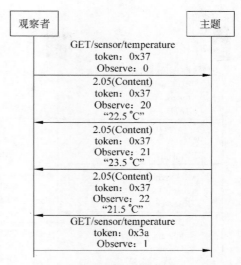

图 6.15 观察者模式获取资源过程

如果观察者需要注销已经完成的注册操作，向服务器发送注销消息，该注销消息也是方法为 GET 的请求消息，用 URI＝/sensor/temperature 指定资源，通过值为 1 的 Observe 选项表明在 URI＝/sensor/temperature 的资源所关联的观察者列表中删除该客户端信息。

## 6.2.8 CoAP 应用

### 1. 应用环境

根据如图 6.2 所示的应用方式，智能手机 2、智能灯和温度传感器都是 CoAP 的客户端，向服务器发送请求消息，由服务器完成请求消息要求的处理过程，并向客户端回送包含处理结果的响应消息。

用/actuator/lamp 作为智能灯控制信号的 URI，用/sensor/temperature 作为温度传感器监测到的温度值的 URI。智能手机 2 通过注册过程，将自己加入到 URI＝/sensor/temperature 的资源所关联的观察者列表中，智能灯通过注册过程加入到 URI＝/actuator/lamp 的资源所关联的观察者列表中。温度传感器定时向服务器发送监测到的环境温度值，一旦温度值发生改变，服务器通过通知消息向智能手机 2 发送新的温度值。智能手机 2 可以远程控制智能灯的开和关。因此，一旦智能手机 2 通过发送请求消息改变 URI＝/actuator/lamp 的资源的控制信号值。服务器同样通过通知消息将新的智能灯的控制信号值发送给智能灯。以此使得智能手机 2 可以做到实时接收温度传感器监测到的环境温度值，并实时远程控制智能灯的开和关。实现该 CoAP 应用涉及的 CoAP 消息交互过程如图 6.16 所示。

### 2. 消息交互过程

1）智能手机 2 发送初始控制信号值

如图 6.16 所示，智能手机 2 生成一个请求消息，该请求消息的消息类型为 CON，方法为

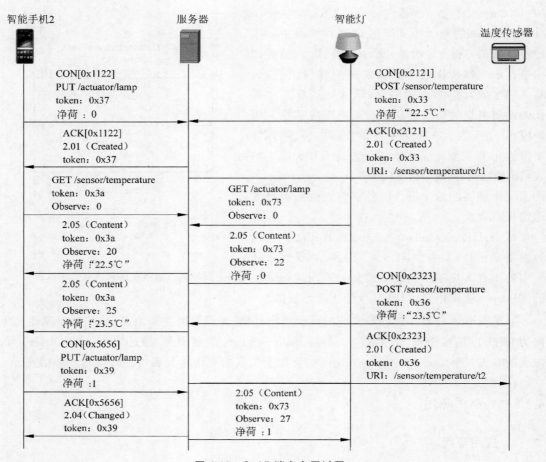

图 6.16　CoAP 消息交互过程

PUT,URI＝/actuator/lamp,消息标识符为 0x1122,1 字节标签字段值(token)为 0x37,净荷中包含二进制数格式的控制信号值,这里用 0 表示关灯,用 1 表示开灯。服务器创建该资源,向智能手机 2 发送响应消息,该响应消息的消息类型为 ACK,消息标识符为 0x1122,1字节标签字段值(token)为 0x37,响应码 2.01 表示服务器成功创建该资源。

　　2)温度传感器发送监测到的温度值

　　如图 6.16 所示,温度传感器生成一个请求消息,该请求消息的消息类型为 CON,方法为 POST,URI＝/sensor/temperature,消息标识符为 0x2121,1 字节标签字段值(token)为 0x33,净荷中包含文本格式的温度值 22.5℃。服务器创建该资源,向温度传感器发送响应消息,该响应消息的消息类型为 ACK,消息标识符为 0x2121,1 字节标签字段值(token)为 0x33,响应码 2.01 表示服务器成功创建该资源。需要说明的是,POST 与 PUT 不同,对于 POST,服务器创建资源后,由服务器为该资源指定 URI＝/sensor/temperature/t1,然后在响应消息中通过 Location-Path 和 Location-Query 选项给出该资源的 URI。这里用 POST是需要在服务器中保留所有监测到的温度值。

　　3)智能手机 2 注册资源

　　如图 6.16 所示,智能手机 2 为了能够实时获取温度传感器监测到的温度值,生成一个用于完成注册过程的请求消息,该请求消息的方法为 GET,URI＝/sensor/temperature/,1 字节标签字段值(token)为 0x3a,Observe 选项值为 0,表明用于完成注册过程。服务器将智能手机 2 的信息记录在 URI= /sensor/temperature/资源关联的观察者列表中,并向智能手机 2 发送响应消息,该响应消息的响应码 2.05 表示在净荷中提供文本格式的最新温度值,1 字节标签字段值(token)与用于完成注册过程的请求消息中的标签字段值相同。

当服务器接收到温度传感器发送的新的温度值,如果该温度值与服务器最近发送给智能手机 2 的温度值不同,服务器将向智能手机 2 发送一个响应消息,在该响应消息的净荷中提供文本格式的新的温度值,且该响应消息的 1 字节标签字段值(token)为 0x3a,与用于完成注册过程的请求消息中的标签字段值相同。

4) 智能灯注册资源

如图 6.16 所示,智能灯为了能够实时获取智能手机 2 发送的控制信号值,生成一个用于完成注册过程的请求消息,该请求消息的方法为 GET,URI= /actuator/lamp,1 字节标签字段值(token)为 0x73,Observe 选项值为 0,表明用于完成注册过程。服务器将智能灯的信息记录在 URI= /actuator/lamp 资源关联的观察者列表中,并向智能灯发送响应消息,该响应消息的响应码 2.05 表示在净荷中提供二进制数格式的控制信号值,1 字节标签字段值(token)与用于完成注册过程的请求消息中的标签字段值相同,当服务器接收到智能手机 2 发送的新的控制信号值,如果该控制信号值与服务器最近发送给智能灯的控制信号值不同,服务器将向智能灯发送一个响应消息,在该响应消息的净荷中提供二进制数格式的新的控制信号值,且该响应消息的 1 字节标签字段值(token)为 0x73,与用于完成注册过程的请求消息中的标签字段值相同。

## 6.3　MQTT

消息队列遥测传输(MQTT)是一种基于 C/S 结构的物联网应用层协议,通过订阅/发布模式实现客户端与服务器之间数据和控制命令传输过程。在 MQTT 中,由主题唯一标识数据和控制命令。

### 6.3.1　MQTT 与体系结构

消息队列遥测传输(MQTT)与体系结构如图 6.17 所示。与 CoAP 相同的是,MQTT 也是适合受限结点和受限网络的应用层协议。与 CoAP 不同的是,MQTT 是基于 TCP 的应用层协议。

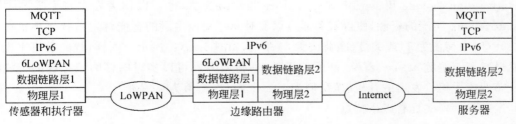

图 6.17　MQTT 与体系结构

### 6.3.2 MQTT 特点

#### 1. 客户端/服务器结构

MQTT 由客户端和服务器组成，如图 6.18 所示。在 MQTT 中，客户端可以是发布者或订阅者，也可以既是发布者又是订阅者。服务器同时也是代理。客户端之间不能直接通信，需要经过服务器。

图 6.18 客户端/服务器结构

#### 2. 发布订阅模式

CoAP 采用请求/响应模式，客户端通过发送请求消息开始向服务器上传资源，或是从服务器获取资源的过程，由服务器完成请求消息的处理过程，并通过响应消息向客户端发送处理结果。一般情况下，CoAP 为了实现两个客户端之间的资源传输过程，源客户端需要通过请求/响应过程把资源上传到服务器，目的客户端需要通过请求/响应过程从服务器获取资源。CoAP 为了实现客户端之间实时传输资源过程，引入了观察者模式。

MQTT 与 CoAP 不同，采用发布订阅模式，如果客户端需要从服务器获取资源，先完成订阅过程。订阅过程如图 6.19(a) 所示，客户端发送给服务器的订阅消息中给出订阅的主题，MQTT 的主题类似于 CoAP 的 URI，用于标识某个或某组资源，如用主题 sensor/carbon-dioxide 标识二氧化碳传感器监测到的空气中的二氧化碳浓度。当服务器接收到与某个客户端订阅的主题匹配的资源时，立即通过发布消息将该资源发送给该客户端。

在智能手机 1 和智能手机 2 订阅了主题分别为 sensor/carbon-dioxide 和 sensor/temperature 的资源后，如果二氧化碳传感器和温度传感器通过发布消息向服务器上传了二氧化碳传感器监测到的空气中的二氧化碳浓度和温度传感器监测到的环境温度，服务器立即通过发布消息向智能手机 1 和智能手机 2 发送二氧化碳传感器和温度传感器发送的二氧化碳浓度和环境温度。智能手机 1 和智能手机 2 接收二氧化碳传感器监测到的空气中的二氧化碳浓度和温度传感器监测到的环境温度的过程如图 6.19(b) 所示。

有些客户端既可以是订阅者，用于接收与订阅的主题匹配的资源，也可以是发布者，用于向服务器发送与某个主题匹配的资源。如智能手机 2 可以作为订阅者接收与主题 sensor/carbon-dioxide 和 sensor/temperature 匹配的资源，也可以作为发布者发送与主题 actuator/lamp 匹配的资源，使得服务器可以实时向订阅该主题的智能灯发布智能手机 2 发出的开灯（净荷值为 1）或关灯（净荷值为 0）命令，如图 6.19(c) 所示。同样，智能手机 1 也可以通过发布与主题 actuator/AC 匹配的资源，使得服务器可以实时向订阅该主题的智能空调发布智能手机 1 发出的开机（净荷值为 1）或关机（净荷值为 0）命令。

发布订阅模式具有以下特点。

1) 面向事件

资源传输过程由事件激发，如智能手机 1 发出的开机命令，导致智能手机 1→服务器，服

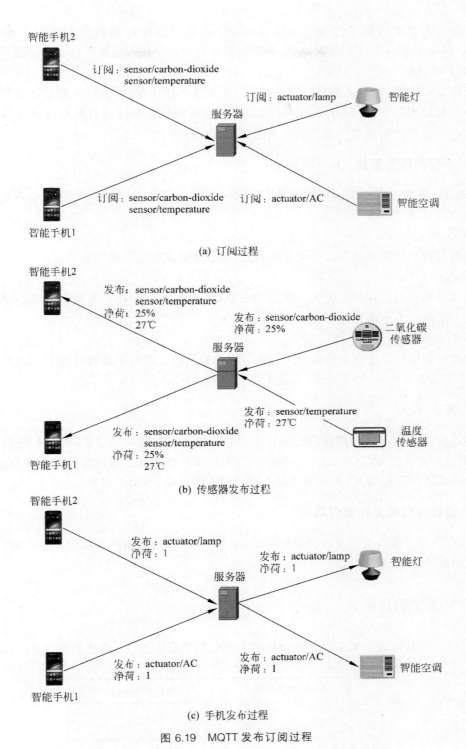

图 6.19 MQTT 发布订阅过程

务器→智能空调的发布过程。

2）实现一对多通信过程

同一资源可以被多个客户端订阅,使得同一个资源可以发布给多个客户端,如智能手机

1 和智能手机 2 都订阅了主题 sensor/temperature，当温度传感器向服务器发布与主题 sensor/temperature 匹配的资源时，服务器同时将该资源发布给智能手机 1 和智能手机 2。

3）实时传输

订阅发布模式，使得某个客户端一旦获取与某个主题匹配的资源，立即通过发布过程将该资源传输给服务器，由服务器立即通过发布过程将该资源传输给订阅与该资源匹配的主题的客户端。以此实现客户端之间资源的实时传输过程。

### 3. 不同的服务质量（QoS）等级

MQTT 发布过程中支持三种服务质量（Quality of Service，QoS），分别是 QoS 0、QoS 1 和 QoS 2。

1）QoS 0

发布过程中发送者只发送一次发布消息，接收者最多接收一次发布消息。

2）QoS 1

发布过程中发送者至少发送一次发布消息，接收者至少接收一次发布消息。存在接收者接收多次同一发布消息的可能。

3）QoS 2

发布过程中保证接收者接收且只接收一次发布消息。即对于所有发送者发送的发布消息，QoS 2 能够做到，一是不丢失，二是不重复。

### 4. 基于 TCP

TCP 是实现可靠按序传输的传输层协议，TCP 存在连接建立过程，只有在连接存在期间，两端之间才能传输 TCP 报文。MQTT 的客户端和服务器之间同样存在连接建立过程，同样只有在连接存在期间，客户端与服务器之间才能传输 MQTT 消息。

### 5. 适合受限结点和受限网络

MQTT 为了适合受限结点和受限网络，一是消息短，最短消息长度比 CoAP 短；二是协议实现简单。

## 6.3.3  MQTT 消息格式

MQTT 消息格式如图 6.20 所示，固定首部包括消息类型、与消息类型相关的标志位和

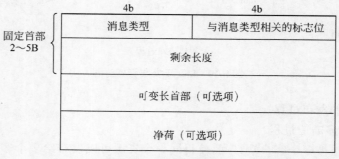

图 6.20  MQTT 消息格式

剩余长度三个字段。可选部分包括可变长首部和净荷等字段。任何类型的消息都需包含固定首部,但不同类型消息包含的可变长首部和净荷内容是不同的。

### 1. 消息类型

4 位消息类型字段用于给出消息类型,MQTT 目前定义了 14 种不同类型的消息,消息类型与 4 位消息类型字段值之间关系如表 6.1 所示,消息类型字段值 0 和 15 目前没有定义。

表 6.1　消息类型与消息类型字段值之间关系

| 消息类型字段值 | 消息名称 | 消息传输方向 | 说　　明 |
|:---:|:---:|:---:|:---|
| 1 | CONNECT | 客户端→服务器 | 连接消息,客户端请求建立与服务器之间的连接 |
| 2 | CONNACK | 客户端←服务器 | 连接确认消息,服务器确认建立客户端与服务器之间的连接 |
| 3 | PUBLISH | 客户端←→服务器 | 发布消息 |
| 4 | PUBACK | 客户端←→服务器 | 发布确认消息,QoS 1 下用于确认收到发布消息 |
| 5 | PUBREC | 客户端←→服务器 | 发布收到消息,QoS 2 下用于确认收到发布消息 |
| 6 | PUBREL | 客户端←→服务器 | 发布释放消息,QoS 2 下用于表明已经释放发布消息 |
| 7 | PUBCOMP | 客户端←→服务器 | 发布完成消息,QoS 2 下用于表明已经完成本次发布过程 |
| 8 | SUBSCRIBE | 客户端→服务器 | 订阅消息 |
| 9 | SUBACK | 客户端←服务器 | 订阅确认消息,服务器确认完成订阅过程 |
| 10 | UNSUBSCRIBE | 客户端→服务器 | 取消订阅消息 |
| 11 | UNSUBACK | 客户端←服务器 | 取消订阅确认消息,服务器确认取消订阅过程 |
| 12 | PINGREQ | 客户端→服务器 | 心跳请求消息,用于测试客户端与服务器之间的连接 |
| 13 | PINGRESP | 客户端←服务器 | 心跳响应消息,用于测试客户端与服务器之间的连接 |
| 14 | DISCONNECT | 客户端→服务器 | 断开连接消息,断开与服务器之间的连接 |

### 2. 与消息类型相关的标志位

目前,当消息类型是除 PUBLISH(发布)消息以外的其他消息时,4 位与消息类型相关的标志位的值是固定的,只有当消息类型是 PUBLISH(发布)消息时,4 位与消息类型相关的标志位的值是可以设置的。与 PUBLISH 消息对应的 4 位标志位如图 6.21 所示。

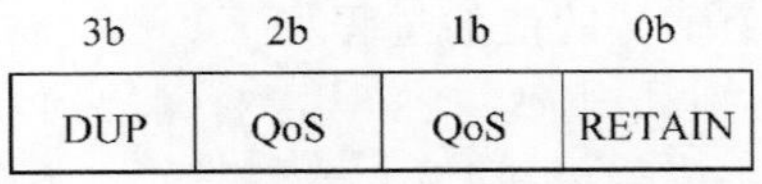

| 3b | 2b | 1b | 0b |
|:---:|:---:|:---:|:---:|
| DUP | QoS | QoS | RETAIN |

图 6.21　与 PUBLISH 消息对应的 4 位标志位

DUP:该位为 0,表明是发送者第一次发送的发布消息;该位为 1,表明是发送者重复发送的发布消息。

QoS:bit 2 和 bit1 都为 0,表明是 QoS 0;bit 2 和 bit1 分别为 0 和 1,表明是 QoS 1;bit 2 和 bit1 分别为 1 和 0,表明是 QoS 2。

RETAIN:该位为 1,且是客户端发送给服务器的发布消息,服务器将该发布消息作为与指定主题匹配的最新的发布消息。如果已经有客户端订阅该主题,服务器将立即向其发送该发布消息。每当有客户端订阅该主题时,服务器立即发送与该主题匹配的最新的发布消息。

该位为 0,且是客户端发送给服务器的发布消息,服务器不存储该发布消息,也不将其作为与指定主题匹配的最新的发布消息。

服务器因为有客户端订阅某个主题,引发向该客户端发送与该主题匹配的最新的发布消息时,发布消息中的 RETAIN 位置 1。服务器因为接收到客户端发送的发布消息,引发向其他已经订阅该主题的该客户端发送最新接收到的发布消息时,发布消息中的 RETAIN 位置 0。

### 3. 剩余长度

剩余长度字段给出可选部分(包括可变长首部和净荷)的字节数。剩余长度字段自身长度是可变的,根据可选部分的字节数的不同而变化,变化范围为 1~4 字节。如表 6.2 所示,假定可选部分的字节数为 $x$,当 $0 \leqslant x \leqslant 127$ 时,剩余长度字段的字节数为 1。当 $128 \leqslant x \leqslant 16\ 383$ 时,剩余长度字段的字节数为 2。当 $16\ 384 \leqslant x \leqslant 2\ 097\ 151$ 时,剩余长度字段的字节数为 3。当 $2\ 097\ 152 \leqslant x \leqslant 168\ 435\ 455$ 时,剩余长度字段的字节数为 4。剩余长度字段从固定首部的第二个字节开始,直到最高位为 0 的字节为止,固定首部的第二个字节是剩余长度字段的最低 8 位。

表 6.2 可选部分字节数与剩余长度字段字节数之间关系

| 字节数 | 最 小 值 | 最 大 值 |
| --- | --- | --- |
| 1 | 0(0x00) | 127(0x7f) |
| 2 | 128(0x80,0x01) | 16 383(0xff,0x7f) |
| 3 | 16 384(0x80,0x80,0x01) | 2 097 151(0xff,0xff,0x7f) |
| 4 | 2 097 152(0x80,0x80,0x80,0x01) | 268 435 455(0xff,0xff,0xff,0x7f) |

根据可选部分字节数确定剩余长度字段字节数以及各个字节的值的算法如图 6.22 所示。该算法假定可选部分(包括可变长首部和净荷)的字节数为 $x$,剩余长度字段的 4 字节分别是 $x[0]$、$x[1]$、$x[2]$ 和 $x[3]$,其中,$x[0]$ 是剩余长度字段的最低 8 位,% 是取余运算符,/ 是整除运算符,| 是位或运算符,& 是位与运算符。

假定可选部分字节数 $x=1234567$,根据如图 6.22 所示算法确定剩余长度字段字节数以及各个字节的值的过程如下。

$x[0]=x \% 128=1234567 \% 128=7$,$x=x/128=1234567/128=9645$,因为 $x>0$,$x[0]=7+128=136$。

$x[1]=x \% 128=9645 \% 128=45$,$x=x/128=9645/128=75$,因为 $x>0$,$x[1]=45+128=173$。

$x[2]=x\%128=75\%128=75, x=x/128=75/128=0$，因为 $x$ 等于 0，运算过程结束。

根据剩余长度字段计算出可选部分（包含可变长首部和净荷）字节数的算法如图 6.23 所示。

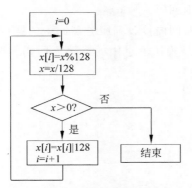

图 6.22　计算剩余长度字段算法

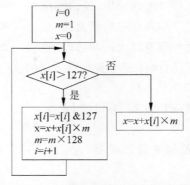

图 6.23　计算可选部分字节数算法

假定剩余长度字段包含 3 字节，3 字节的值分别是 $x[0]=136$、$x[1]=173$ 和 $x[2]=75$，根据如图 6.23 所示算法确定可选部分字节数 $x$ 的过程如下。

$$x=(x[0]\ \&\ 127)\times 1+(x[1]\ \&\ 127)\times 1\times 128+(x[2]\ \&\ 127)\times 1\times 128\times 128=$$
$$(136\&127)+(173\&127)\times 128+(75\&127)\times 128\times 128=7+45\times 128+75\times 128\times 128=$$
$$1234567。$$

### 6.3.4　MQTT 连接建立过程

作为订阅者的客户端，只有在建立与服务器之间的连接后，才能向服务器发送订阅消息，完成主题订阅过程。服务器接收到其他客户端发送的与该客户端订阅的主题匹配的发布消息后，向该客户端发送发布消息。

同样，作为发布者的客户端，只有在建立与服务器之间的连接后，才能向服务器发送发布消息。

某个客户端同时可以既是订阅者，又是发布者。

一般情况下，客户端完成注册过程后，才能建立与服务器之间的连接，完成注册过程时，由服务器提供用户名和口令，因此，建立与服务器之间的连接时，需要提供用户名和口令。客户端建立与服务器之间的连接的过程如图 6.24 所示。由于 MQTT 是基于 TCP 的应用层协议，因此，客户端首先需要建立与服务器之间的 TCP 连接。客户端建立与服务器之间的 TCP 连接后，向服务器发送连接（CONNECT）消息，连接消息的可变长首部部分包含协议名称和一些标志位，通过标志位指明是否通过净荷提供用户名和口令等。净荷中包含客户端标识符，服务器用客户端标识符唯一标识与该客户端之间的连接，净荷中还可以根据需要包含用户名和口令。

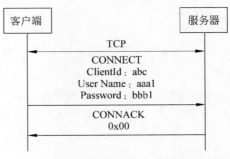

图 6.24　连接建立过程

服务器完成连接消息处理过程后,向客户端回送一个连接确认(CONNACK)消息,连接确认消息的可变长首部中主要包含连接返回码,如果服务器成功建立与该客户端之间的连接,8 位连接返回码是 0x00,如图 6.24 所示。如果服务器无法建立与该客户端之间的连接,根据建立连接失败的原因,给出对应的 8 位连接返回码。

如果客户端发送连接消息后,没有在规定的时间内接收到服务器回送的连接确认消息,客户端释放与服务器之间的 TCP 连接。如果连接确认消息中的连接返回码表明建立连接失败,客户端同样释放与服务器之间的 TCP 连接。

## 6.3.5　MQTT 发布订阅过程

### 1. 主题和主题过滤器

1) 主题

主题由一个或多个主题级别组成。每个主题级别由正斜杠(主题级别分隔符)分隔。以下是主题实例。

a/b

sensor/carbon-dioxide

sensor/temperature

actuator/lamp

actuator/AC

对于主题 a/b,a 和 b 是不同的主题级别,由主题级别分隔符/分隔。

2) 主题过滤器

订阅主题时,可以用确切的主题订阅一个主题,也可以通过通配符同时订阅多个主题。通配符分为单级通配符和多级通配符。

单级通配符＋,可以出现在任何主题级别,用于匹配该级的任何主题级别。

例如,a/＋匹配以下所有主题。

a/b

a/c

例如,a/＋/b 匹配以下所有主题。

a/b/b

a/c/b

a/d/b

多级通配符＃只能出现在最后一级主题级别,用于匹配最后一级以后的任何多级主题级别。

例如,a/b/＃匹配以下所有主题。

a/b/b

a/b/e/c

a/b/d/e/c

需要说明的是,使用通配符时,主题级别只能包含该通配符,如 a/b＋/b 和 a/b/b＃等都是错误的。

包含通配符用于指明一个或多个主题的表达式称为主题过滤器,如 a/＋/b 和 a/b/
♯ 等。

**2. 订阅过程**

客户端完成订阅过程后,服务器才向该客户端发送与订阅的主题匹配的发布消息。客户端完成订阅的过程如图 6.25 所示。客户端向服务器发送订阅(SUBSCRIBE)消息,订阅消息的可变长首部部分给出消息标识符,用消息标识符关联订阅(SUBSCRIBE)消息和订阅确认(SUBACK)消息。订阅消息的净荷中给出订阅的主题和发送与主题匹配的发布消息时希望有的 QoS 等级。订阅的主题可以通过主题过滤器指定,即可以由一个包含通配符的表达式指定一组主题。每一个主题过滤器关联一个 QoS 等级,如图 6.25 所示。

服务器完成指定主题的订阅过程后,向客户端回送一个订阅确认(SUBACK)消息,订阅确认消息的消息标识符必须与其响应的订阅消息的消息标识符相同。订阅确认消息的净荷中针对订阅消息中的每一个主题过滤器给出一个返回码,返回码是服务器认可的发送与该主题过滤器匹配的发布消息时具有的 QoS 等级。如果服务器针对某个主题过滤器的订阅过程失败,对应该主题过滤器的返回码为大于 0x80 的值。

完成订阅过程后,如果服务器保留与订阅消息中某个主题过滤器匹配的发布消息,服务器将立即向该客户端发送该发布消息,并在更新保留的发布消息后,立即向该客户端发送更新后的发布消息。

**3. 发布过程**

发布(PUBLISH)消息用于传输与某个主题关联的资源,如二氧化碳传感器监测到的环境中的二氧化碳浓度。发布消息具有的 QoS 等级可以分别是 QoS 0、QoS 1 和 QoS 2。

1) QoS 0

如果发布消息指定的 QoS 等级是 QoS 0,固定首部中与发布消息关联的标志位设置如图 6.26 所示,DUP＝0,两位 QoS 位为 00。可变长首部部分包含主题,净荷中给出与主题关联的资源。如图 6.26 所示,主题为 sensor/carbon-dioxide,净荷为二氧化碳传感器监测到的二氧化碳浓度 25%。

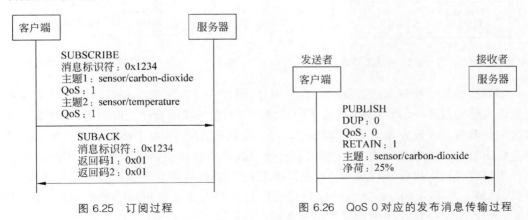

图 6.25　订阅过程　　　　　　图 6.26　QoS 0 对应的发布消息传输过程

QoS 等级为 QoS 0 的发布消息只发送一次,如果该发布消息在发送者至接收者的传输过程中发生错误,接收者可能无法接收到该发布消息,因此,接收者至多接收一次 QoS 0 的发布消息。

2）QoS 1

如果发布消息指定的 QoS 等级是 QoS 1,固定首部中与发布消息关联的标志位设置如图 6.27 所示,两位 QoS 位为 01。可变长首部部分不仅包含主题,还包含消息标识符,通过消息标识符关联发布消息与发布确认(PUBACK)消息。净荷中给出与主题关联的资源。

对于 QoS 等级为 QoS 1 的发布消息,接收者接收到发送者发送的发布消息后,向发送者发送发布确认消息,发布确认消息的消息标识符与其响应的发布消息的消息标识符相同,如图 6.27 所示。

发送者发送发布消息后,启动与该发布消息关联的重传定时器,如果直到重传定时器溢出,发送者都没有接收到接收者发送的发布确认消息,发送者将再次发送该发布消息。如果发布消息在发送者至接收者传输过程中出错,由于接收者没有接收到该发布消息,因而不会发送该发布消息对应的发布确认消息,使得发送者中与该发布消息关联的重传定时器溢出,导致发送者再次向接收者发送该发布消息,如图 6.28 所示。因此,对于 QoS 等级为 QoS 1 的发布消息,接收者至少接收一次该发布消息。

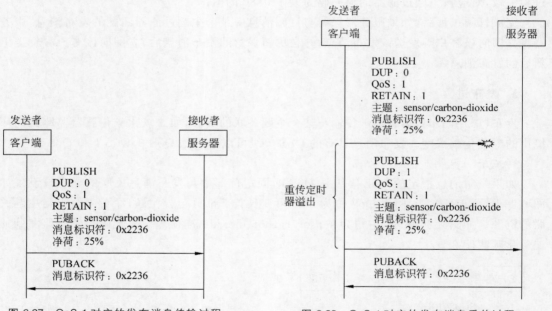

图 6.27　QoS 1 对应的发布消息传输过程　　　　图 6.28　QoS 1 对应的发布消息重传过程一

如果接收者接收到发送者发送的发布消息,但接收者发送的发布确认消息由于接收者至发送者传输过程中出错,使得发送者中与该发布消息关联的重传定时器溢出,导致发送者再次向接收者发送该发布消息。如图 6.29 所示,这种情况下,由于接收者一旦发送与某个消息标识符关联的发布确认消息,意味着已经完成该消息标识符关联的发布消息的接收过程。当接收者再次接收到相同消息标识符的发布消息,接收者作为新的发布消息予以接收,所以,如图 6.29 所示的发布消息传输过程使得接收者重复接收相同的发布消息,这也是为什么说接收者至少接收一次 QoS 1 的发布消息的原因。

3）QoS 2

如果发布消息指定的 QoS 等级是 QoS 2,固定首部中与发布消息关联的标志位设置如

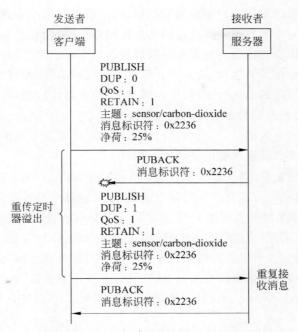

图 6.29　QoS 1 对应的发布消息重传过程二

图 6.30 所示,两位 QoS 位为 10。可变长首部部分包含主题和消息标识符,通过消息标识符关联发布消息、发布收到(PUBREC)消息、发布释放(PUBREL)消息和发布完成(PUBCOMP)消息。净荷中给出与主题关联的资源。

　　对于 QoS 等级为 QoS 2 的发布消息,接收者接收到发送者发送的发布消息后,向发送者发送发布收到(PUBREC)消息,发布收到消息的消息标识符与其响应的发布消息的消息标识符相同,如图 6.30 所示。接收者发送发布收到消息后,保留接收到的发布消息的消息标识符,在该消息标识符保留期间,如果接收到消息标识符与保留的消息标识符相同的发布消息,视为重复接收的发布消息,接收者丢弃该发布消息。

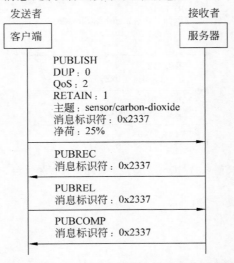

图 6.30　QoS 2 对应的发布消息传输过程

发送者接收到接收者发送的发布收到消息后,向接收者发送发布释放消息,发布释放消息的消息标识符与其对应的发布收到消息的消息标识符相同,发送者发送发布释放消息后,禁止再次发送消息标识符与接收到的发布收到消息的消息标识符相同的发布消息。

接收者接收到发布释放消息后,向发送者发送发布完成消息,并释放保留的与发布释放消息中的消息标识符相同的消息标识符,这种情况下,如果再次接收到消息标识符为该消息标识符的发布消息,接收者视为新的发布消息予以接收。

发送者接收到发布完成消息后,允许再次使用发布完成消息中的消息标识符,发送者可以在以后发送的新的发布消息中使用该消息标识符。

发送者发送发布消息后,启动该发布消息关联的重传定时器,如果直到该重传定时器溢出,发送者都没有接收到接收者发送的发布收到消息,发送者将再次发送该发布消息。

如图 6.31 所示,如果接收者接收到发送者发送的发布消息,且向发送者发送了发布收到消息,由于发布收到消息接收者至发送者传输过程中出错,导致发送者因为重传定时器溢出,而再次发送发布消息。当接收者接收到发送者重发的发布消息时,由于该发布消息的消息标识符与接收者保留的消息标识符相同,接收者丢弃该发布消息,且再次向发送者发送发布收到消息。所以,对于 QoS 2 对应的发布消息,保证接收者收到且只收到一次发布消息。

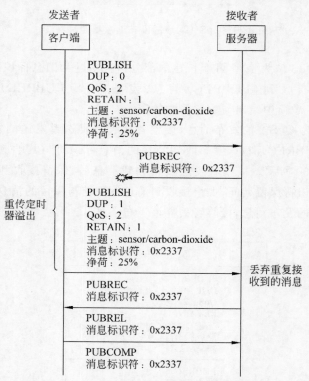

图 6.31　QoS 2 对应的发布消息重传过程

### 6.3.6　MQTT 应用

**1. 应用环境**

根据如图 6.2 所示的应用方式,智能手机 2、智能灯和温度传感器都是 MQTT 的客户端,服务器是 MQTT 代理。

　　用 actuator/lamp 作为智能灯控制信号的主题,用 sensor/temperature 作为温度传感器监测到的温度值的主题。智能手机 2 通过订阅过程订阅主题 sensor/＋,主题过滤器 sensor/＋涵盖主题 sensor/temperature。智能灯通过订阅过程订阅主题 actuator/lamp。温度传感器定时向服务器发送监测到的环境温度值,服务器接收到温度传感器发送的环境温度值后,立即向智能手机 2 发送环境温度值。智能手机 2 可以远程控制智能灯的开和关。因此,一旦智能手机 2 向服务器发送控制智能灯开和关的控制信号值。服务器立即向智能灯发送控制智能灯开和关的控制信号值,以此使得智能手机 2 可以做到实时接收温度传感器监测到的环境温度值,并实时远程控制智能灯的开和关。实现该 MQTT 应用涉及的 MQTT 消息交互过程如图 6.32 所示。

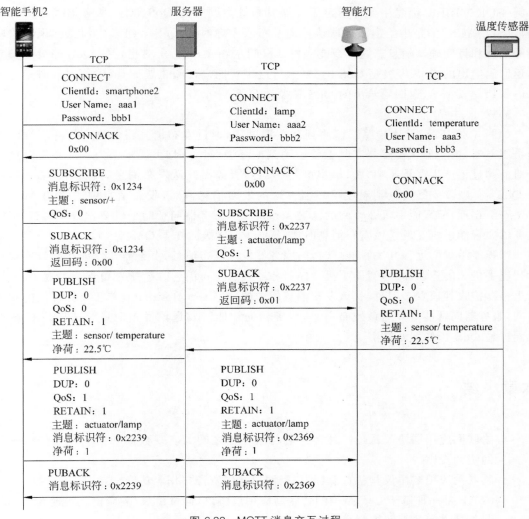

图 6.32　MQTT 消息交互过程

**2. 消息交互过程**

1) 建立连接过程

客户端与服务器之间进行订阅和发布过程前,需要先建立与服务器之间的连接,连接建立过程由客户端发起，客户端向服务器发送连接（CONNECT）消息，连接消息中给出消息标识符和客户端标识符。服务器成功建立连接后，向客户端发送返回码为 0x00 的连接确认（CONNACK）消息。服务器用客户端标识符唯一标识与该客户端之间的连接。如图 6.32 所示，智能手机 2、智能灯和温度传感器都需建立与服务器之间的连接。

2）订阅过程

如果客户端需要接收某个资源，首先需要订阅与该资源关联的主题。如智能手机 2 需要接收温度传感器监测到的环境温度值，则首先需要订阅主题 sensor/＋，主题过滤器 sensor/＋涵盖主题 sensor/temperature，主题 sensor/temperature 关联温度传感器监测到的环境温度值。同样，智能灯首先需要订阅主题 actuator/lamp，主题 actuator/lamp 关联控制智能灯开和关的控制信号值。如图 6.32 所示，客户端通过发送订阅消息发起订阅过程，订阅（SUBSCRIBE）消息中允许指定服务器发布该主题时的 QoS 等级，服务器发送的订阅确认（SUBACK）消息中给出服务器认可的发布该主题时的 QoS 等级。用消息标识符关联订阅消息和订阅确认消息。这里智能手机 2 订阅主题 sensor/＋时指定的 QoS 等级是 QoS 0，返回码给出的 QoS 等级是 QoS 0(0x00)。这里智能灯订阅主题 actuator/lamp 时指定的 QoS 等级是 QoS 1，返回码给出的 QoS 等级是 QoS 1(0x01)。

3）发布过程

如图 6.32 所示，温度传感器监测到环境温度后，通过发布消息将监测到的环境温度传输给服务器，由于温度传感器定时上传监测到的环境温度，因此，偶尔丢失一次环境温度不会对监测过程产生严重影响，所以，温度传感器向服务器发送发布消息时选择的 QoS 等级是 QoS 0。当服务器接收到温度传感器发送的发布消息，且该发布消息中的主题 sensor/temperature 匹配智能手机 2 订阅的主题 sensor/＋，服务器向智能手机 2 发送该发布消息，服务器向智能手机 2 发送该发布消息时选择的 QoS 等级同样是 QoS 0。

当智能手机 2 远程开关智能灯时，向服务器发送发布消息，由于需要保证智能灯能够执行智能手机 2 的控制命令，智能手机 2 向服务器发送发布消息时选择的 QoS 等级是 QoS 1。当服务器接收到该发布消息，且该发布消息的中的主题 actuator/lamp 与智能灯订阅的主题相同，服务器向智能灯发送该发布消息，服务器向智能灯发送该发布消息时选择的 QoS 等级同样是 QoS 1，如图 6.32 所示。

# 本章小结

- 物联网应用层协议就是一种客户端与服务器之间为实现数据和控制命令传输过程约定的规则。
- 物联网应用层协议具备资源标识、资源格式和资源操作等功能。
- CoAP 是一种基于 C/S 结构的物联网应用层协议，通过请求/响应模式实现客户端与服务器之间数据和控制命令传输过程。
- CoAP 通过观察者模式实现实时推送的过程。
- MQTT 是一种基于 C/S 结构的物联网应用层协议，通过订阅/发布模式实现客户端与服务器之间数据和控制命令传输过程。
- MQTT 客户端可以是发布者或订阅者，也可以既是发布者又是订阅者。

- MQTT 客户端之间采用订阅发布模式实现数据和控制命令传输过程。
- CoAP 是基于 UDP 的物联网应用层协议,MQTT 是基于 TCP 的物联网应用层协议。

## 习题

6.1　简述物联网应用方式与物联网应用层协议之间的关联。

6.2　简述 CoAP 的特点。

6.3　列举 CoAP 消息类型以及各种类型消息的功能。

6.4　列举 CoAP 请求消息中的方法以及各种方法的功能。

6.5　简述 CoAP 请求/响应过程与发送/应答过程的不同和关联。

6.6　简述捎带模式的请求/响应过程以及消息标识符字段和标签字段的作用。

6.7　简述分离模式的请求/响应过程以及消息标识符字段和标签字段的作用。

6.8　简述 CoAP 观察者模式实现实时推送的过程。

6.9　CoAP 如何解决可靠传输问题?

6.10　针对如图 6.1 所示的物联网结构,要求:一旦温度传感器上传的温度值超过 30℃,将立即开启空调,直到温度传感器上传的温度值低于 22℃。给出 CoAP 实现上述控制过程完成的消息交换过程。

6.11　简述 MQTT 客户端之间采用订阅发布模式实现数据和控制命令传输的过程。

6.12　简述 MQTT 订阅发布模式的特点。

6.13　假定可选部分的字节数为 54 321,求出剩余长度字段各个字节的值。

6.14　假定剩余长度字段各个字节的值分别是 $x[0]=178$、$x[1]=221$、$x[2]=77$,求可选部分的字节数。

6.15　列出 5 个匹配主题过滤器 a/+/b 的主题。

6.16　列出 5 个匹配主题过滤器 a/b/♯ 的主题。

6.17　简述接收者收到且只收到一次 QoS 等级为 QoS 2 的发布消息的原因。

6.18　针对如图 6.1 所示的物联网结构,要求:一旦温度传感器上传的温度值超过 30℃,将立即开启空调,直到温度传感器上传的温度值低于 22℃。给出 MQTT 实现上述控制过程完成的消息交换过程。

# 第 7 章　物联网数据分析

物联网产生海量数据,因而需要大数据分析处理技术对海量数据进行分析处理。为了挖掘物联网产生的海量数据所蕴含的价值,海量数据分析处理过程中引入人工智能技术。机器学习是海量数据分析处理过程中常用的人工智能技术。物联网应用场景使得无法由云平台统一分析处理物联网产生的海量数据,需要将海量数据的分析处理过程分布到物联网的各个网关设备上,从而引发边缘计算。

## 7.1　物联网数据特性与数据分析基础

物联网产生海量数据,海量数据由多种不同类型的数据组成。海量数据蕴含巨大价值,挖掘海量数据所蕴含的巨大价值需要多种数据分析处理技术。机器学习算法的发展使得机器学习算法成为分析处理海量数据的一种重要算法。

### 7.1.1　物联网数据特性

物联网结构如图 7.1 所示,前端是大量的传感器结点,这些传感器结点产生海量的数据。因此,物联网必然与大数据密切相关。

**1. 数据多样性**

大量传感器结点不仅产生海量数据,而且,海量数据由不同类型、不同结构的数据组成。由于不同传感器结点的感知对象和感知目的不同,导致感知的数据有着多源异构的特点,数据的类型和格式呈现多样性,如数值、音频、视频、可扩展标记语言(Extensible Markup Language,XML)文档等不同类型和格式的数据。

**2. 处理实时性**

物联网需要对通过大量传感器结点感知的海量数据进行分析处理,并根据分析处理结果对物理环境做出反应。有些反应必须是实时的,如无人驾驶汽车,传感器结点可以感知周围道路情况、行人和车辆情况,物联网必须实时处理这些感知数据,并控制车辆做出恰当的动作,以此保证无人驾驶车辆的正常行驶。

为了保证处理的实时性,物联网必须采用分布式处理机制,根据数据的紧急程度和分析处理时需要的关联数据范围,采用集中计算和边缘计算相结合的方式。对于紧急程度高、分析处理时需要的其他关联数据少的数据,可以采用边缘计算的方式,图 7.1 中的网关,甚至部分传感器结点都可以是边缘计算装置。

### 3. 价值挖掘

物联网从不同感知对象、不同应用场景和不同行业中采集了海量数据,对这些数据进行综合分析处理,可以挖掘出巨大价值。因此,物联网导致海量数据,海量数据中隐藏着巨大价值,需要通过恰当的分析处理方法挖掘出海量数据中隐藏着的巨大价值。

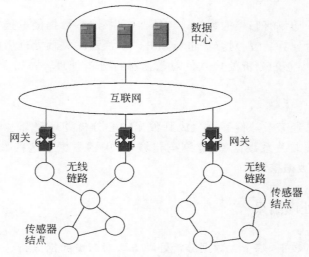

图 7.1　物联网结构

## 7.1.2　数据分类

### 1. 结构化数据和非结构化数据

1) 结构化数据

结构化数据是指遵守某种用于定义数据表示和组织方式的标准范式或模型,适合用传统的关系数据库管理系统(Relational Database Management System,RDBMS)进行管理的数据。温度、压力、湿度等传感器感知的数据,都是结构化数据。一些事务处理过程产生的数据,如银行账户、购货发票等也是结构化数据。结构化数据便于格式化、存储、查询和处理,是目前计算机处理中普遍使用的数据类型,因此,也存在大量用于分析处理结构化数据的工具软件。

2) 非结构化数据

非结构化数据是指缺乏通过传统编程手段理解和解码的逻辑范式的数据,即不遵守统一的数据结构和模型,不方便用二维逻辑来表示的数据,如文本、图像、视频、音频等。一般情况下,将所有不符合任何一种事先定义的数据模型的数据均归为非结构化数据,因此,非结构化数据是目前最大量的数据类型,物联网中,大约 80% 的数据属于非结构化数据。这也使得分析处理非结构化数据的方法成为目前最热门的研究方向。

3) 半结构化数据

半结构化数据是指具有一定的结构性,但本质上不是关系型,介乎结构化数据和非结构化数据之间的数据。半结构化数据需要包含用于分隔数据的标记,对数据结构进行描述。

如电子邮件,需要分隔首部和邮件体的标记,首部字段符合某种标准范式,符合结构化数据定义,但邮件体和附件符合非结构化数据定义。其他半结构化数据例子包括 JavaScript 对象表示法( JavaScript Object Notation,JSON)文档、XML 文档等。

### 2. 动态数据和静态数据

1) 动态数据

动态数据是指一切没有归档的数据。传感器产生数据,数据经过接入网络传输到网关,网关可以是一个边缘计算装置,对数据进行预处理。经过网关预处理后的数据继续转发,到达数据中心,由数据中心的分析处理软件对数据进行分析处理。位于上述过程中的数据都属于动态数据。

2) 静态数据

静态数据是指已经完成从传感器生成到数据中心分析处理整个过程后,存储在关系数据库(结构化数据)或非关系数据库(非结构化数据)中的数据。这些数据用于构建数据仓库,便于以后查询和数据挖掘。

## 7.1.3 数据分析处理结果

传感器产生海量数据,基于大数据分析处理方法对海量数据进行分析处理,产生各种类型的分析处理结果。

### 1. 描述性结果

描述性结果用于说明过去和现在发生了什么,如对卡车发动机温度传感器定时上传的数据进行分析处理,得出的描述性结果是:一段时间内发动机的工作温度一直超过正常值,且超过的幅度较大。

### 2. 诊断性结果

诊断性结果用于说明发生某种情况的原因,如针对描述性结果:一段时间内发动机的工作温度一直超过正常值,且超过的幅度较大。通过对卡车发动机冷却系统中传感器上传的数据和卡车中压力、测重等传感器上传的数据进行分析处理,得出诊断性结果是:卡车发动机的冷却系统发生故障,并且因为卡车超载导致发动机超负荷工作。

### 3. 预测性结果

预测性结果用于在某个问题发生前,预测发生该问题的可能性。如根据发动机温度传感器的历史数据,预测发动机各个部件的剩余寿命,给出各个部件发生故障的可能时间,以便在每一个部件实际发生故障前更换该部件。

### 4. 规则性结果

规则性结果用于给出保证最合理使用维护设备的规则。如结合发动机温度传感器、冷却系统传感器和卡车中压力、测重等传感器上传的数据,给出冷却系统维护保养规则。基于卡车长期载重情况,给出卡车使用保养规范等。

**5. 分析处理结果比较**

四种分析处理结果比较如图 7.2 所示，描述性结果、诊断性结果、预测性结果和规则性结果的价值和复杂性都依次递增。价值越高，数据分析处理结果的作用越大。复杂性主要体现在以下几个方面：一是数据的综合性，复杂性越高，分析处理时涉及的数据种类、数据数量越多；二是计算复杂度，复杂性越高，分析处理时需要的计算量越大；三是算法的复杂程度，复杂性越高，分析处理时越需要复杂程度高的算法，这对于算法设计和算法实现都是一大挑战。

因此，早期的数据分析处理主要用于得到描述性结果和诊断性结果。目前随着大数据和人工智能技术的发展，数据分析处理开始寻求得到预测性结果和规则性结果。

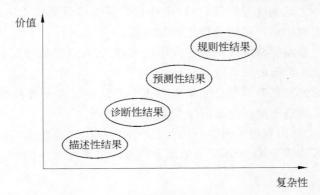

图 7.2　分析处理结果比较

## 7.1.4　数据分析处理发展趋势

**1. 机器学习**

为了更好地挖掘数据的价值，使得分析处理结果由描述性结果向规则性结果演进，传统的数据分析处理算法已经无法胜任。大数据和云计算的出现使得机器学习成为可能，大数据与机器学习结合，使得物联网成为一个智能网，能够对感知的物理世界做出充满智慧的、精准的反应。

**2. 大数据分析处理工具**

目前物联网现实如下：一是由传感器感知海量数据且数据中非结构化数据的占比越来越大；二是物联网不断产生类型和格式都快速变化的数据。这种现实使得单一的传统关系数据库管理系统已经不适合管理传感器感知的海量且多样化的数据，需要引入新的数据分析处理工具。NoSQL，目前常见的解释有"non-relational"，即非关系型数据库，或"Not Only SQL"，即支持非 SQL 对数据进行操作，是一种事先不需要定义范式，可以存储、管理非结构化数据与类型和格式事先不知的数据的数据库系统，目前已经存在许多符合 NoSQL 定义的数据库管理系统。

### 3. 边缘计算

如果把传感器感知的海量数据直接发送给数据中心,由数据中心统一负责数据的分析处理过程,会引发以下问题。

一是带宽问题。网关需要传输海量数据给数据中心,导致网关与数据中心之间的传输通路需要很高带宽,以至于网关与数据中心之间的互联网很难满足这种要求。

二是实时性问题。前端设备除了传感器,还有执行器,由传感器感知物理环境,由执行器执行用于影响物理环境的动作。许多应用场景下,对从传感器感知物理环境到执行器执行用于影响物理环境的动作之间的时间有着严格要求。这种情况下,如果由数据中心统一负责数据的分析处理过程,从传感器感知物理环境到执行器执行用于影响物理环境的动作之间存在与数据中心之间的往返时延,这样的往返时延将严重影响从传感器感知物理环境到执行器执行用于影响物理环境的动作之间的时间。

三是安全性。传感器感知的数据多种多样,许多数据有着很强的私密性,直接通过互联网传输这些数据会带来严重的安全隐患。

四是数据中心的处理负荷问题。如果由数据中心统一负责所有数据的分析处理过程,数据中心的处理负荷将超出数据中心的承受能力。

鉴于以上原因,需要由靠近传感器和执行器的网关承担部分数据处理功能,网关与数据中心构成一个分布式处理系统,协同完成数据分析处理过程。

## 7.2 机器学习

机器学习已经成为海量数据分析处理过程中常用的一种重要算法,机器学习在海量数据分析处理过程中的作用主要有两个:一是通过大量的训练,使得针对特定应用的海量数据分析器的处理模型能够精准反映物理世界的规律;二是能够挖掘出海量数据之间的相互关联,从而挖掘出海量数据所蕴含的巨大价值。

### 7.2.1 数据分析处理与机器学习

#### 1. 物联网数据分析处理过程

物联网数据分析处理过程如图 7.3 所示,传感器感知海量数据,将海量数据上传给数据中心,数据中心对传感器感知的海量数据进行分析处理,得出用于激发执行器动作的命令,并将命令传输给对应的执行器。这样的过程不断重复,使得物联网能够维持它所监控的物理世界的正常运作。

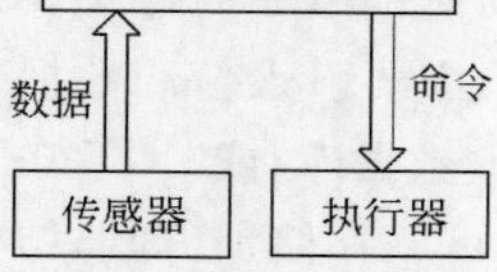

如图 7.3 所示的数据分析处理过程的困难在于,物理世界是变幻莫测的,但要求物联网能够对变幻莫测的物理世界做出精准反应。因此,数据中心必须能够随着物理世界的变化及时调整数据分析处理机制,使得数据分析处理结果能够反映物理世界的真实

图 7.3 物联网数据分析处理过程

现状。

另外,传感器感知的海量数据有着巨大的价值,发现海量数据中数据之间的相关性,挖掘海量数据蕴含的巨大价值,也是物联网的目标之一。

**2. 机器学习的定义**

机器学习的定义是:使计算机能够模拟人的学习行为,自动地通过学习获取知识和技能,不断改善性能,实现自我完善。

为了使计算机具有某种程度的学习能力,使它能够通过学习增长知识,改善性能,提高智能水平,需要为它建立相应的学习系统。如果一个系统在与环境相互作用时,能利用过去与环境作用时获取的信息,并提高自身性能,这样的系统就是学习系统。显然,如图 7.3 所示的物联网数据分析处理过程能够成为学习系统。

**3. 机器学习例子**

假定某个系统能够识别字典中所有单词的音频模式。对于特定的人,在识别单词对应的音频模式前,需要了解该人的口音、语调和语速等。因此,需要该人事先提供朗读一些固定句子的录音。通过录音,该系统能够确定该人的口音、语调和语速等。系统通过朗读一些固定句子的录音来确定该人的口音、语调和语速等参数的过程就是机器学习。

## 7.2.2　机器学习分类

机器学习主要可以分为两大类:有监督学习和无监督学习。

**1. 有监督学习**

有监督学习过程如图 7.4 所示。构建一个学习系统,这里,学习系统可以是一个函数 $f(x)$,函数中包含一个自变量 $x$ 和多个参数。准备一组训练数据 $(x_1, x_2, \cdots, x_n)$ 和对应的标准答案 $(y_1, y_2, \cdots, y_n)$。对应训练数据 $x_i$,学习系统产生响应 $f(x_i)$,响应 $f(x_i)$ 与 $y_i$ 之间的差是学习系统的误差,将误差反馈给学习系统,使得学习系统能够根据误差来调整函数中参数的值。经过训练数据的反复训练,学习系统能够生成拟合真实环境的模型,该模型可以对每一个 $x$,生成一个 $f(x)$,且使得 $f(x)$ 是真实环境中输入 $x$ 对应的输出。

图 7.5 是一个线性回归的例子,准备一组训练数据 $(x_1, x_2, \cdots, x_n)$ 和对应的标准答案 $(y_1, y_2, \cdots, y_n)$,求出线性函数 $y = ax + b$。根据训练数据和标准答案求解参数 $a$ 和 $b$ 的过程,就是求出使得式 7.1 的值最小时的 $a$ 和 $b$ 的值的过程。

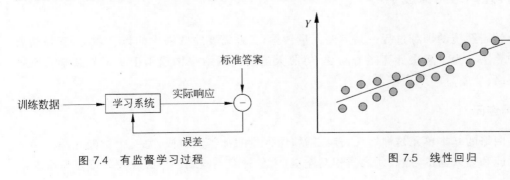

图 7.4　有监督学习过程　　　　　图 7.5　线性回归

$$e = \sum_{i=1}^{n} (a x_i + b - y_i)^2 \tag{7.1}$$

一旦求出参数 $a$ 和 $b$，对应任何输入 $x$，可以求出输出 $y = ax + b$。

**2. 无监督学习**

无监督学习过程如图 7.6 所示，构建一个学习系统，准备一组训练数据，学习系统经过训练数据的反复训练，能够生成拟合真实环境的模型，该模型能够判断所有训练数据的真实类别。无监督学习只需要输入训练数据，并不需要知道训练数据对应的标准答案。

下面举一个简单的无监督学习例子。一个单位生产某种构件，并知道构件的废品率为 1% 左右，在生产出一组构件后，需要将废品从一组构件中挑选出来。由于构件比较复杂，无法通过简单的观察区分正品和废品。

将所有构件在相同的测试环境下进行测试，获得对应的测试数据 $\{(x_1, y_1), (x_2, y_2), \cdots, (x_n, y_n)\}$，其中，$(x_i, y_i)$ 是构件 $i$ 对应的测试数据，测试数据分布如图 7.7 所示。

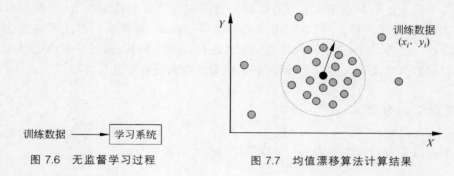

图 7.6  无监督学习过程 　　　　图 7.7  均值漂移算法计算结果

将所有构件对应的测试数据 $\{(x_1, y_1), (x_2, y_2), \cdots, (x_n, y_n)\}$ 作为训练数据输入学习系统，学习系统经过训练数据的反复训练，生成一个以 $(x, y)$ 为圆心，以 $R$ 为半径的圆，以此将输入的测试数据 $\{(x_1, y_1), (x_2, y_2), \cdots, (x_n, y_n)\}$ 分成两类，一类是位于圆内的测试数据，另一类是位于圆外的测试数据，如图 7.7 所示。可以将前一类测试数据对应的构件作为正品，将后一类测试数据对应的构件作为废品。类似均值漂移算法这样的聚类算法可以实现根据训练数据分类的过程。

值得说明的是，该例子中的测试数据 $(x, y)$ 由两个维度的参数构成，实际的测试数据可以是多个维度的。

## 7.2.3  神经网络与深度学习

复杂学习系统的训练过程一是需要大量数据，二是需要非常强大的计算能力，三是需要设计好的算法。为了解决计算能力问题，仿照大脑神经网络来构建用于实现复杂学习系统的神经网络。

**1. 神经元**

神经网络的基本单元是神经元，神经网络由大量的神经元组成，每一个神经元具有独立的计算功能和输入输出，神经元之间相互连接，大量神经元构成一个大规模并行处理系统。

神经元一般结构如图 7.8 所示,有着若干输入$(x_1, x_2, \cdots, x_n)$,每一个输入的权重不同,对应所有输入,有着权重$(w_1, w_2, \cdots, w_n)$,其中,权重 $w_i$ 对应输入 $x_i$。所有输入按权重叠加后成为函数 $f$ 的输入,函数 $f$ 的输出即该神经元的输出,即 $y = f(w_1 x_1 + w_2 x_2 + \cdots + w_n x_n)$。不同的神经元可以有不同的函数 $f$。

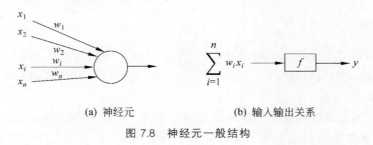

(a) 神经元        (b) 输入输出关系

图 7.8 神经元一般结构

### 2. 神经网络

神经网络结构如图 7.9 所示,由多层神经元组成,前一层神经元的输出成为后一层神经元的输入。最后一层神经元的输出,成为神经网络的输出。每一层神经元由若干个神经元组成,如图 7.9 所示的神经网络中,每一层神经元由三个神经元组成。神经网络有着若干输入,这些输入成为第一层神经元的输入,不同的输入,有着不同的权重,多个输入按权重叠加后成为第一层中每一个神经元中函数 $f$ 的输入。多个前一层中神经元的输出成为后一层中神经元的输入。如图 7.9 所示,最后一层神经元的输入由三个第一层中神经元的输出组成,多个第一层中神经元的输出按权重叠加后成为最后一层神经元中函数的输入。

如果如图 7.9 所示的神经网络成为有监督学习的学习系统,需要提供训练数据$(x_{i1}, x_{i2}, x_{i3}; i = 1, 2, \cdots, n)$和对应的标准答案$(y_{i1}, y_{i2}, y_{i3}; i = 1, 2, \cdots, n)$。学习系统学习过程其实就是确定对应每一层中神经元输入的权重的过程。对应图 7.9,就是确定 $w_{ij}$ 和 $w'_{ij}$ 的过程,$i = 1, 2, 3$ 和 $j = 1, 2, 3$。

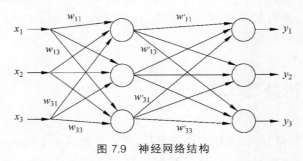

图 7.9 神经网络结构

如果学习系统的机器学习算法适合如图 7.9 所示的神经网络结构,这样的机器学习算法称为深度学习算法。深度的含义是由多层神经元共同完成算法运算过程。

## 7.2.4 机器学习在物联网中的应用

### 1. 监测

物联网通过大量传感器采集环境参数,采集环境参数的目的是监测环境,从而发现环境是否异常,并对异常环境报警,或者对可能发生的环境异常做出预警。如煤矿井下作业时,通过传感器采集井下温度、压力、二氧化碳浓度、一氧化碳浓度等环境参数,通过无监督学习过程发现异常环境参数,从而确定井下环境是否异常,并对异常环境及时报警。或者可以根据无监督学习结果,预测可能发生的环境异常,并对可能发生的环境异常进行预警。

### 2. 行为控制

监测环境的目的不仅是发现环境异常,而是能够对异常环境做出响应。对于一个学习系统,当输入是环境参数时,输出不仅是报警信号,针对设置的执行器,输出还包括用于控制这些执行器的命令。

当某个学习系统的输入是传感器采集的井下温度、压力、二氧化碳浓度、一氧化碳浓度等环境参数时,输出不仅是报告井下环境异常的报警信号,还包括开启通风管道、开启备用逃生通道、显示逃生通道指示信息等用于控制相应执行器的命令。

### 3. 优化操作

学习系统通过大量环境参数的学习过程和对环境的相互作用过程,能够给出井下传感器种类、位置的优化方案,能够给出井下作业流程的优化方案,能够给出救援和逃生装置配置的优化方案等,使得环境监测、行为控制和井下操作的优化过程形成良性循环。

### 4. 自愈和自我优化

环境监测、行为控制和优化操作的结果是可以预先发现隐患,并消除该隐患。如某个位置当工作强度增强时,有些环境参数会时而超标,学习系统会根据该现象发现该位置的通风管道工作状态不是很稳定,通过改进该位置的电力供应和通风管道的性能,消除该现象,从而消除可能存在的隐患。

学习系统通过长时间学习,可以得出更加有效的井下设备配置方案、井下作业流程、井下工作人员调度方案,使得整个井下工作环境、作业流程、人员调度、设备配置更加优化,从而实现提高效率、降低成本的目标。

## 7.3 大数据分析处理工具

大数据的特点是海量、种类多样和快速增长,因此传统的关系数据库已经无法适应大数据的特点,需要有适应大数据特点的用于数据收集、存储、管理和分析的大数据分析处理工具。大规模并行处理数据库、NoSQL 和 Hadoop 是目前常见的大数据分析处理工具。

### 7.3.1 大数据特点和来源

#### 1. 大数据特点

1) 快速增长

物联网中的海量传感器导致物联网每时每刻都产生海量数据,这就要求大数据处理系统必须能够及时吸纳快速增长的数据。为了适应大数据快速增长的特点,一般采用分布式计算方式,通过水平扩展增加大数据处理系统的计算能力。

2) 多样性

传感器采集的数据种类是多种多样的,有结构化数据,如传感器采集的温度、压力、二氧化碳浓度、一氧化碳浓度等数据;有非结构化数据,如监视器采集的视频数据、通过互联网收集的社交网站留言等;有半结构化数据,如通过互联网收集的电子邮件等。这就要求大数据处理系统必须能够存储、处理各种不同类型的数据。

3) 大量

海量传感器导致物联网每时每刻都产生海量数据,原有存储系统已经无法存储如此量级的数据,必须构建由无数存储结点组成的数据中心。

**2. 大数据来源**

(1) 传感器和设备产生的数据:这种数据的特点是海量,且类型复杂,包括结构化、非结构化和半结构化数据。

(2) 事务数据:如电子商务、学校学籍管理等各种事务系统产生的数据,这种数据的特点是海量,但通常是结构化数据。

(3) 社交数据:各种社交网站产生的数据,这种数据的特点是海量,且类型复杂,包括结构化、非结构化和半结构化数据。

(4) 企业数据:企业管理系统产生的数据,这种数据的特点是量相对较小,且是结构化数据。

## 7.3.2　大规模并行处理数据库

**1. 关系数据库系统面临的挑战**

物联网中的一部分数据是结构化数据,适合用关系数据库进行存储和管理。但物联网海量数据的特点对传统关系数据库带来严重挑战。一是海量数据存储,传统的集中式关系数据库很难实现海量数据存储;二是海量数据处理,集中式关系数据库很难在合理时间内完成对海量数据的操作过程,如对有着数以百亿记录的关系数据库完成检索过程。

**2. 大规模并行处理数据库结构**

大规模并行处理数据库结构如图 7.10 所示,每一个结点有着独立的 CPU、存储器和磁盘系统,因此,结点之间完全是相互独立的,这样的结构称为完全无共享(shared-nothing)结构,意味着结点之间不共享 CPU、存储器和磁盘系统等资源。由这样的结点组成大规模并行处理数据库结构非常适合水平扩展,因此,可以将如图 7.10 所示的大规模并行处理数据库结构中的结点数扩展到一个很大的规模。结点、控制主机和备用控制主机通过互联网络实现互连。整个系统由一个控制主机负责任务划分和结果汇总。为了提高可靠性,可以为控制主机配置一台备用机。一旦控制主机发生故障,由备用机承担控制主机的功能。

海量数据分散存储在各个结点中,各个结点可以并行处理。如对于一个由 1000 个结点组成的大规模并行处理数据库结构,如果该数据库系统需要管理 10 亿条记录,可以将 10 亿

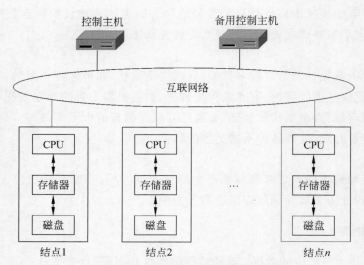

图 7.10　大规模并行处理数据库结构

条记录平均分配到 1000 个结点中,使得每一个结点管理 100 万条记录。对数据库的某个检索操作可以发布到所有结点中,1000 个结点并行进行检索操作,并将检索操作结果发送给控制主机,由控制主机汇总后,生成最终的检索结果。

大规模并行处理数据库结构是一种非常适合存储和处理海量数据的结构,每一个结点可以是一个独立的普通的计算机系统,因此,不仅容易扩展,而且扩展成本低。通过精心设计分配给各个结点的记录,不仅可以实现大规模并行处理,还可以实现容错等功能。

### 7.3.3　NoSQL

**1. NoSQL 的含义**

NoSQL 是一种支持半结构化和非结构化数据的数据库类型。以下各种数据库都属于 NoSQL 数据库类型。

(1) 支持文档存储的数据库:这种类型的数据库能够存储半结构化数据,如 XML 或 JSON。通常具有用于优化查询的查询引擎和索引功能。

(2) 支持键-值存储的数据库:这种类型的数据库能够存储由键-值对构成的数组,因而容易构建和扩展。

(3) 支持列存储的数据库:这种类型的数据库不仅能够存储由键-值对构成的数组,而且允许不同行有不同的值的格式。

(4) 支持图存储的数据库:这种类型的数据库根据元素之间关系进行组织。由于社交媒体或自然语言处理过程中涉及的数据之间有着非常密切的关系,常采用图方式表达这些数据之间的关系,因此,这种类型数据库可以存储以图方式表达数据之间关系的数据。

**2. NoSQL 的特点**

NoSQL 与传统关系型数据库相比,有以下特点。

(1) 支持半结构化和非结构化数据。

传统关系型数据库一般只支持结构化数据，NoSQL 除了结构化数据，还支持半结构化和非结构化数据。目前，物联网中，半结构化数据和非结构化数据已是主流，因此，NoSQL 是物联网存储管理数据的主要工具。

（2）支持高速增长的数据。

开发 NoSQL 的目的就是为了快速吸收 Web 应用程序产生的快速变化的非结构化的服务器日志和点击流数据。

（3）支持水平扩展。

NoSQL 支持水平扩展，可以分布到多个主机中，这些主机一是可以是地理上分散的多个主机，二是可以是普通的 PC 或服务器。

（4）高可用性。

NoSQL 是一个分布式处理系统，有着很好的容错功能，因此，具有高可用性。

### 7.3.4　Hadoop

#### 1. Hadoop 的特点

Hadoop 是一个面向大数据的分布式计算平台，具有以下特点。

1）良好的可扩展性

Hadoop 集群结构如图 7.11 所示，一是每一个结点拥有独立的 CPU、存储器和磁盘等硬件资源；二是结点之间通过高速局域网互连；三是每一个结点可以是价格低廉的普通计算机；四是 Hadoop 集群可以由数以千计的结点互连而成。

2）支持数据多样性

Hadoop 作为一个面向大数据的分布式计算平台，不仅支持结构化数据，还支持半结构化数据和非结构化数据。

3）高速

图 7.11 中的每一个结点，既是数据结点，用于实现数据存储功能，又是计算结点，用于完成对数据的计算过程。海量结点可以形成巨大的存储和计算能力。高速局域网又能够实现数据结点之间的高速通信过程。

4）容错

由于每一个结点具有独立、完整的硬件资源，因此，可以将同一数据存储到多个结点中，以此实现数据备份。如果某个结点在完成数据计算过程中发生故障，可以将该计算任务切换到其他结点，以此实现计算容错过程。

5）构成 Hadoop 生态系统

Hadoop 是一个面向大数据的分布式计算平台，目前已经开发出许多基于 Hadoop 的软件包，用于增强 Hadoop 的功能，因此，已经构成基于 Hadoop 的生态系统。可以基于 Hadoop 生态系统实现对物联网数据的存储、处理和分析。

#### 2. HDFS

Hadoop 分布式文件系统（Hadoop Distributed File System，HDFS）是 Hadoop 的基础功能块之一，用于在 Hadoop 集群中实现跨多个结点的文件存储功能。

1）HDFS 结构

HDFS 是基于如图 7.11 所示的 Hadoop 集群实现的分布式文件系统。由一个命名结点（NameNode）和若干数据结点（DataNodes）组成。命名结点和数据结点都是用于构成如图 7.11 所示的 Hadoop 集群的结点，但命名结点是主结点，数据结点是从结点，命名结点和数据结点构成主从关系。从图 7.11 中可以看出，属于同一机架的结点由于连接在同一交换机上，因此，这些结点之间的带宽最高，传输时延最短。

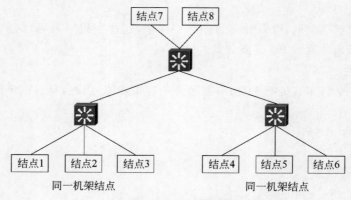

图 7.11　Hadoop 集群结构

2）分块

数据结点用于实际存储数据，数据结点的磁盘划分为块，每一块的大小或是 64MB，或是 128MB。客户提供的文件需要划分为 64MB 或 128MB 大小的数据块，然后存储到数据结点的磁盘块中。

3）命名结点

命名结点中存储完成文件操作所需的信息，这些信息一是包括数据结点中的资源，即 HDFS 由哪些数据结点组成，这些数据结点放置在哪些机架上，每一个数据结点有多少磁盘块等。数据结点的资源相当于一个由许多磁盘块组成的磁盘块池，每一个磁盘块由机架号、结点号和磁盘块号唯一标识。二是包括客户文件与数据结点磁盘块之间的关联，即客户文件被划分为多少个数据块，这些数据块被存储到哪些磁盘块中。

命名结点是 HDFS 正常操作的基础，必须具有容错性。一是存在主命名结点和备份命名结点，主命名结点和备份命名结点中的信息实时同步，当主命名结点发生故障时，由备份命名结点执行主命名结点的功能。二是对命名结点中的信息进行备份，即将命名结点中的信息作为文件，存储到指定数据结点上。

4）数据结点

数据结点用于存储划分文件后产生的数据块，每一个数据块对应一个磁盘块。为了实现冗余，划分文件后产生的每一个数据块存储三个副本。当命名结点接收到客户提供的存储文件的请求，将文件划分为数据块，为每一个数据块分配 3 块（也可以多于 3 块）磁盘块，将同一数据块存储到 3 个不同的磁盘块中。对应每一个数据块的 3 个不同的磁盘块有着以下要求：①第 1 个磁盘块可以是磁盘块池中的任意磁盘块；②第 2 个和第 3 个磁盘块需要位于同一机架，但不同数据结点，且这两个磁盘块所在的机架必须与第 1 个磁盘块所在的机架不同。

数据结点根据命名结点发送的命令完成操作过程,数据结点也通过心跳消息向命名结点通报数据结点的状态和各个磁盘块的相关信息。命名结点根据数据结点通过心跳消息传递的磁盘块信息验证自己保留的客户文件与数据结点磁盘块之间的关联的正确性。

5)操作实例

HDFS 操作实例如图 7.12 所示,客户向命名结点提交一个写文件请求,该文件被划分为 A、B 和 C 这 3 个数据块。命名结点为每一块数据块分配 3 个磁盘块,然后向磁盘块所在数据结点发送写数据块命令。对于数据块 A,命名结点分配的 3 个磁盘块分别是机架 1 数据结点 1 磁盘块 1、机架 2 数据结点 1 磁盘块 1 和机架 2 数据结点 2 磁盘块 1。当机架 1 数据结点 1 接收到命名结点发送的将数据块 A 写入这 3 个磁盘块的命令后,首先将数据块 A 写入机架 1 数据结点 1 磁盘块 1,然后分别将数据块 A 和对应的磁盘块信息发送给机架 2 数据结点 1 和机架 2 数据结点 2,由这两个数据结点分别完成将数据块 A 写入对应的磁盘块的过程。数据块 B 和数据块 C 分配和写入对应的磁盘块的过程如图 7.12 所示。

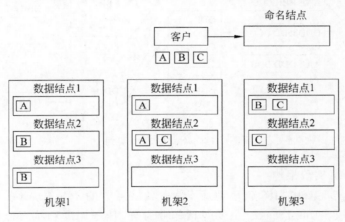

图 7.12　HDFS 操作实例

### 3. MapReduce

MapReduce 将数据处理过程分为两个阶段:Map 阶段和 Reduce 阶段。Map 阶段和 Reduce 阶段都可以产生多个任务,这些任务可以并行计算,以此提高数据处理速度。MapReduce 在 HDFS 基础上实现。

1)MapReduce 实例

如图 7.13 所示的 MapReduce 实例用于统计文本文件中每一个单词出现的次数。原始文本文件如图 7.13 中 Input 所示,这个文件被划分为 3 个数据块,如图 7.13 中的 Splitting 所示。这 3 个数据块分别存储到 Hadoop 集群中的不同数据结点中。Map 阶段生成 3 个 Map 任务,分别对 3 个数据块中每一个单词的出现次数进行统计,3 个 Map 任务针对 3 个数据块的统计结果如图 7.13 中的 Mapping 所示,统计结果以<键,值>的形式给出,这里的键是数据块中的不同单词,值是该单词出现次数。Map 任务不完成出现次数的累加过程,因此,每一个单词对应的值都是 1。Map 阶段自动完成统计结果的交换和排序过程,完成交换和排序过程后的 Map 阶段结果如图 7.13 中的 Shuffling 所示。交换后,相同单词的统计结果排列在一起,并根据单词顺序进行排序。交换和排序后的 Map 阶段结果表明,存在 4 个不同的单词,因此,在 Reduce 阶段生成 4 个 Reduce 任务,4 个 Reduce 任务分别针对 4 个不同的单词完成出现次数累加过程。4 个 Reduce 任务完成的针对 4 个不同单词出现次数的累加结果如图 7.13 中 Reducing 所示。这些累加结果构成最终计算结果。

需要说明的是,一是 Map 阶段生成的 3 个 Map 任务分别在存储对应数据块的 3 个不同的数据结点上并行运行,以此减少数据传输时间和 Map 任务运行时间;二是 Map 阶段生成的中间结果(交换和排序后的 Map 阶段结果)需要传输到运行对应 Reduce 任务的数据结点。4 个 Reduce 任务通常并行运行在 4 个不同的数据结点上,以此减少 Reduce 任务运行时间。

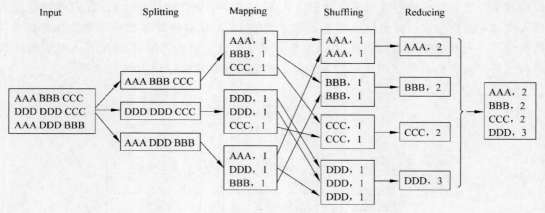

图 7.13　MapReduce 实例

2) MapReduce 实现架构

MapReduce 实现架构如图 7.14 所示,由命名结点中的 Job Tracker 和数据结点中的 Task Tracker 组成。Job Tracker 主要包括作业管理、任务调度和状态监测等功能。Task Tracker 一方面接收并执行 Job Tracker 发送的有关任务的命令,如创建任务、运行任务和结束任务等。另一方面监控任务和数据结点的状态,通过心跳消息将任务和数据结点的状态通报给 Job Tracker。

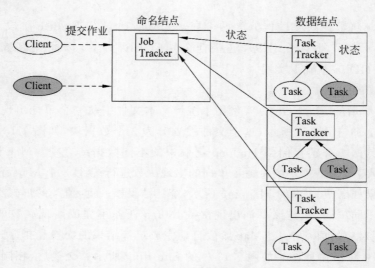

图 7.14　MapReduce 实现架构

结合如图 7.13 所示的 MapReduce 实例讨论以下如图 7.14 所示的 MapReduce 实现架构的操作过程。

(1) 基于 HDFS 已经完成将 3 个数据块存储到 3 个不同的数据结点的过程。

(2) 基于 HDFS 已经完成将一些程序存储到相应数据结点的过程。

(3) 客户端向 Job Tracker 提交作业,作业中给出 Map 阶段和 Reduce 阶段需要执行的任务和存储有关数据与相应程序的数据结点的信息。

(4) Job Tracker 生成 3 个 Map 任务,将 3 个 Map 任务分发到存储对应 3 个数据块的 3 个数据结点,运行 Map 任务。这个过程由 Job Tracker 和对应数据结点中的 Task Tracker 协调完成。

(5) 对应数据结点中的 Task Tracker 监控 Map 任务运行过程,并通过心跳消息向 Job Tracker 通报 Map 任务状态。

(6) 在 3 个 Map 任务运行结束后,Job Tracker 生成 4 个 Reduce 任务,将 4 个 Reduce 任务分发到 4 个不同的数据结点。

(7) Job Tracker 将交换和排序结果发送到 4 个 Reduce 任务所在的数据结点,并运行 Reduce 任务。

(8) 对应数据结点中的 Task Tracker 监控 Reduce 任务运行过程,并通过心跳消息向 Job Tracker 通报 Reduce 任务状态。

(9) Job Tracker 在获知 Reduce 任务执行完成后,将有关在 HDFS 中存储执行结果的信息反馈给客户端。

3) MapReduce 实现架构的缺陷

MapReduce 实现架构中的 Job Tracker 不仅需要管理和分配资源,而且需要为每一个客户提交的作业进行任务调度,并监测任务运行状态。因此,随着 Hadoop 集群中结点数的增加,运行作业的增多,Job Tracker 很容易成为性能瓶颈。因此,如图 7.14 所示的 MapReduce 实现架构对 Hadoop 集群中结点数的增长有所限制。

另外,MapReduce 计算模型的输入、中间结果和输出都存储在 HDFS 中,从开始计算到计算结束有较大的时延,因此,MapReduce 计算模型适用于批处理,不适用于交互式查询和迭代等运算方式。

## 4. YARN

YARN(Yet Another Resource Negotiator)是专门的资源管理系统,用于将资源管理和作业、任务调度分离开,这一方面可以强化 Hadoop 的可扩展性,另一方面可以支持更多的大数据计算方式。

1) YARN 实现架构

YARN 实现架构如图 7.15 所示,由命名结点中的资源管理器(Resource Manager)和数据结点中的结点管理器(Node Managers)组成。资源管理器由调度器和应用程序管理器(Applications Manager)组成,调度器用于分配资源,应用程序管理器用于接收客户提交的作业,请求调度器为该作业分配第一个容器(Container),并为该作业分发和运行应用程序控制器(Application Master)。

容器是指运行任务所需的硬件资源,如 CPU、存储器、网络带宽等。将任务和运行任务需要输入的数据与容器绑定,即可运行该任务。为该作业分配的第一个容器用于运行该作业的应用程序控制器（App Mstr）。对应每一个作业的应用程序控制器（App Mstr），一是根据作业不同阶段生成相应任务，二是请求资源管理器为任务分配容器，三是监测任务运行过程。

结点管理器的功能是将任务和运行任务需要输入的数据与容器绑定，运行该任务，并监测任务状态。通过心跳消息通报该结点的信息，如该结点的资源状态、运行的任务状态等。

YARN 实现架构（见图 7.15）中资源管理器的主要任务是通过与结点管理器之间的协调，构成资源池，以容器的方式为任务分配资源，为每一个作业创建并运行应用程序控制器（App Mstr）。作业不同阶段生成任务、分发任务的功能，为每一个任务申请资源的功能由对应每一个作业的应用程序控制器（App Mstr）完成。结点资源监测和任务运行与状态监测功能由结点管理器完成。

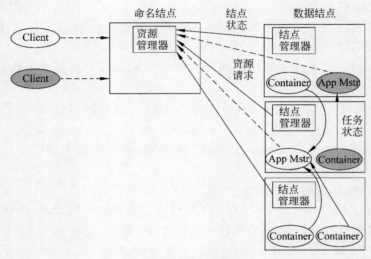

图 7.15　YARN 实现架构

2）YARN 的优势

主结点（命名结点）上运行的资源管理器主要完成资源分配功能。对应每一个作业的任务生成、分发、运行和状态监测等功能由运行在各个从结点（数据结点）上的结点管理器和应用程序控制器（App Mstr）完成。因此，资源管理器可以支撑结点数的增长和客户提交的作业数的增加，较好地解决了 Hadoop 的扩展性问题。

另外，每一个作业有着对应的应用程序控制器（App Mstr），由应用程序控制器决定该作业的计算方式和计算过程，所以，YARN 不仅能够支持 MapReduce 计算模型，也能够支持其他计算方式。因此，YARN 能够支持交换式查询、迭代等其他计算方式。

5. Spark

Spark 是一种为了提高数据处理速度，在存储器中实现数据结构的分布式数据分析处理平台。在存储器中实现数据结构的含义是各个任务的输入数据和输出结果，包括任务产生的中间结果都存储在存储器中。这将大大减少任务读写数据产生的时延。

1）Spark 结构

Spark 结构如图 7.16 所示，可以工作在独立方式，也可以作为 Hadoop 的一个组件。作

为独立系统时,基于自己的独立调度器。作为 Hadoop 的一个组件时,基于 Hadoop 的
YARN 计算模型。

Spark 的核心组件是 Spark Core,Spark Core 用于实现 Spark 的基本功能。这些基本功
能包括任务调度、存储器管理、故障恢复、与磁盘存储系统交互等。Spark Core 还提供用于
定义、操作弹性分布式数据集(Resilient Distributed Datasets,RDD)的大量 API。

Spark SQL 是一个支持结构化数据的 SQL 查询的软件包。

Spark Streaming 是一个支持流数据处理的软件包。由于 Spark 在存储器中实现数据
结构,因此,Spark Streaming 可以实时处理数据流。

MLlib 是一个机器学习软件包,支持多种类型的机器学习算法,如分类、归类、聚类和协
同过滤等。

GraphX 是一个图数据处理和分析软件包,包含公共的图算法库,允许创建顶点和边有
着任意属性的有向图。

Spark 没有定义文件系统,因此,无论是工作在独立方式,还是作为 Hadoop 的一个组
件,通常都将 HDFS 作为文件系统。

2) RDD

弹性分布式数据集(RDD)是一种特殊的用于进行数据管理的内存数据结构。RDD 是
不可更新的、分区的数据集,如图 7.17 所示,每一个任务可以针对其中一个分区进行处理,
多个分区可以对应到集群中的多个结点,以此实现并行处理。

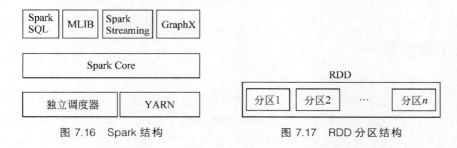

图 7.16　Spark 结构　　　　　　图 7.17　RDD 分区结构

RDD 中的数据可以是结构化数据、半结构化数据和非结构化数据。Spark 可以通过两
种方式创建 RDD,一是通过加载 HDFS 中的数据创建 RDD;二是通过对已有 RDD 进行转
换操作(TRANSFORMATION)创建新的 RDD。

3) DAG

对 RDD 的一系列操作构成 Spark 的数据处理流程,对 RDD 的操作有两种,分别是转换
操作(TRANSFORMATION)和动作操作(ACTION)。对已有的一个或多个 RDD 的转换
操作得到一个新的 RDD,常见的转换操作有 Join、Union、Filter、Map 等。对已有 RDD 的动
作操作得到对应 RDD 的计算结果。常见的动作操作有 Count、First、Reduce 等。

Spark 的数据处理流程表示成施加于 RDD 上的一系列转换操作和动作操作,这样的数
据处理流程可以通过有向无环图(Directed Acyclic Graph,DAG)来描述。如图 7.18 所示,
通过加载 HDFS 数据分别创建两个 RDD,这两个 RDD 分别经过转换操作生成两个新的
RDD。新生成的两个 RDD 经过转换操作生成一个 RDD,这一个 RDD 经过动作操作生成结
果,结果被存储在 HDFS 中。

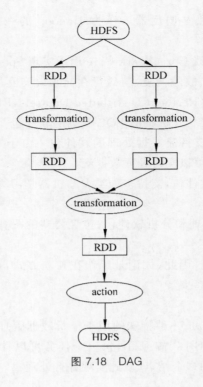

图 7.18　DAG

## 7.4　边缘计算

物联网应用存在这样的矛盾,一方面是物联网产生海量数据且具有快速增长的特点,有些物联网应用需要数据分析处理系统能够快速做出响应;另一方面是云平台与前端传感器和执行器之间的传输通路的带宽存在限制,而且云平台处理海量数据的能力也有着限制。解决这个矛盾的方法是引入分布式计算方式,让数据分析处理过程分布到云平台和网关设备上。

### 7.4.1　边缘计算的好处

边缘计算存在以下好处。

#### 1. 减少传输给云平台的数据

随着传感器数量的不断增多和数据来源的不断增加,设备端将产生海量的数据。将海量的数据全部传输给云平台,一是会增加云平台的存储和处理负担;二是对设备端与云平台之间传输通路的带宽提出很高的要求。边缘计算可以对设备端产生的数据进行过滤、聚合,以此有效减少传输给云平台的数据。

#### 2. 边缘分析和响应

许多数据只在边缘有用,如工厂的控制反馈系统,现场采集的机器设备状态,只用于调控设备的操作过程,因此,对现场采集的机器设备状态的分析和处理,最好在现场进行,这样做,一是可以避免将这些状态数据传输给云平台;二是可以对现场采集的机器设备状态及时做出响应。通过边缘计算可以在现场完成对机器设备状态的采集、分析、处理和响应过程。

### 3. 实时性

许多数据的分析处理,有着严格的时间要求,如自动驾驶系统,通过传感器监测周边的状况,并根据周边的状况,自动控制汽车的行进过程。如果汽车周边发生突发状况,自动驾驶系统必须能够快速地对突发状况做出响应。这种情况下,如果存在将数据传输给云平台,由云平台完成数据分析处理过程,再将分析处理结果传输给汽车的自动驾驶系统这样的过程,从数据采集到产生响应之间的时延可能已经远远超出应对突发状况所需要的时间。边缘计算可以在现场完成有着实时性要求的数据分析、处理过程,以此减少实时性数据的响应时延。

## 7.4.2 边缘计算功能组成

边缘计算与云平台有所不同,它所处理的是实时数据流,边缘计算对实时数据流的处理过程可以由三个阶段组成,如图 7.19 所示。

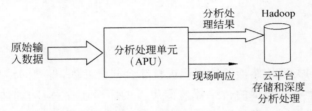

图 7.19 边缘计算功能组成

### 1. 原始输入数据

边缘计算的输入数据是来自传感器和其他设备端的原始数据,这些原始数据作为边缘计算分析处理单元的输入数据。

### 2. 分析处理单元

分析处理单元(Analytics Processing Unit,APU)过滤、聚合这些数据流,基于时间窗口对数据流进行组织,并对数据流实施各种各样的分析处理操作。

### 3. 输出流

APU 的输出流分为两部分,一部分是原始输入数据的预处理结果,发送给云平台,以便云平台存储,并做进一步的分析处理;另一部分是对现场设备的响应,用于影响现场设备的操作过程。

## 7.4.3 APU 执行的操作

APU 完成对原始输入数据的分析处理过程中,需要对原始输入数据执行以下操作。

### 1. 过滤

智能物体产生大量数据,许多数据是没有意义的,如智能物体周期性发送的存活消息,只是用于表明该智能物体在线且该智能物体与边缘计算之间的传输通路正常。过滤操作的作用就是忽略没有意义的数据,对有进一步分析处理意义的数据进行标识。

### 2. 转换

转换是将数据结构从一种形式变换为另一种形式,这种变换的目的是为了满足后续数据处理的要求。转换是对数据经常进行的操作,常见数据操作有提取(Extract)、转换(Transform)和加载(Load),即 ETL。

### 3. 时间关联

实时数据流需要关联时间,假如一个温度监控系统有多个温度传感器,为了消除温度波动,需要求出每一个温度传感器不同时间的平均值,平均值的定义就是时间关联的,这里假定某个温度传感器时间 $t$ 时的平均值是 $t \sim t-2$ 时间范围内(这里的 2 是指 2 分钟)该温度传感器采样值的平均值。所谓时间关联就是对时间 $t$ 时的数据处理过程设置对应的时间窗口。

### 4. 综合

对来自多个不同类型传感器的数据流进行综合分析处理,得到的结果可能更加有意义。如医院可能通过多个不同类型的传感器监测患者的多个生命体征,如体温、血压、心跳速率和呼吸频率等。这些不同类型的数据来自多个不同类型的设备,但通过对这些数据的综合分析处理,可以正确给出患者的身体状况。

参与综合分析处理的数据,不仅是来自多个不同传感器的实时数据流,还可以是历史数据,如患者的病史和以往生命体征检查结果等。综合历史数据和来自多个不同类型设备的数据流,可以更精确地描述任何时刻的状况。

### 5. 模式匹配

模式可以是既往的实时数据流变化趋势,也可以是以往各个时间段实时数据流的值范围等。如可以建立某个患者各个时间段生命体征的变化范围。当实时监控到的生命体征值超出该时间段该生命体征值变化范围时,表示患者的状况出现问题。

模式可以是简单的,如各个时间段心跳速率和呼吸频率的变化范围;也可以是复杂的,如挖掘多种不同类型数据流之间关系得到的多参数数据模型。

## 7.4.4　边缘计算设备实例

### 1. 边缘计算设备功能

在实际应用中,承担边缘计算功能的设备通常是网关设备,如图 7.20 所示。作为边缘计算设备的网关设备,需要具有以下功能。

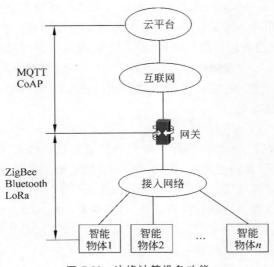

图 7.20　边缘计算设备功能

1) 互联网接口

网关设备通过互联网连接到云平台,因此,必须具有连接互联网的接口。根据应用场景的不同,网络设备连接互联网的接口可以是有线接口,如以太网;也可以是无线接口,如 Wi-Fi、LTE 和 5G 等。

2) 与云平台之间的应用层协议

网关设备需要将经过边缘计算后的数据流传输给云平台,也需要接收来自云平台的指令,因此,需要运行与云平台之间的应用层协议。目前,常见的与云平台之间的应用层协议是 MQTT、CoAP 等。

3) 接入网接口

网关设备通过接入网连接智能物体,这些智能物体包括各种类型的传感器和执行器。根据应用场景的不同,网络设备连接的接入网可以是 ZigBee、Bluetooth 和 LoRa 等。

4) 边缘计算模块

网关设备完成的边缘计算操作与应用场景有关,针对特定应用场景,需要编写和加载对应的边缘计算模块。因此,网关设备需要支持二次开发过程,基于网关设备提供的二次开发环境,编写和加载用户针对特定应用场景的边缘计算模块。

### 2. LXC 容器和 APP

1) LXC 容器

可以在操作系统层级上为进程提供虚拟的执行环境,一个虚拟的执行环境就是一个容器。可以为容器分配特定比例的 CPU 时间、IO 时间,限制其使用的内存大小,提供设备访问控制等。LXC(Linux Container)是容器的一种。

LXC 容器结构如图 7.21 所示,基于操作

图 7.21　LXC 容器结构

系统内核提供的功能。namespace 内核在当前运行的系统环境中创建出另一个进程的运行环境，并在此运行环境中将一些必要的系统全局资源进行虚拟化。

cgroup 内核用来对进程进行统一分组，并在分组的基础上对进程进行监控和资源控制管理等。

每一个容器对应一个模板，用户可以通过修改模板中的一些配置来修改容器的启动选项、运行服务和状态信息等。

2）APP

APP 是指安装在容器中的应用程序。网关设备需要提供轻量化的软件开放平台，供用户进行软件的二次开发。在该平台上，用户可以开发特定应用场景所需的 APP，然后将其部署在容器中，实现功能随需扩展。

由于 LXC 容器可以提供轻量级的虚拟化，且不同的 LXC 容器之间具有良好的隔离性，用户可以在网关设备上安装多个容器，且按照业务类型、业务对象等对容器进行分类。在不同的 LXC 容器中灵活安装多个扩展 APP，如图 7.22 所示。

| 容器1 | 容器2 | 容器3 |
|---|---|---|
| APP1 APP2…APP$m$ | APP1 APP2…APP$n$ | APP1 APP2…APP$o$ |
| 模块1 | 模块2 | 模块3 |

图 7.22　LXC 容器与 APP

# 本章小结

- 物联网数据具有多样性、实时性、隐藏巨大价值等特性。
- 物联网数据涵盖结构化数据、半结构化数据和非结构化数据等类型。
- 数据分析处理结果包括描述性结果、诊断性结果、预测性结果和规则性结果等。
- 物联网数据分析处理朝着机器学习、大数据分析处理工具和边缘计算发展。
- 机器学习使得物联网数据分析处理模型能够随着物理世界的变化而自我完善。
- 物联网数据具有大数据特性，需要使用大数据分析处理工具。
- 边缘计算能够减少传输给云平台的数据，保证数据处理的实时性。

# 习题

7.1　物联网数据具有什么特性？

7.2　简述结构化数据、半结构化数据和非结构化数据的含义。

7.3　简述动态数据和静态数据的含义。

7.4　简述描述性结果、诊断性结果、预测性结果和规则性结果的含义。

7.5　简述机器学习、大数据分析处理工具和边缘计算在物联网数据分析处理中的作用。

7.6　简述有监督学习构建分析处理模型的过程。

7.7　简述无监督学习构建分析处理模型的过程。

7.8　简述神经元的基本结构。

7.9　简述深度学习与神经网络之间的关系。

7.10　列举机器学习在物联网中的应用实例。

7.11　简述大数据的特点。

7.12　简述大规模并行处理数据库作为大数据分析处理工具的理由。

7.13　简述 NoSQL 作为大数据分析处理工具的理由。

7.14　简述 Hadoop 作为大数据分析处理工具的理由。

7.15　简述 HDFS 写文件的过程。

7.16　简述 YARN 消除 MapReduce 缺陷的理由。

7.17　简述 Spark 与 Hadoop 之间的关系。

7.18　简述引入边缘计算的原因。

7.19　简述 APU 执行的操作。

# 第 8 章　工业物联网

工业物联网是一种在工业现场实现传感器、执行器和人机接口（Human Machine Interface，HMI）设备等互联的网络结构。工业以太网由于既有着以太网的性能优势，又针对工业现场应用环境做了改进，成为目前最常见的工业物联网的基础设施。Ethernet/IP 和 PROFINET 是目前应用非常广泛的工业以太网类型。

## 8.1　工业物联网基本概念

工业物联网定义、工业物联网与工业互联网之间的关系、工业以太网成为工业物联网最常见的基础设施的因素是了解工业物联网的基础。

### 8.1.1　工业物联网的定义和结构

#### 1. 工业物联网的定义

工业物联网是指工业领域的物联网，是一种具有以下特色的网络：一是将生产过程中起作用的传感器、执行器等工业设备连接在一起，构成监视控制与数据采集（Supervisory Control And Data Acquisition，SCADA）系统或工业自动化和控制系统（Industrial Automation and Control Systems，IACS）；二是将 SCADA 或 IACS 与互联网相连；三是将 SCADA 或 IACS 中传感器采集的数据上传到云平台，由云平台对数据进行分析和处理，生成执行命令，并将执行命令发送给 SCADA 或 IACS 中的执行器，由执行器完成相应操作。

#### 2. 工业物联网结构

传统工业物联网由各种工业总线实现工业设备之间的连接，并通过网关与互联网实现互联，如图 8.1(a)所示。目前，工业物联网大多通过工业以太网实现工业设备之间的互联，工业以太网成为互联网中的一个子网，如图 8.1(b)所示。

传统工业物联网存在以下缺陷：一是传统工业物联网中的工业总线，种类繁多，各个不同工业总线连接的工业设备之间很难实现相互通信；二是对于复杂的生产过程，工业总线需要连接各种各样的工业设备，这些工业设备对总线性能的要求各异，现有工业总线很难能够同时满足这些工业设备的要求。因此，一是需要统一工业总线标准，以便实现连接在工业总线上的工业设备之间的相互通信过程；二是需要在同一物理网络上，能够为不同类型的工业设备提供不同性能的传输服务。工业以太网就是这样一种满足以上条件、用于实现工业设备互连的网络。

工业以太网是一种应用于工业控制领域的以太网技术，增加了以下性能：一是可以适应工业制造恶劣的环境条件;二是具有较高的可靠性;三是可以为不同的工业设备提供不同的服务质量。

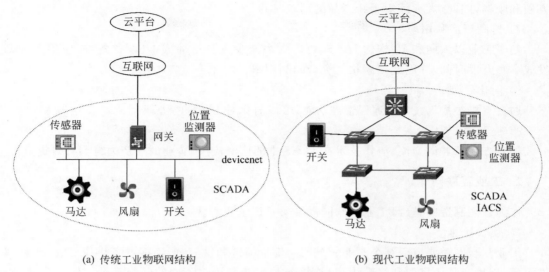

(a) 传统工业物联网结构　　　　　　(b) 现代工业物联网结构

图 8.1　工业物联网结构

## 8.1.2　工业互联网和工业物联网

互联网与工业制造的紧密结合,引发工业互联网(Industrial Internet)。工业互联网是信息通信技术(Information and Communications Technology,ICT)与工业制造深度融合的结果,是智能制造的基础。

### 1. 智能制造的目标

1) 商业网络与 IACS 融合

用于企业管理和商业事务的信息系统与用于控制工厂生产过程的 IACS 相互融合,可以基于 IACS 实时采集的数据做出商业决策,使得商业决策更加科学有效。

2) 优化供应链管理

可以基于 IACS 实时采集的数据和生产过程的细节优化供应链管理,使得供应链管理更加高效,以此实现既保障生产过程又有效节省成本的供应链管理目标。

3) 提高效率

通过公共工具的功能和易操作的特性,提高工厂维护人员和工程技术人员的生产效率,以此实现降低运行成本、提高生产效率的目标。

4) 降低平均修复时间、提高设备综合效率

通过允许工程技术人员和合作伙伴对工业设备的安全远程访问,可以有效降低设备的平均修复时间,提高设备的综合效率。

5) 规避风险

运用业界领先的深度防御机制和安全技术对关键制造设备实施有效保护,以此改进网络的有效运行时间和工业设备的可用性,达到规避风险的目的。

6）缩短新产品的部署时间

由于商业网络与 IACS 融合,商业决策者与生产一线员工之间的交流和协调变得更加方便和顺畅,因此,大大缩短了新产品的部署时间。

7）提高资产利用率

基于工业以太网和 IP 构建 IACS,可以大大减少人员培训成本、设备备件、应用系统开发成本和开发时间,并因此提高相关资产的利用率。

8）简化管理

通过有机集成 IACS 和远程管理功能,可以简化对 IACS 的管理。

9）提升生产力

随着方便部署的交流、协作技术在 IACS 中的广泛应用,企业的生产力得到有效提升。

**2. 工业互联网**

作为智能制造的基础,工业互联网需要具备以下要素。

1）互联互通

工业互联网需要覆盖某个工业领域的全部价值链和供应链,连接设备供应商、生产材料供应商,连接产品销售商和终端用户,连接产品生产制造过程中的各个环节,是对人、机、物和系统的全面连接。

2）数据为要素

实现智能制造,数据是关键,这些数据中包括生产制造过程中各种传感器采集的数据。需要保证从生产一线采集的数据能够及时上传到云平台,对生产一线的命令能够及时下传到生产一线中的各个执行器。

3）智能化

对数据的分析处理必须引入人工智能,通过深度学习,挖掘数据之间的关联和大量数据中所隐含的规则。对所有资产做出最合理的规划,对生产过程做出最合理安排,真正实现企业的提质、降本和增效。

**3. 工业互联网对工业物联网的影响**

工业物联网是工业互联网的组成部分,为了实现工业物联网与工业互联网中其他子网间的通信过程,如设备供应商安全访问所安装设备运营过程中的状态信息、产品设计人员安全访问产品制造过程中传感器采集的相关数据等。工业物联网需要做到以下两点。

1）标准化

需要由标准化的网络实现海量传感器、执行器和其他工业设备的接入与连接。这种标准化的网络一是已经广泛采用,网络设备可以与工业互联网中的其他子网共用,也无须专门培训技术人员;二是网络性能能够同时满足多种不同类型接入设备的需求;三是方便与工业互联网中的其他子网实现相互通信。这种标准化的网络就是工业以太网。

2）基于 IP

为了方便实现工业物联网中的物与工业互联网其他子网中人、机、物和系统之间的通信过程,工业物联网的数据传输过程最好是基于 IP 实现的。这里的 IP 涵盖 IPv4 和 IPv6,随着工业互联网的广泛应用,会越来越多地使用 IPv6。

### 8.1.3　工业物联网性能要求

工业互联网的应用使得工业物联网一是需要采用工业以太网这样的标准化的网络来连接海量的工业设备;二是需要采用基于 IP 的数据传输技术。由于工业物联网的特殊性,必须在以工业以太网和 IP 为基础的工业物联网中,实现以下功能。

**1. 时钟同步**

许多应用场景下,工业物联网需要多个执行器同步执行动作,如机器人手臂摆动,可能需要严格按照时序控制多个执行器依次完成对应手臂关节的动作。这种情况下,首先需要同步这些执行器的时钟,使得这些执行器基于相同的时间基点。这就像部队行动前,所有参与该次行动的人员都需要与该次行动的指挥官对表,以此保证自己的时间与该次行动指挥官的时间一致。

**2. 时间确定性**

工业物联网现场控制过程通常包括以下步骤:传感器采集现场数据,并上传给云平台;云平台完成数据分析处理过程,生成用于控制执行器完成动作的命令,并将命令下传给执行器。许多工业控制过程中,通常是事件→动作,即发生某个事件,必须针对该事件采取一系列动作,且事件发生与采取动作之间有着严格的时间限制。对应到工业物联网,要求从传感器监测到事件发生,到相关执行器接收到用于控制执行器完成动作的命令之间有着严格的时间限制。这就是工业物联网的时间确定性,数据传输时延＋数据处理分析时延必须小于或等于某个规定值。不同的应用场景有着不同的规定值。

**3. 可靠性**

工业物联网控制生产制造过程,一旦发生故障,就有可能造成巨大损失,甚至危及生命,因此,工业物联网必须是高可靠性网络。

### 8.1.4　工业以太网的三种实时、同步和可靠性实现机制

工业物联网在时钟同步、时间确定性和可靠性方面有着特殊的性能要求,以工业以太网为基础实现工业物联网时,需要设计基于工业以太网实现时钟同步、时间确定性和可靠性的机制。

**1. 方法 A**

方法 A 对应的协议栈如图 8.2 所示,以太网采用标准的物理层和 MAC 层协议,网际层采用 IP,传输层采用 TCP 和 UDP。由应用层协议实现时钟同步、时间确定性和可靠性的机制,如通用工业协议(Common Industrial Protocol,CIP)和 Ethernet/IP。

方法 A 的优点如下:一是可以使用标准以太网设备;二是采用标准 TCP/IP 协议栈;三是实现方法 A 的设备可以很方便地与互联网中其他设备、系统实现通信过程;四是只需通过编写运行应用程序就可将设备改造为工业物联网设备。方法 A 的缺点是:由于标准以太网和 TCP/IP 协议栈主要适用于尽力而为服务,因此,在标准以太网和 TCP/IP 协议栈基础上

实现时钟同步、时间确定性和可靠性的机制有很大困难。所以,对于时钟同步、时间确定性和可靠性要求高的应用场景,方法 A 是无法满足的。

### 2. 方法 B

方法 B 对应的协议栈如图 8.3 所示,以太网采用标准的物理层和 MAC 层协议,通过 TCP/IP 协议栈实现传统的互联网应用,如 Web 服务等。基于标准的物理层和 MAC 层协议开发用于实现时钟同步、时间确定性和可靠性机制的协议,并在这些协议的基础上实现工业物联网应用。

方法 B 的优点如下:一是可以使用标准以太网设备;二是由于实现完整的 TCP/IP 协议栈,使得实现方法 B 的设备可以很方便地与互联网中其他设备、系统实现通信过程;三是由于直接基于以太网物理层和 MAC 层开发用于实现时钟同步、时间确定性和可靠性机制的协议,这三方面的性能好于方法 A。方法 B 的缺点如下:一是需要增加基于以太网物理层和 MAC 层协议开发的用于实现时钟同步、时间确定性和可靠性机制的协议;二是由于以太网本身主要用于提供尽力而为服务,因此,对于时钟同步、时间确定性和可靠性要求非常高的应用场景,方法 B 仍然是无法满足的。

### 3. 方法 C

方法 C 对应的协议栈如图 8.4 所示,以太网的物理层和 MAC 层增加了用于帮助实现时钟同步、时间确定性和可靠性机制的功能,在这些功能的基础上开发用于实现时钟同步、时间确定性和可靠性机制的协议,并在这些协议的基础上实现工业物联网应用,如 PROFINET。在以太网标准物理层和 MAC 层的基础上实现 TCP/IP 协议栈,并通过 TCP/IP 协议栈实现传统的互联网应用,如 Web 服务等。

| HTTP | FTP | DHCP | CIP |
|------|-----|------|-----|
| TCP UDP ||||
| IP ||||
| MAC层 ||||
| 物理层 ||||

图 8.2　方法 A 对应的协议栈

| HTTP | FTP | 应用程序 |
|------|-----|---------|
| TCP UDP || 时间同步、时间确定性和可靠性协议 |
| IP ||
| MAC层 |||
| 物理层 |||

图 8.3　方法 B 对应的协议栈

| HTTP | FTP | 应用程序 |
|------|-----|---------|
| TCP UDP || 时间同步、时间确定性和可靠性协议 |
| IP ||
| MAC层+ |||
| 物理层+ |||

图 8.4　方法 C 对应的协议栈

方法 C 的优点如下:一是由于直接在以太网的物理层和 MAC 层增加了用于帮助实现时钟同步、时间确定性和可靠性机制的功能,使得方法 C 可以适用于时钟同步、时间确定性和可靠性要求非常高的应用场景;二是由于实现完整的 TCP/IP 协议栈,使得实现方法 C 的设备可以很方便地与互联网中其他设备、系统实现通信过程。方法 C 的缺点如下:由于需要直接在以太网的物理层和 MAC 层增加用于帮助实现时钟同步、时间确定性和可靠性机制的功能,因此,不能使用标准的以太网设备,而是需要使用定制的以太网设备。

### 4. 三种方法比较

1) 实现成本和技术难度

实现成本和技术难度是:方法 A＜方法 B＜方法 C。

2）应用领域

方法 A：适用于时钟同步、时间确定性和可靠性要求不高的应用场景。

方法 B：适用于时钟同步、时间确定性和可靠性要求较高的应用场景。

方法 C：适用于时钟同步、时间确定性和可靠性要求非常高的应用场景。

# 8.2　工业物联网关键技术

同步性、确定性和可靠性是工业物联网的基本性能要求。同步性是指所有结点可以在同一时刻执行指定动作。确定性是指结点之间的数据传输时延是固定的，即结点之间传输时延抖动趋于 0。可靠性是指在各种状态下都能保证结点之间的连通性。精确时间协议（Precision Time Protocol，PTP）、服务质量（Quality of Service，QoS）、设备级环网（Device Level Ring，DLR）和弹性以太网协议（Resilient Ethernet Protocol，REP）分别是用于实现同步性、确定性和可靠性的技术。

## 8.2.1　PTP

### 1. PTP 的作用

精确时间协议（PTP）是一种用于对连接在分组交换网络上的设备实现精确时钟同步的协议，广泛应用于工业物联网。

精确时钟同步是指这样一种过程，在工业物联网中设置一个根时钟，根时钟有着精确的时间，工业物联网中其他结点将其时间调整到与根时钟一致。

PTP 通过在各个结点之间传输消息实现时钟同步，实现成本较低，传输消息所需的带宽较少，尤其适合在工业以太网中实现。

### 2. PTP 域结构和时钟分类

应用了 PTP 的网络称为 PTP 域，如图 8.5（a）所示。PTP 域内只有一个时钟源，所有结点的时钟与该时钟源同步，该时钟源称为 PTP 域内的最优时钟（Grandmaster Clock，GM）。PTP 域内的结点称为时钟结点，时钟结点内某个运行 PTP 的接口称为 PTP 接口。

PTP 域内时钟结点分为边界时钟结点、普通时钟结点和透明时钟结点这三种类型。

1）边界时钟结点

边界时钟结点如图 8.5（b）中的边界时钟 1，存在多个 PTP 接口，其中一个 PTP 接口与其上游时钟结点同步，成为上游时钟结点的从时钟。其他 PTP 接口向其下游时钟结点发送同步消息，成为下游时钟结点的主时钟。

2）普通时钟结点

普通时钟结点只有一个 PTP 接口，当该普通时钟结点是最优时钟结点时（如图 8.5（b）中的最优时钟），PTP 域内的所有其他结点都与其实现时钟同步。

PTP 域内的端结点都是普通时钟结点（如图 8.5（b）中的普通时钟 1～普通时钟 4），PTP 接口与其上游时钟结点同步，成为上游时钟结点的从时钟。

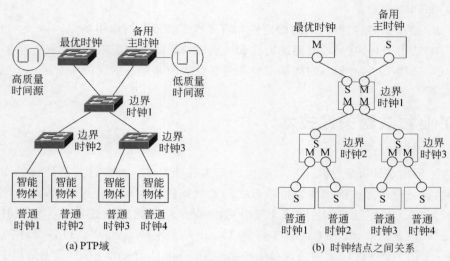

(a) PTP域

(b) 时钟结点之间关系

图 8.5　PTP 域与时钟结构

**3）透明时钟结点**

透明时钟结点中的 PTP 接口不和上游时钟结点实现时钟同步,但在两个 PTP 接口之间转发 PTP 消息时,在消息的校正字段中累加上该 PTP 消息在该时钟结点中的停留时间,有的还累加上该 PTP 消息上联链路的传输时间。如图 8.6(a)所示的是存在透明时钟结点的 PTP 域,在该 PTP 域中,时钟同步过程只在作为最优时钟结点的普通时钟结点与其他普通时钟结点之间进行。

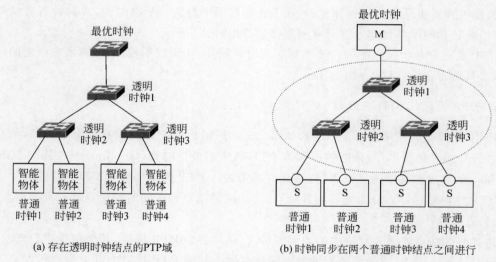

(a) 存在透明时钟结点的PTP域

(b) 时钟同步在两个普通时钟结点之间进行

图 8.6　存在透明时钟结点的 PTP 域与时钟结构

透明时钟结点分为端到端透明时钟结点和点对点透明时钟结点。端到端透明时钟结点只在校正字段中累加上该 PTP 消息在该时钟结点中的停留时间,如图 8.7(a)所示。点到点透明时钟结点在校正字段中累加上该 PTP 消息在该时钟结点中的停留时间($\Delta_S$)和该 PTP 消息上联链路的传输时间($\Delta_L$),如图 8.7(b)所示。

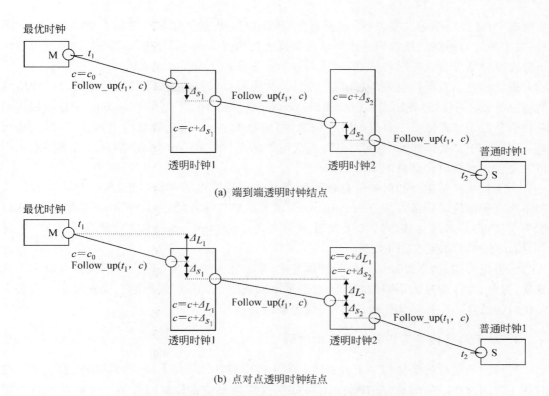

(a) 端到端透明时钟结点

(b) 点对点透明时钟结点

图 8.7 端到端透明时钟结点和点到点透明时钟结点

### 3. 最佳主时钟算法

为了建立如图 8.5(b)所示的时钟结点之间的关系,通过最佳主时钟算法(Best Master Clock Algorithm,BMCA)确定 PTP 域中每一个边界时钟结点和普通时钟结点中作为主接口的 PTP 接口和作为从接口的 PTP 接口。BMCA 操作过程为:每一个边界时钟结点和普通时钟结点刚启动时,将自己作为最佳时钟结点,通过各个 PTP 接口发送 Announce 消息,Announce 消息中包含该结点的如下时钟信息。

- 第一优先级。
- 时钟类别。
- 时钟精确性。
- 时钟稳定性。
- 第二优先级。
- 时钟标识符。

当边界时钟结点或普通时钟结点的某个 PTP 接口接收到其他时钟结点发送的 Announce 消息,依次比较 Announce 消息携带的时钟信息和该结点自身的时钟信息。如果 Announce 消息中的时钟信息优于该结点自身的时钟信息,将接收 Announce 消息的 PTP 接口作为从接口,将其他 PTP 接口作为主接口,并通过主接口转发该 Announce 消息。该边界时钟结点或普通时钟结点不再发送包含自身时钟信息的 Announce 消息。

假定最优时钟结点的时钟信息优于所有其他时钟结点的时钟信息。初始时,边界时钟 1

将所有 PTP 接口作为主接口,通过所有 PTP 接口发送包含自身时钟信息的 Announce 消息,由于最优时钟结点接收到的边界结点 1 发送的 Announce 消息中包含的时钟信息没有优于最优时钟结点自身的时钟信息,最优时钟结点丢弃该 Announce 消息。

最优时钟结点同样也将所有 PTP 接口作为主接口,通过主接口发送包含自身时钟信息的 Announce 消息,边界结点 1 接收到该 Announce 消息后,由于该 Announce 消息中包含的时钟信息由于边界结点 1 自身的时钟信息,将接收该 Announce 消息的 PTP 接口作为从接口,将其他 PTP 接口作为主接口,转发最优时钟结点发送的 Announce 消息。边界结点 1 不再发送包含自身时钟信息的 Announce 消息。

由于最优时钟结点的时钟信息优于所有其他时钟结点的时钟信息,所有其他时钟结点都将接收到最优时钟结点发送的 Announce 消息的 PTP 接口作为从接口,将其他 PTP 接口作为主接口,并通过主接口转发最优时钟结点发送的 Announce 消息。最终生成如图 8.5 (b)所示的时钟结点之间的关系。

值得说明的是,在时钟结点的时钟信息中,第一优先级和第二优先级的值是可以人工配置的,因此,可以通过为不同的时钟结点配置不同的第一优先级值和第二优先级值人为确定最优时钟结点。配置的优先级值越小,优先级越高。

### 4. 基于消息传输实现时钟同步的过程

时钟同步过程就是使得某个时钟结点的从接口的时钟与其上联的时钟结点的主接口的时钟一致的过程。如图 8.5(b)所示,时钟同步过程就是使得边界时钟结点 1 的从接口的时钟与最优时钟结点的主接口的时钟一致、边界时钟结点 2 和边界时钟结点 3 的从接口的时钟与边界时钟结点 1 用于连接这两个从接口的主接口的时钟一致的过程。

完成时钟同步过程前,主接口时钟(主时钟)和从接口时钟(从时钟)之间存在偏差,如某一时刻,主时钟值为 56,从时钟值为 37,则主时钟和从时钟之间的偏差(Offset)=从时钟−主时钟=37−56=−19。

基于 PTP 消息传输过程实现时钟同步的过程如图 8.8 所示,主接口在主时钟为 $t_1$ 时发送 Sync()消息,该 Sync()消息在从时钟为 $t_2$ 时到达从接口。主接口通过 Follow_up($t_1$)消息将主接口开始发送 Sync()消息时的主时钟 $t_1$ 传输给从接口。从接口在从时钟为 $t_3$ 时发送 Delay_Req()消息,该 Delay_Req()消息在主时钟为 $t_4$ 时到达主接口,主接口通过 Delay_Resp($t_4$)消息将该 Delay_Req()消息到达主接口时的主时钟 $t_4$ 传输给从接口。

从接口通过主时钟 $t_1$ 和 $t_4$ 与从时钟 $t_2$ 和 $t_3$ 能够计算出主时钟与从时钟之间的偏差(Offset)和主接口与从接口之间的传输时延(Delay)。在假定主接口至从接口的传输时延等于从接口至主接口的传输时延的前提下,Delay 和 Offset 的计算过程如下。

$$Delay = ((t_4 - t_1) - (t_3 - t_2))/2$$
$$Offset = (t_2 - t_1) - Delay$$

所以,在确定主接口与从接口之间的传输时延(Delay)的前提下,通过主接口发送 Sync() 和 Follow_up($t_1$)消息,从接口将接收到 Sync()消息的从时钟 $t_2$ 调整为 $t_1 +$ Delay($t_2 = t_1 +$ Delay),实现从时钟与主时钟之间的同步过程。

由于主时钟的晶振频率和从时钟的晶振频率之间存在误差,因此,需要周期性完成时钟同步过程。当主接口与从接口之间的传输时延(Delay)比较稳定的情况下,可以间隔较长时间重新计算主接口与从接口之间的传输时延(Delay)。这些因素确定了 Sync() 和 Follow_ up($t_1$)消息、Delay_Req()和 Delay_Resp($t_4$)消息的发送间隔。

如果 PTP 域中存在透明时钟结点，主时钟和从时钟之间可能间隔多个透明时钟结点，这种情况下，可以采用如图 8.9 所示的时延测量机制。

由于 Delay＝$((t_4-t_1)-(t_3-t_2))/2$，因此时延请求者计算出时延（Delay）的先决条件是获取算式所需的全部时钟值。主时钟与从时钟之间有以下三种通过交换消息获取时钟值的方式。

1）方式 A

Pdelay_Resp()消息中携带($t_3-t_2$)，时延请求者自身记录 $t_1$ 和 $t_4$，因而可以计算出时延 Delay。这种方式下，时延响应者无须发送 Pdelay_Resp_Fellow_up()消息。

2）方式 B

Pdelay_Resp_Fellow_up()消息中携带($t_3-t_2$)。与方式 A 不同的是，时延响应者需要发送 Pdelay_Resp_Fellow_up()消息。

3）方式 C

Pdelay_Resp()消息中携带 $t_2$，Pdelay_Resp_Fellow_up()消息中携带 $t_3$。

在图 8.8 中，主时钟可以直接在 Sync()消息中给出开始发送 Sync()消息的时钟 $t_1$，也可以通过 Follow_up()消息给出主时钟开始发送 Sync()消息的时钟 $t_1$，前者称为单步模式，后者称为双步模式。采用双步模式是为了更精确地给出时钟 $t_1$。

同样，在图 8.9 中，时延响应者可以直接在 Pdelay_Resp()消息中给出发送 Pdelay_Resp()消息的时钟 $t_3$，也可以通过 Pdelay_Resp_Fellow_up()消息给出时延响应者开始发送 Pdelay_Resp()消息的时钟 $t_3$。前者称为单步模式，后者称为双步模式。采用双步模式是为了更精确地给出时钟 $t_3$。

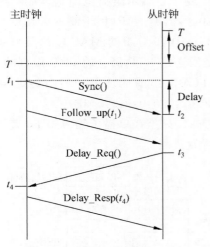

图 8.8　基于 PTP 消息传输过程实现
时钟同步的过程

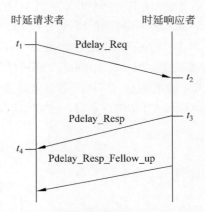

图 8.9　存在透明时钟结点的情况下
传输时延测量过程

**5. PTP 消息分类**

PTP 消息分为事件消息（Event Message）和管理消息（Manager Message），以下 4 个消息为事件消息，其他消息为管理消息。

- Sync
- Delay_Req
- Pdelay_Req
- Pdelay_Resp

发送和接收 PTP 事件消息时,需要生成时间戳,PTP 事件消息传输过程中需要得到更好的服务质量(QoS)。

### 6. 消息封装过程

PTP over UDP/IPv4 封装过程如图 8.10 所示,PTP 消息作为应用层消息,成为 UDP 报文的净荷。封装 PTP 消息的 UDP 报文的源和目的端口号或为 319(携带时间戳的 PTP 消息),或为 320(其他普通 PTP 消息)。UDP 报文成为 IPv4 分组的净荷,封装该 UDP 报文的 IPv4 分组的源 IPv4 地址或是发送该 PTP 消息的 PTP 接口的 IPv4 地址(如果该 PTP 接口分配 IPv4 地址),或是 0.0.0.0(如果该 PTP 接口没有分配 IPv4 地址)。目的 IPv4 地址或为组播地址 224.0.1.129(不是用于测量点到点时延的 PTP 消息),或为组播地址 224.0.0.107(用于测量点到点时延的 PTP 消息)。该 IPv4 分组成为 MAC 帧的净荷,封装该 IPv4 分组的 MAC 帧的类型字段值为 0x0800,表明净荷是 IPv4 分组,源 MAC 地址是发送该 PTP 消息的 PTP 接口的 MAC 地址,目的 MAC 地址或是组地址 0100:5E00:0181(对应组播地址 224.0.1.129),或是组地址 0100:5E00:006B(对应组播地址 224.0.0.107)。

UDP 报文也可以封装为 IPv6 分组,封装该 UDP 报文的 IPv6 分组的源 IPv6 地址或是发送该 PTP 消息的 PTP 接口的 IPv6 地址(如果该 PTP 接口分配 IPv6 地址),或是::(如果该 PTP 接口没有分配 IPv6 地址)。目的 IPv6 地址或为组播地址 $FF0x:0:0:0:0:0:0:181$(不是用于测量点到点时延的 PTP 消息,$x$ 可以是 4 或 2,4 表示组播范围是本地管理域,2 表示组播范围是本地链路),或为组播地址 $FF02:0:0:0:0:0:0:6B$(用于测量点到点时延的 PTP 消息)。该 IPv6 分组成为 MAC 帧的净荷,封装该 IPv6 分组的 MAC 帧的类型字段值为 0x86DD,表明净荷是 IPv6 分组,源 MAC 地址是发送该 PTP 消息的 PTP 接口的 MAC 地址,目的 MAC 地址或是组地址 3333:0000:0181(对应组播地址 $FF0x:0:0:0:0:0:0:181$),或是组地址 3333:0000:006B(对应组播地址 $FF02:0:0:0:0:0:0:6B$)。

需要说明的是,PTP 消息也可以支持单播传输方式,只是在单播传输方式下,需要完成 PTP 消息源 PTP 接口和目的 PTP 接口的 IP 地址配置过程。

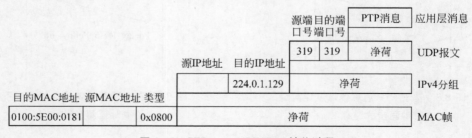

图 8.10　PTP over UDP/IPv4 封装过程

PTP 消息可以直接封装为 MAC 帧,封装过程如图 8.11 所示。类型字段值为 0x88F7,表示 MAC 帧净荷是 PTP 消息。源 MAC 地址是发送该 PTP 消息的 PTP 接口的 MAC 地址,目的 MAC 地址或是组地址 011B:1900:0000(不是用于测量点到点时延的 PTP 消息),或是组地址 0180:C200:000E(用于测量点到点时延的 PTP 消息)。

图 8.11 PTP over Ethernet 封装过程

## 8.2.2 QoS

### 1. QoS 指标

服务质量(QoS)是对连接在分组交换网络上两个结点之间特定流量的传输时延和时延抖动的一种保证。

1) 传输时延

两个结点之间的传输时延是指源结点开始发送报文到目的结点开始接收报文的时间间隔。如果源结点与目的结点之间直接用物理链路连接,传输时延是固定不变的,假定物理链路的长度为 $L$,信号传播速度为 $V$,则传输时延 $= L/V$。如果源结点与目的结点之间通过分组交换网络实现互联,如图 8.12 所示,传输时延是不确定的,与分组交换网络当时的负荷和流量模式有关。

图 8.12 分组交换网络实现互联的结点

2) 时延抖动

时延抖动是指相同两个结点之间不同时间传输报文时的传输时延差范围。由于不同时间,分组交换网络的负荷不同,流量模式不同,因此相同两个结点之间不同时间传输报文时的传输时延是不同的。发生拥塞时,分组交换网络会丢弃经过分组交换网络传输的报文,这种情况下,丢弃报文的传输时延变为无穷大。

3) 两种情况下的 QoS 指标

两个结点之间特定流量的 QoS 分为以下两种情况。

一种情况是对两个结点之间特定流量的传输时延规定上限 $T$,即要求两个结点之间特定流量的传输时延的变化范围为 $0 \sim T$,这使得两个结点之间特定流量的时延抖动范围为 $T$。

另一种情况是对两个结点之间特定流量的传输时延规定范围 $T \pm \Delta t$,即要求两个结点之间特定流量的传输时延的变化范围为 $T - \Delta t \sim T + \Delta t$,这使得两个结点之间特定流量的时延抖动范围为 $\Delta t$。

### 2. 工业物联网的 QoS 目标

工业物联网的 QoS 目标有以下几点。

（1）与 IACS 相关的网络流量的优先级应该高于传统的网络流量，传统的网络流量是指访问 Web、FTP 等服务器产生的网络流量。

（2）与 IACS 相关的网络流量对传输时延、时延抖动和报文丢失率等指标比较敏感，需要尽可能优化这些指标。

（3）不同类型的网络流量对传输时延、时延抖动和报文丢失率等指标的要求也是不同的，需要为不同类型的网络流量提供区分服务（Differentiated Service）。

（4）在优化 IACS 相关的网络流量的 QoS 指标的同时，也要尽量保证传统的网络流量的 QoS，避免对传统的网络流量的传输时延、时延抖动和报文丢失率等指标产生大的影响。

### 3. QoS 实现方法

网络可以通过三种不同的服务等级来实现 QoS。

1）尽力而为服务

尽力而为服务（Best-effort Service）对所有网络流量一视同仁，分组交换机的入口队列和出口队列采用先到先出（FIFO）调度机制。因此，无法保证特定网络流量的 QoS。

2）区分服务

区分服务（Differentiated Service）将网络流量分成不同的类别，不同类别的网络流量映射到不同的输入和输出队列，不同的输入和输出队列分配不同的优先级和不同的带宽比例。高优先级队列中的报文优先输出，带宽比例高的输入输出队列中的报文获得更多的输出机会。因此，映射到高优先级、高带宽比例的输入输出队列的网络流量类别具有比映射到低优先级、低带宽比例的输入输出队列的网络流量类别有着更小的传输时延、时延抖动和报文丢失率。不同类别的网络流量具有不同的 QoS，但这种 QoS 的差异具有统计特性，即对在较长时间内不同类别的网络流量的 QoS 指标进行统计，才能体现这种 QoS 的差异，因此，将区分服务实现的 QoS 称为软 QoS，即无法保证特定类别的网络流量固定具有指定的 QoS 指标。

3）保证服务

保证服务（Guaranteed Service）通过在端到端传输路径上为特定的网络流量预留资源，保证特定网络流量的 QoS，即使得特定网络流量具有固定的传输时延、时延抖动和报文丢失率。

4）选择服务等级的因素

选择 QoS 时，需要考虑成本和应用要求。基于成本角度，尽力而为服务的成本最低，区分服务的成本其次，保证服务的成本最高。基于应用要求角度，保证服务最能满足应用要求，区分服务其次，尽力而为服务最差。

目前的网络设备（交换机和路由器）一般都支持区分服务。支持保证服务需要进行硬件升级或重新购置网络设备。

5）工业物联网选择区分服务的原因

目前工业物联网大多通过区分服务实现 QoS，工业物联网选择区分服务的原因如下。

（1）区分服务通过将网络流量分成不同的类别，为不同类别的网络流量设置不同的优先级，使得高优先级类别的网络流量获得更好的 QoS，这是区分服务优于尽力而为服务的关键。

（2）区分服务通过灵活的资源分配方法，即使在峰值下，也能在支持 IACS 相关的网络流量的 QoS 和维持传统网络流量的基本 QoS 之间取得平衡。

（3）IACS 相关的网络流量通常不是带宽密集型的网络流量，它只是需要通过保证特定数量的带宽来保证所需的 QoS，这是区分服务适合实现的。

（4）区分服务可以是一次配置，长期使用，只要增加的应用不涉及修改服务策略，就无须修改网络中区分服务的相关配置。

**4. 区分服务实现过程**

1）识别和标记

实施区分服务的第一步是将网络流量分成不同的类别，并在属于不同类别的网络流量中设置类别标记。

目前以太网 MAC 帧和 IP 分组都支持类别标记。以太网 MAC 帧封装为 802.1q 格式时，存在三位优先级标志位，这三位优先级标志位可以将 MAC 帧分成 8 级不同的优先级（0～7），可以用不同的优先级标识不同的类别。

IP 分组（IPv4 分组和 IPv6 分组）中存在 8 位的服务类型字段（Type of Service，ToS），该服务类型字段中的 6 位作为区分服务码点（Differentiated Services Code Point，DSCP），可以用不同的 DSCP 标识不同的类别。

表 8.1 是推荐的 IACS 相关的网络流量对应的 802.1q 优先级和 DSCP。

表 8.1　IACS 相关的网络流量对应的 802.1q 优先级和 DSCP

| 网络流量类别 | 802.1q 优先级 | DSCP |
| --- | --- | --- |
| PTP 事件消息 | 7 | 59(111011) |
| PTP 管理消息 | 5 | 47(101111) |
| CIP Motion | 6 | 55(110111) |
| CIP Safety I/O | 5 | 47(101111) |
| CIP I/O | 5 | 43(101011) |
| 其他 CIP 消息 | 3 | 27(011011) |

设置类别标记的前提是对网络流量分类，通过配置分组过滤器对网络流量进行分类，分类依据是以下特征。

- 源和目的 IP 地址。
- IP 首部协议字段值。
- 源和目的端口号。

通过上述特征确定网络流量的类别，如 PTP 事件消息、PTP 管理消息等，根据类别设置 MAC 帧的 802.1q 优先级和 IP 分组的 DSCP。

PTP 事件消息可以用以下特征值标识。

- 源 IP 地址任意、目的 IP 地址＝224.1.1.129。
- IP 首部协议字段值＝UDP。
- UDP 源和目的端口＝319。

分类和设置类别标记的设备，一是尽量靠近源结点，二是可信设备。因为网络流量的 802.1q 优先级和 DSCP 影响端到端传输过程中分组交换设备（交换机和路由器）的转发操作,需要具有一定的权威性。

2) 多队列和队列调度策略

(1) 分组交换设备的一般结构。

分组交换设备的一般结构如图 8.13 所示。每一个端口有多个输入队列和输出队列,输入端口接收到分组后,先将分组存入输入队列,输入端口输入队列中的分组通过交换结构交换到输出端口的输出队列。同一队列中的分组采用先进先出(FIFO)的服务策略,多个队列中的分组,由调度器根据调度策略选择服务分组。

如果输入端口接收到分组时,该分组对应的输入队列已满,将丢弃该分组。为了避免出现输入队列满的情况,采用加权尾丢弃(Weighted Tail Drop,WTD)机制。为某个类别的流量设定一个阈值,当输入端口接收到属于该类别的流量的分组,且对应的输入队列中的分组长度已经超过为该类别的流量设定的阈值,分组交换机将按比例丢弃该分组。如为类别 A 设置的阈值为 60%,丢弃比例为 25%,则当类别 A 对应的输入队列中分组的长度超过输入队列长度 60% 时,输入端口每接收到 4 个属于类别 A 的分组时,丢弃其中一个分组。

如果有多个类别的网络流量对应到同一输入队列,则该类别网络流量对应的阈值越大,属于该类别网络流量的分组的丢失率越低。

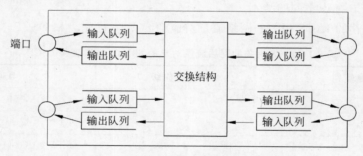

图 8.13 分组交换设备的一般结构

(2) 调度策略。

调度策略是指在多个队列中选择服务分组的机制。在工业物联网中常用的调度策略有严格优先级和共享循环(Shared Round-Robin,SRR)两种调度策略。

严格优先级调度策略是指,一旦某个队列被配置为严格优先级队列,调度器一直选择该队列中的分组进行服务,直到该队列空时,调度器才根据调度策略选择其他队列中的分组进行服务。

共享循环调度策略是指,为每一个队列配置权重。例如,队列 $i$ 配置权重 $n_i$,使得 $n_j = \max(n_1, n_2, \cdots, n_k)$,$k$ 是队列数。每一轮循环服务 $n_j$ 次,对应队列 $i$,每一轮 $n_j$ 次循环服务中,只有前 $n_i$ 次参与服务。当队列 $i$ 参与服务时,如果队列 $i$ 中有分组,每次选择该队列中的一个分组进行服务。如果队列 $i$ 中没有分组,跳过该队列。队列 $i$ 不参与每一轮后 $n_j - n_i$ 次循环服务,因此,后 $n_j - n_i$ 次循环服务中,无论队列 $i$ 中是否有分组都直接跳过该队列。假定存在 4 个队列,分别是队列 1～队列 4,这 4 个队列对应的权重分别是 1～4,则每一轮循环服务 4 次,第一次循环服务的队列是队列 1～队列 4,第二次循环服务的队列是队列 2～队列 4,第三次循环服务的队列是队列 3 和队列 4,第四次循环服务的队列是队列 4。

队列调度过程如图 8.14 所示,假定队列 1 中有两个分组,队列 2 中有两个分组,队列 3 中有 3 个分组,队列 4 中有 4 个分组,队列调度结果如图 8.14 所示。由于队列 1 是严格优先级队列,优先输出队列 1 中的两个分组。第一轮 SRR 循环服务两次,第一次循环服务队列依次是队列 2、队列 3 和队列 4,第二次循环服务队列依次是队列 3 和队列 4,因此,第一轮 SRR 调度结果是队列 2 中一个分组,队列 3 中两个分组,队列 4 中两个分组。根据各个队列中的分组数量,导出第二轮 SRR 调度结果是队列 2 中一个分组,队列 3 中一个分组,队列 4 中两个分组。图 8.14 队列调度结果中用 $Q_i$ 表示队列 $i$ 中的分组,如用 $Q_1$ 表示队列 1 中的分组。

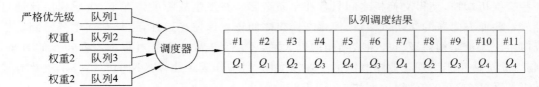

图 8.14 队列调度过程

分组交换设备的各个端口需要通过配置建立流量类别与队列之间的映射,表 8.2 给出一种流量类别与队列之间的映射。这里,标识流量类别的是 MAC 帧中的 802.1q 优先级和 IP 分组中的 DSCP。即交换机端口建立 802.1q 优先级与队列之间的映射,路由器端口建立 DSCP 与队列之间的映射。

通过配置建立流量类别与队列之间的映射后,还需要完成调度策略配置过程,一是确定严格优先级队列,这种类型的队列应该是占用带宽较少,但时间确定性要求较高的流量类别;二是确定参与 SRR 调度策略的各个队列的权重。表 8.3 给出一种队列调度策略配置实例。

表 8.2 流量类别与队列之间的映射

| 网络流量类别 | 802.1q 优先级 | DSCP | 队 列 |
|---|---|---|---|
| PTP 事件消息 | 7 | 59(111011) | 1 |
| PTP 管理消息 | 5 | 47(101111) | 3 |
| CIP Motion | 6 | 55(110111) | 3 |
| CIP Safety I/O | 5 | 47(101111) | 3 |
| CIP I/O | 5 | 43(101011) | 3 |
| 其他 CIP 消息 | 3 | 27(011011) | 4 |
| 其他传统网络流量 | 0～2 | 其他值 | 2 |

表 8.3 队列调度策略配置实例

| 队 列 | 调度策略 | 权 重 |
|---|---|---|
| 1 | 严格优先级队列 | |
| 2 | SRR | 1 |
| 3 | SRR | 2 |
| 4 | SRR | 2 |

### 8.2.3　DLR 和 REP

工业物联网由于用于实时控制工业设备,必须具有很高的可靠性,但以太网交换机转发 MAC 帧机制要求以太网交换机之间只允许存在单条链路。为了提高以太网的容错能力,允许将以太网设计成环状或网状结构,但通过生成树协议(Spanning Tree Protocol,STP)阻塞一些交换机端口,使得交换机之间只存在单条链路。在发生故障的情况下,生成树协议通过开放一些原先阻塞的交换机端口,使得交换机之间依然保持连通性,且只存在单条链路。生成树协议无论是构建逻辑上树状结构的以太网,还是完成故障恢复过程都需要较长的时间,因此,无法适用于实现工业物联网的工业以太网,目前作为工业以太网的容错技术主要有设备级环网(DLR)和弹性以太网协议(REP)。

#### 1. DLR

1) DLR 结构和设备类别

DLR 结构如图 8.15 所示,交换机 S1~S4 构成一个环状网,其中,交换机 S1 作为环状网管理者,其他交换机作为环状网结点。

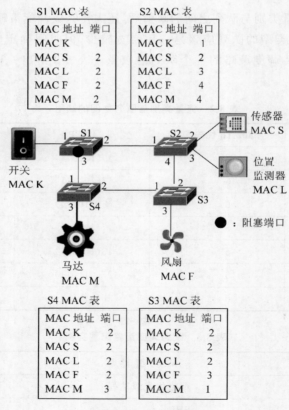

图 8.15　DLR 结构

作为环状网管理者,交换机 S1 具有以下功能。

(1) 消除网络环路。如图 8.15 所示,交换机 S1 的端口 2 和端口 3 定义为 DLR 端口,为了防止网络出现环路,交换机 S1 通过阻塞端口 3,使得如图 8.15 所示的物理上的环状网成为逻辑上的线性网络结构,以此消除网络环路。作为环状网管理者的交换机 S1,通常选择编号最大的 DLR 端口作为阻塞端口。

(2) 竞争环状网活跃管理者。可以将 DLR 结构中的多个交换机配置为管理者,但只有优先级最高的管理者成为活跃管理者,其他配置为环状网管理者的交换机成为环状网备份管理者,备份管理者的作用等同于普通环状网结点。如果多个配置为环状网管理者的交换机有着相同的优先级,则 MAC 地址最大的交换机成为环状网活跃管理者。

(3) 环状网完整性验证。环状网活跃管理者定时通过 DLR 端口(包括阻塞端口)发送信标帧(Beacon),通过没有阻塞的端口发送通告帧(Announce)。如果从一个 DLR 端口发送的信标帧或通告帧通过另一个 DLR 端口接收到,表明环状网是完整的。如果从一个 DLR 端口发送的信标帧或通告帧不能通过另一个 DLR 端口接收到,表明环状网发生故障,启动环状网故障恢复过程。

(4) 环状网故障恢复。环状网活跃管理者一旦确定环状网发生故障,一是将阻塞端口还原为正常端口,二是通过信标帧或通告帧要求其他环状网结点清空 MAC 表。

环状网结点分为基于信标帧环状网结点和基于通告帧环状网结点。基于信标帧环状网结点能够识别、处理并转发信标帧。信标帧默认间隔为 $400\mu s$,在这样的间隔下,50 个结点的环状网的故障恢复时间为 3ms。一旦采用默认间隔,环状网结点每间隔 $400\mu s$ 需要处理一帧信标帧。环状网管理者发送信标帧的间隔时间是可以配置的。

基于通告帧环状网结点只是转发信标帧,不对信标帧进行处理,但能够识别、处理并转发通告帧。通告帧默认间隔为 1s,一旦采用默认间隔,环状网结点每间隔 1s 需要处理一帧通告帧。环状网管理者发送通告帧的间隔时间是可以配置的。

环状网结点一旦监测到链路故障,通过向环状网管理者发送链路状态信息通报监测到的链路故障。

2) DLR 操作过程

(1) 竞争环状网活跃管理者。

所有配置成为环状网管理者的交换机,启动后通过 DLR 端口定期发送信标帧,信标帧中包含交换机自身的优先级和 MAC 地址等信息。当一个配置为环状网管理者的交换机接收到其他交换机发送的信标帧时,将比较信标帧中的设备信息和自身的设备信息,如果自身设备信息优于信标帧的设备信息,继续定期发送信标帧;否则,将自己设置为备份管理者,停止发送信标帧和通告帧。

(2) 正常工作过程。

环状网活跃管理者定时通过 DLR 端口(包括阻塞端口)发送信标帧(Beacon),通过没有阻塞的端口发送通告帧(Announce)。如果从一个 DLR 端口发送的信标帧或通告帧通过另一个 DLR 端口接收到,表明环状网是完整的,环状网活跃管理者维持阻塞端口不变,环状网逻辑上成为线性结构。环状网上的各个交换机通过地址学习过程建立 MAC 表,根据 MAC 表转发 MAC 帧,实现各个设备之间的 MAC 帧传输过程。正常工作过程中各个交换机建立的 MAC 表如图 8.15 所示。

正常工作过程中,环状网中的各个交换机作为环状网结点,需要识别、处理并转发信标帧和通告帧。

（3）故障链路处理过程。

两种情况下,环状网活跃管理者确定环状网发生故障,一是规定时间内,DLR 端口一直没有接收到另一个 DLR 端口发送的信标帧,或通告帧;二是某个环状网结点在监测到所连接的链路发生故障后,通过链路状态消息向环状网活跃管理者报告监测到的链路故障状况。

环状网活跃管理者确定环状网发生故障后,一是将阻塞端口还原为正常端口,并清空 MAC 表;二是通过发送信标帧或通告帧要求作为环状网结点的各个交换机清空 MAC 表,重新通过地址学习过程建立 MAC 表。图 8.16 所示的是在交换机 S4 和交换机 S3 之间链路发生故障的情况下,完成故障链路处理过程后的各个交换机的 MAC 表。

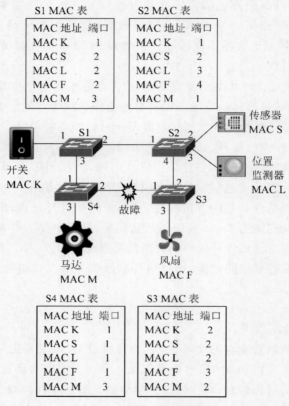

图 8.16　DLR 故障处理过程

（4）故障链路恢复过程。

如果图 8.16 中交换机 S4 和 S3 之间的链路恢复正常,环状网活跃管理者通过以下两种方式获知这一情况:一是交换机 S4 和 S3 监测到它们之间的链路恢复正常后,向环状网活跃管理者发送表明它们之间链路恢复正常的链路状态消息;二是环状网活跃管理者从一个 DLR 端口发送的信标帧或通告帧通过另一个 DLR 端口接收到。

一旦环状网活跃管理者确定故障链路恢复正常,将重新阻塞原先确定的阻塞端口,并清空 MAC 表,通过发送信标帧或通告帧要求作为环状网结点的各个交换机清空 MAC 表,重新通过地址学习过程建立 MAC 表。

### 2. REP

1）REP 段

弹性以太网协议（REP）的基本作用域是 REP 段，如图 8.17(a)所示。一个 REP 段由若干交换机组成，分配唯一的 REP 段标识符。除了边缘交换机，每一个交换机有着两个属于同一 REP 段的 REP 端口，这些 REP 端口有着相同的 REP 段标识符。属于同一 REP 段的 REP 端口两两相连，构成链。直接相连的两个 REP 端口称为邻居。每一个 REP 段终止于边缘端口，因此，每一个 REP 段有着两个边缘端口，其中一个是主边缘端口，这两个 REP 段的边缘端口也称为 REP 段的结束端口。有着边缘端口的交换机称为边缘交换机，图 8.17(a)中，交换机 S1 和 S2 是边缘交换机，三角形表示的端口为边缘端口。交换机 S3 和 S4 分别有两个属于同一 REP 段的 REP 端口。

REP 段中，有一个 REP 端口处于阻塞状态，称为备份端口，如图 8.17(a)中黑色圆圈表示的端口，因此，REP 段中的所有 REP 端口只能与其中一个边缘端口相互通信。一旦 REP 段中有链路发生故障，处于阻塞状态的 REP 端口转换为转发状态，如图 8.17(b)所示。

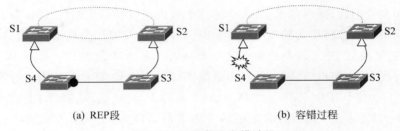

(a) REP 段　　　　　　　　　　(b) 容错过程

图 8.17　REP 段及容错过程

REP 段可以是开环的，也可以是闭环的，取决于互联边缘交换机的网络，如图 8.18 所示，两个边缘端口位于同一个交换机，使得 REP 段成为一个 REP 环，REP 环具有冗余链路，通过备份端口消除 REP 环的通信环路。

2）REP 工作过程

（1）建立邻接关系。

将交换机端口配置为 REP 端口后，该端口通过发送 hello 消息建立与相邻的 REP 端口之间的邻接关系。图 8.19 所示的是交换机 S5 中的端口 A 建立与交换机 4 中的端口 B 之间的邻接关系的过程。交换机 S5 端口 A 发送 hello 消息，hello 消息中包含端口 A 所属的 REP 段的标识符 1、端口 A 标识符 A 和 hello 消息序号 $N_A$。当交换机 S4 通过端口 B 接收

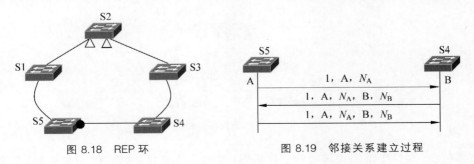

图 8.18　REP 环　　　　　　　　　图 8.19　邻接关系建立过程

到该 hello 消息,且端口 B 配置为属于标识符为 1 的 REP 段的 REP 端口,交换机 S4 通过端口 B 发送 hello 消息,hello 消息中包含端口 A 的标识符 A、端口 A 指定的序号 $N_A$、端口 B 的标识符 B、端口 B 指定的序号 $N_B$ 以及端口 B 和端口 A 所属的 REP 段的标识符 1。端口 A 通过 hello 消息中包含的端口 A 的标识符 A 和端口 A 指定的序号 $N_A$,确定该 hello 消息是端口 B 对其发送的 hello 消息的响应消息,端口 A 建立与端口 B 之间的邻接关系,向端口 B 发送作为确认消息的 hello 消息,hello 消息中包含的信息与端口 B 发送的 hello 消息相同。端口 B 接收到端口 A 发送的作为确认消息的 hello 消息,建立与端口 A 之间的邻接关系。随后,端口 A 和端口 B 之间通过定期交换 hello 消息维持它们之间的邻接关系。

(2) 选择备份端口。

每一个 REP 端口有着优先级,通过端口标识符和端口的 MAC 地址自动导出端口的默认优先级,也可以通过配置人为改变端口的优先级。启动后,每一个 REP 端口的初始状态都是阻塞状态,建立邻接关系的 REP 端口之间交换阻塞端口公告(Block Port Advertisement,BPA),BPA 中给出该 REP 端口认可的备份端口的优先级。初始时,每一个 REP 端口将自身作为备份端口,发送的 BPA 中给出自身的优先级。接收到 BPA 的 REP 端口,比较 BPA 中的优先级和自身的优先级,如果 BPA 中的优先级大于自身的优先级,将接收 BPA 的 REP 端口的状态从阻塞状态转换为转发状态,将 BPA 中的优先级作为该 REP 端口认可的备份端口的优先级,并将该 BPA 转发给属于同一交换机的其他 REP 端口。如果 BPA 中的优先级小于自身的优先级,该 REP 端口的状态继续维持阻塞状态,将自身作为备份端口。

图 8.20 中,假定属于该 REP 段的所有 REP 端口中,交换机 S5 端口 1 的优先级(图中用 17 表示)最高。交换机 S5 初始时确定端口 1 为备份端口,初始状态为阻塞状态,通过 REP 端口 1 和端口 2 分别向与其建立邻接关系的交换机 S1 端口 1 和交换机 S4 端口 2 发送 BPA,由于 BPA 中的优先级大于交换机 S1 端口 1 和交换机 S4 端口 2 的优先级,这两个端口将自己的状态转换为转发状态,将 BPA 中的优先级作为这两个端口认可的备份端口的优先级,同时将该 BPA 分别转发给同一交换机的其他 REP 端口,这里是交换机 S1 端口 2 和交换机 S4 端口 1。这两个 REP 端口由于 BPA 中的优先级大于自身的优先级,将自己的状态转换为转发状态,将 BPA 中的优先级作为这两个端口认可的备份端口的优先级,并向与其建立邻接关系的其他 REP 端口发送该 BPA。以交换机 S5 端口 1 的优先级为备份端口优先级的 BPA 遍历 REP 段中的所有 REP 端口,使得除交换机 S5 端口 1 以外的所有其他 REP 端口的状态都是转发状态,只有交换机 S5 端口 1 的状态为阻塞状态,交换机 S5 端口 1 成为唯一的备份端口。

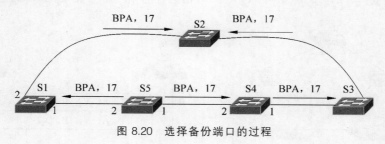

图 8.20  选择备份端口的过程

交换机 S5 端口 1 可能先接收到交换机 S4 端口 2 发送的 BPA,由于初始时,交换机 S4

端口 2 将自己作为备份端口,将自身的优先级作为发送的 BPA 中的优先级,因此,该 BPA 中的优先级小于交换机 S5 端口 1 的优先级,交换机 S5 端口 1 维持阻塞状态不变,将自身的优先级作为其发送的 BPA 中的优先级。

（3）故障链路处理过程。

假如交换机 S4 与 S3 之间的链路发生故障,如图 8.21 所示。交换机 S4 和 S3 将通过以下两种方法监测到该链路故障。

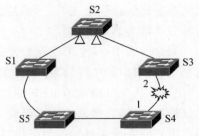

图 8.21　故障情况

- 如果该链路上存在载波信号,一旦发生故障,交换机 S4 端口 1 和交换机 S3 端口 2 将无法检测到载波信号,从而确定该链路发生故障,交换机 S4 端口 1 和交换机 S3 端口 2 成为故障端口。
- 一旦发生故障,交换机 S4 端口 1 和交换机 S3 端口 2 之间无法定期交换 hello 消息,导致这两个 REP 端口之间的邻接关系终止,从而确定该链路发生故障,交换机 S4 端口 1 和交换机 S3 端口 2 成为故障端口。

交换机 S4 端口 1 和交换机 S3 端口 2 一旦成为故障端口,这两个 REP 端口的优先级将增加一个常量,使其超过所有无故障 REP 端口的优先级值,这里,假定交换机 S4 端口 1 的优先级由 14 增加为 64,交换机 S3 端口 2 的优先级由 13 增加为 63。故障端口通过以下两种方法,将故障端口情况通报给 REP 段中的所有 REP 端口。

- 包含故障端口优先级的 BPA 通过逐个 REP 端口的中继转发,遍历 REP 段中的所有其他 REP 端口,交换机 S5 端口 1 接收到该 BPA 后,由于 BPA 中的优先级大于其优先级,将该端口状态由阻塞状态转换为转发状态,端口由备份端口转换为正常操作端口。由于包含故障端口优先级的 BPA 可能通过多个 REP 端口的中继转发,才能到达备份端口,增加了备份端口由阻塞状态转换为转发状态的时延。
- 故障端口组播一个包含故障端口优先级及其他信息的故障通知报文,该报文在用户定义的管理 VLAN 内组播,到达属于管理 VLAN 的所有端口（不仅是 REP 端口）,交换机 S5 端口 1 接收到该故障通知报文后,立即将该端口状态由阻塞状态转换为转发状态,端口由备份端口转换为正常操作端口。这种方式下,大大缩短了备份端口由阻塞状态转换为转发状态的时延。管理 VLAN 内组播故障通知报文的过程如图 8.22 所示。需要指出的是,REP 段中,所有接收到故障通知报文的 REP 端口将清空 MAC 表中通过该 REP 端口学习到的 MAC 地址项。

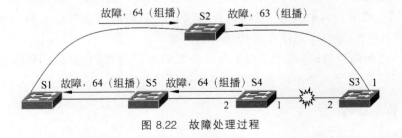

图 8.22　故障处理过程

（4）故障链路恢复过程。

一旦交换机 S4 与 S3 之间的链路恢复正常,交换机 S4 端口 1 和交换机 S3 端口 2 由故障端口转换为备份端口,两个端口的优先级恢复为正常优先级,两个端口通过交换 hello 消息建立邻接关系,建立邻接关系后,相互交换 BPA。由于交换机 S4 端口 1 的优先级为 14,大于交换机 S3 端口 2 的优先级 13,交换机 S4 端口 1 成为备份端口,交换机 S3 端口 2 转换为正常操作端口,包含交换机 S4 端口 1 的优先级的 BPA 通过逐个 REP 端口的中继转发,遍历 REP 段中的所有 REP 端口。

一种方式是一直由交换机 S4 端口 1 作为备份端口,直到新的故障链路发生;另一种方式是在故障链路恢复正常后,还是由 REP 段中优先级最高的 REP 端口作为备份端口。后一种方式称为剥夺方式。

剥夺方式下,一个边缘端口发送的结束端口公告(End Port Advertisement,EPA),通过逐个 REP 端口的中继转发,到达另一个边缘端口,该 EPA 遍历 REP 段中所有 REP 端口时,记录下优先级最高的 REP 端口。当边缘端口接收到 BPA,确定 BPA 中的优先级小于优先级最高的 REP 端口的优先级时,向优先级最高的 REP 端口发送一个 EPA,使得该 REP 端口由正常操作端口转换为备份端口,并使其端口状态由转发状态转换为阻塞状态。两个备份端口分别发送 BPA,这些 BPA 经过中继转发分别到达另一个备份端口,最终使得优先级最高的 REP 端口成为备份端口,由故障端口转换为备份端口的 REP 端口恢复为正常操作端口,其端口状态也由阻塞状态转换为转发状态。剥夺方式的好处是,当 REP 段中所有 REP 端口都能够正常工作时,固定由 REP 段中优先级最高的 REP 端口作为备份端口。

## 8.3 CIP 和 Ethernet/IP

Ethernet/IP(这里的 IP 是 Industrial Protocol 的缩写)是工业以太网与通用工业协议(CIP)的结合,CIP 作为应用层协议用于支持工业现场环境下的各种工业控制应用,同时用于实现连接在不同工业控制网络上的 CIP 结点之间的通信过程。

### 8.3.1 CIP

#### 1. 产生 CIP 的原因和 CIP 的定义

目前存在多种工业控制网络,不同的工业控制网络有着不同的性能、特性和适用场景。由于不同的工业控制网络运行不同的协议,因此,连接在不同工业控制网络上的工业设备之间无法实现相互通信。为解决这一问题,开放设备网制造商协会(Open DeviceNet Vendor Association,ODVA)推出了通用工业协议(CIP)。

CIP 是一种面向对象的、用于实现工业设备之间通信过程的协议,CIP 独立于工业控制网络,因此,可以适配于多种不同类型的工业控制网络。

#### 2. CIP 体系结构

CIP 体系结构如图 8.23 所示。CIP 适配多种不同类型的工业控制网络,如以太网、DeviceNet 等。CIP 分解为多个子层,其中连接管理和消息路由子层用于定义连接建立、消息传输和连接释放过程以及连接在不同类型工业控制网络上的两个设备之间的通信过程。

数据管理服务用于定义两种不同类型消息的传输过程,这两种不同类型的消息分别是显式消息和 I/O 消息。对象库用于定义实现 CIP 功能的一系列对象,每一类对象具体实现其中一部分 CIP 功能。工业设备描述文件用于定义该工业设备的功能、对外接口和行为等,以此使得不同厂家的工业设备之间可以相互通信。CIP 安全功能分布在数据管理服务、对象库和设备描述文件等子层。

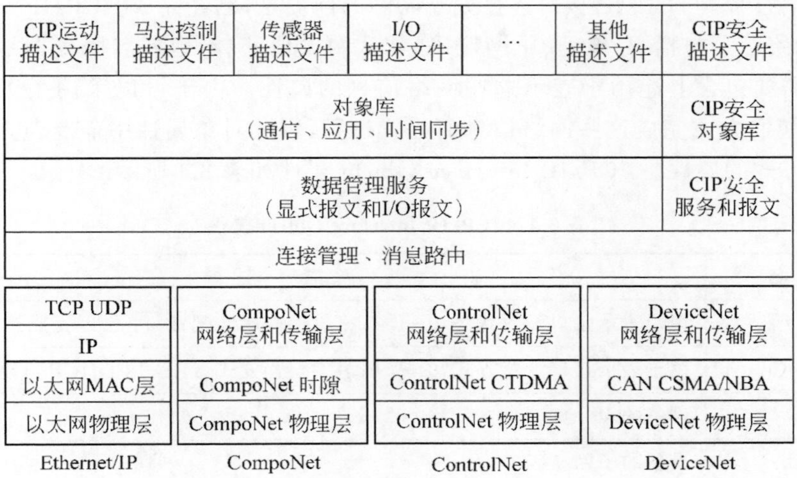

| CIP运动描述文件 | 马达控制描述文件 | 传感器描述文件 | I/O描述文件 | … | 其他描述文件 | CIP安全描述文件 |
|---|---|---|---|---|---|---|
| 对象库（通信、应用、时间同步） | | | | | | CIP安全对象库 |
| 数据管理服务（显式报文和I/O报文） | | | | | | CIP安全服务和报文 |
| 连接管理、消息路由 | | | | | | |
| TCP UDP | CompoNet网络层和传输层 | | ControlNet网络层和传输层 | | DeviceNet网络层和传输层 | |
| IP | | | | | | |
| 以太网MAC层 | CompoNet 时隙 | | ControlNet CTDMA | | CAN CSMA/NBA | |
| 以太网物理层 | CompoNet 物理层 | | ControlNet 物理层 | | DeviceNet 物理层 | |
| Ethernet/IP | CompoNet | | ControlNet | | DeviceNet | |

图 8.23　CIP 体系结构

### 3. 对象模型

对象模型是指 CIP 将结点作为对象集合的模型,且对象集合中的每一个对象是结点中某个特定构件的抽象表示。CIP 利用对象模型描述以下内容。

- 可用的通信服务套件。
- CIP 结点的外部可见行为。
- 一种用于访问和交换 CIP 产品内部信息的通用方法。

1）术语

对象模型中存在以下术语。

对象:结点中某个特定构件的抽象表示。

类:一组表示同一种类系统构件的对象的集合,类是对象泛化,某个类中的所有对象有着相同的形式和行为,但有着不同的属性值。

实例:根据类创建的特定和真实的对象,如果类为人,则具体真实的张三和李四就是两个实例。

属性:用于描述对象外部可见的特征,如果对象为人,则性别和年龄就是属性。

初始化:创建一个对象实例,实例中的属性值或者为 0,或者为定义对象时指定的默认值。

行为:对象如何动作的说明,动作是对检测到的事件的反应,检测到故障,或者某个定时器溢出等都是事件。

服务:是对象支持的功能,CIP 为每一个类定义了公共服务。

通信对象:与管理和提供显式和隐式消息传输服务相关的类。

应用对象：与实现产品对应功能相关的类。

2）对象举例

下面以描述 TCP/IP 接口的对象 TCP/IP Interface Object 为例，讨论对象的属性、服务、行为等要素。最后给出一个 TCP/IP Interface Object 实例。

TCP/IP 接口用于连接到 TCP/IP 网络（互联网）并与连接在互联网上的其他 TCP/IP 接口实现通信过程。TCP/IP 接口连接到互联网的前提是，已经完成 TCP/IP 网络信息配置过程，这些网络信息包括 IP 地址、子网掩码、默认网关地址、本地域名服务器地址等，因此，对象属性中需要包含上述用于表示这些网络信息的属性。由于可以采用手工配置方式或 DHCP 自动获取方式完成这些网络信息的配置过程，因此对象属性中需要包含用于指明网络信息配置方式的属性。TCP/IP Interface Object 属性如表 8.4 所示。

表 8.4  TCP/IP Interface Object 属性

| 属　性　名 | 描　　述 |
| --- | --- |
| Status | 用于表示接口配置状态，0：没有完成接口属性配置；1：已经完成接口属性配置 |
| Configuration Control | 用于表示接口配置方式，0：采用手工配置方式；1：采用 DHCP 自动配置方式 |
| IP Address | 设备的 IP 地址 |
| Network Mask | 设备的子网掩码 |
| Gateway Address | 设备的默认网关地址 |
| Name Server | 设备的域名服务器地址 |
| Name Server2 | 设备的备用域名服务器地址 |
| Physical Link | 与该 TCP/IP Interface 绑定的物理接口 |

TCP/IP Interface Object 支持的服务如表 8.5 所示，主要功能是设置和获取属性值。

表 8.5  TCP/IP Interface Object 支持的服务

| 服　务　名 | 描　　述 |
| --- | --- |
| Get_Attribute_All | 返回事先定义的对象属性列表中所有属性的值 |
| Set_Attribute_All | 修改所有可设置的属性 |
| Get_Attribute_Single | 返回单个指定属性的值 |
| Set_Attribute_Single | 修改单个指定属性 |

TCP/IP Interface Object 的行为如图 8.24 所示，给出 TCP/IP 接口从加电到完成网络信息配置这一过程中发生的动作以及引发这些动作的事件。

TCP/IP Interface Object 实例就是一个完成属性值设置，可以连接到互联网上的真实 TCP/IP 接口，该接口的属性值如表 8.6 所示。

表 8.6  TCP/IP Interface Object 实例

| 属　性　名 | 属　性　值 |
| --- | --- |
| Status | 1（接口属性已经完成配置） |

| 属 性 名 | 属 性 值 |
|---|---|
| Configuration Control | 0（采用手工配置方式） |
| IP Address | 192.1.1.1 |
| Network Mask | 255.255.255.0 |
| Gateway Address | 192.1.1.254 |
| Name Server | 192.1.3.3 |
| Name Server2 | 192.1.7.7（备用域名服务器地址） |
| Physical Link | FastEthernet 0/1 |

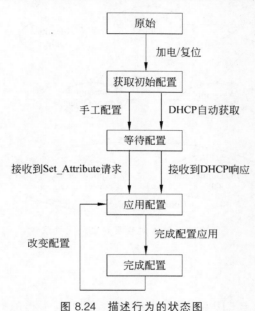

图 8.24  描述行为的状态图

3）基本对象及对象之间关系

对象库中的对象分为以下三类。

- 通用对象：几乎所有工业设备都需要具有这些对象实现的功能。
- 与应用相关的对象：每一种工业设备具有与该工业设备具体应用相关的对象。
- 与特定网络相关的对象：与 CIP 适配的网络相关的对象。

每一个 CIP 结点至少具有以下对象。

- 连接对象（Connection Object）。
- 身份对象（Identity Object）。
- 与特定网络相关的对象（Network Object）。
- 消息分发器对象（Message Router Object）。

如图 8.25 所示是某个 CIP 结点具有的基本对象及对象之间的关系。图中相关对象实现的功能如下。

身份对象（Identity Object）：该对象实现的功能是获取 CIP 结点的特征信息，如厂家标识符、设备类型、设备名、设备编码、设备序列号等。

参数对象(Parameter Object):该对象实现的功能是提供一种用于访问 CIP 结点中各种对象的属性的通用方法。

组合对象(Assembly Object):该对象实现的功能是将多个不同实例中的属性值映射到组合对象的单个属性中。该功能常用于将多个不同实例中的数据映射到单个 I/O 消息中,以此减少经过网络传输的流量。

连接对象(Connection Object):用于管理应用对象之间的通信过程。

消息分发器对象(Message Router Object):用于将显式请求消息分发给适当的处理对象。

应用对象(Application Objects):用于实现产品用途相关的特定功能。

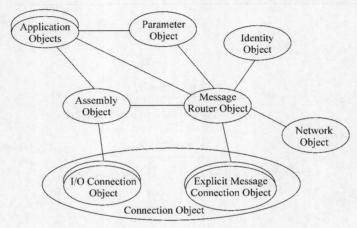

图 8.25　基本对象及对象之间关系

### 4. CIP 编址

CIP 编址需要能够确定 CIP 结点、结点中的类、属于某个类的对象实例、对象实例中的属性。由结点地址唯一标识 CIP 结点,结点地址格式与 CIP 适配的网络有关,结点地址也称为结点标识符(Node ID)。每一个结点包含多种对象,不同类型对象由类标识符(Object Class ID)唯一标识。每一类可以创建多个实例,不同实例由实例标识符(Instance ID)唯一标识。每一个实例包含多个属性,不同属性由属性标识符(Attribute ID)唯一标识。在 CIP 中唯一指定属性需要给出以下完整地址信息:[Node ID][Object Class ID][Instance ID][Attribute ID]。如[♯4][♯5][♯2][♯2]用于唯一标识图 8.26 中的结点标识符为♯4 的 CIP 结点中类标识符为♯5 的类中实例标识符为♯2 的实例中属性标识符为♯2 的属性。

### 5. 路由过程

如图 8.27 所示是实现 DeviceNet 与 Ethernet/IP 互联的网络结构,网关分别具有连接 DeviceNet 与 Ethernet/IP 的接口。连接在 DeviceNet 上的传感器可以通过 DeviceNet 实现该传感器与网关之间的通信过程。同样,网关可以通过 Ethernet/IP 实现网关与连接在 Ethernet/IP 上的控制器之间的通信过程。

实现连接在 DeviceNet 上的传感器与连接在 Ethernet/IP 上的控制器之间通信过程所

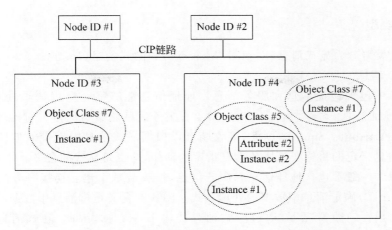

图 8.26 编址

涉及的协议转换过程如图 8.28 所示。连接在 DeviceNet 上的传感器发送给连接在 Ethernet/IP 上的控制器的 CIP 消息中给出经过的网关列表,连接在 DeviceNet 上的传感器确定网关连接 DeviceNet 的接口的地址后,通过 DeviceNet 将 CIP 消息发送给网关,经过 DeviceNet 传输的 CIP 消息最终封装成适合 DeviceNet 传输的帧格式。同样,网关通过连接 Ethernet/IP 的接口将 CIP 消息发送到 Ethernet/IP 上,经过 Ethernet/IP 传输的 CIP 消息最终封装成 MAC 帧格式。

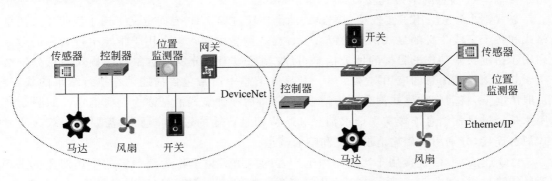

图 8.27 两种不同的 CIP 网络互联结构

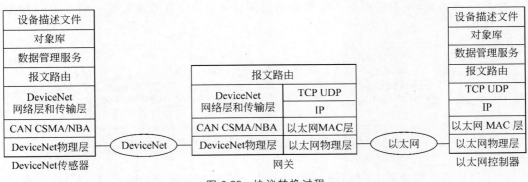

图 8.28 协议转换过程

### 6. 消息类型

CIP 消息类型分为显式消息（Explicit Message）和隐式消息（Implicit Message），隐式消息又称为 I/O 消息。

显式消息中包含地址信息和服务信息。地址信息能够唯一标识请求处理的目标，如图 8.26 中的地址信息［♯4］［♯5］［♯2］［♯2］；服务信息能够明确指定对处理目标实施的动作，如 Get_Attribute_Single。因此，接收端可以根据显式消息中携带的地址信息和服务信息对地址信息指定的目标实施服务信息指定的动作，这也是显式的含义。

隐式消息中一般不包含地址信息和服务信息，接收端基于建立连接时分配的连接标识符（Connection ID）确定消息中数据的处理方式。隐式的含义是指消息中数据的意义由连接标识符隐含给出。一般情况下，通过隐式消息传输 I/O 数据，因此，隐式消息也称为 I/O 消息。

### 7. 显式消息连接和 I/O 连接

CIP 基于连接实现应用对象之间的数据传输过程，每一条连接用连接标识符（Connection ID，CID）唯一标识，连接是单向的，用于实现连接发起端至连接目的端的通信过程。如果两端之间需要实现双向通信过程，需要分别建立对应不同传输方向的两条连接。

连接可以分为用于传输显式消息的显式消息连接（Explicit Messaging Connections）和用于传输 I/O 消息的 I/O 连接（I/O Connections）。

显式消息连接：用于实现端到端显式消息传输过程，CIP 专门定义了用于说明显式消息格式和各个字段含义的显式消息协议。一种显式消息中通常包含用于指定执行动作的命令和用于指定实施动作的目标的地址信息，接收端通过消息分发器对象将该显式消息分发给用于处理该显式消息的应用对象。另一种显式消息中通常包含描述动作执行结果的状态。一般情况下，将前一种显式消息称为请求消息，将后一种显式消息称为响应消息。如图 8.29 所示是经过显式消息连接实现请求消息和响应消息传输的过程。通常，需要建立双向的显式消息连接，分别用于传输请求消息和响应消息。

I/O 连接：I/O 连接用于实现作为生产者的应用对象至作为消费者的应用对象的 I/O 消息传输过程，如图 8.30 所示。一个生产者生成的 I/O 数据，可以同时发送给多个消费者，因此，I/O 连接用于实现单个发送者至多个接收者的 I/O 消息传输过程。I/O 消息中通常只包含 CID 和数据，接收端根据 CID 确定数据的含义。I/O 连接通常是一对一或一对多的单向连接。

图 8.29  经过显式消息连接实现显式消息传输的过程

由无连接消息管理器对象（Unconnected Message Manager Object，UCMM）完成显式消息连接的建立过程如图 8.31 所示。当设备♯1 中显式消息连接对象（Explicit Message

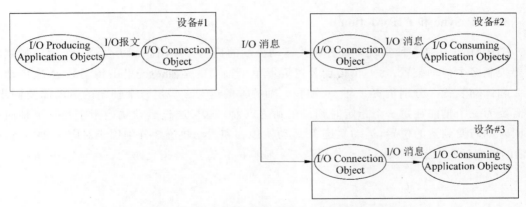

图 8.30　经过 I/O 连接实现 I/O 消息传输的过程

Connection Object)需要建立与设备＃2 中显式消息连接对象之间的显式消息连接时,向设备＃1 中的 UCMM 发出请求,设备＃1 中的 UCMM 向设备＃2 中的 UCMM 发送打开显式消息连接(Open Explicit Messaging Connection)消息,该消息中给出设备＃1 至设备＃2 显式消息连接的 CID。设备＃2 中的 UCMM 接收到打开显式消息连接消息后,向设备＃2 中的显式消息连接对象发送建立显式消息连接的请求。如果设备＃2 中的显式消息连接对象同意建立该连接,向设备＃2 中的 UCMM 发送同意建立该连接的响应。设备＃2 中的 UCMM 向设备＃1 中的 UCMM 发送打开显式消息连接消息,该消息中给出设备＃2 至设备＃1 显式消息连接的 CID。设备＃1 中的 UCMM 接收到该打开显式消息连接消息后,向设备＃1 中的显式消息连接对象发送成功建立显式消息连接的响应,完成设备＃1 显式消息连接对象与设备＃2 显式消息连接对象之间的双向显式消息连接建立过程。

图 8.31　双向显式消息连接建立过程

I/O 连接建立过程比较复杂,如图 8.32 所示是通过工具完成各个设备中 I/O 连接对象与 I/O 连接相关的配置过程后,成功建立设备＃1 I/O 连接对象至设备＃2 I/O 连接对象 I/O 连接的过程。

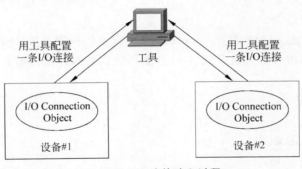

图 8.32　I/O 连接建立过程

### 8. CIP Sync 和 CIP Motion

CIP Motion 是一种实现多轴分布式运动控制的机制。如图 8.33 所示，一个运动控制器需要控制多个传动装置，每一个传动装置负责单个轴向的运动。这里由传动装置 1、传动装置 2 和传动装置 3 分别负责 $x$ 轴、$y$ 轴和 $z$ 轴的轴向运动。假定三个轴向的运动需要同步，即需要为三个轴向在每一个指定时刻指定到达位置。这里通过运动轨迹指定每一个轴向在不同时刻需要到达的位置，运动轨迹 1、运动轨迹 2 和运动轨迹 3 分别用于对应 $x$ 轴、$y$ 轴和 $z$ 轴的轴向运动轨迹，$x_i$、$y_i$ 和 $z_i$ 分别是三个轴向的位置，$t_i$ 是指定时刻（$i=1,2,\cdots,n$）。

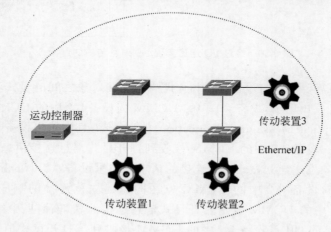

图 8.33　CIP Motion 结构图

运动轨迹 1：$\{(x_1,t_1),(x_2,t_2),\cdots,(x_n,t_n)\}$
运动轨迹 2：$\{(y_1,t_1),(y_2,t_2),\cdots,(y_n,t_n)\}$
运动轨迹 3：$\{(z_1,t_1),(z_2,t_2),\cdots,(z_n,t_n)\}$

CIP Motion 为了实现多个传动装置的同步过程，采用了以下两种方法。

(1) 时钟同步：运动控制器和多个传动装置之间通过精确时间协议（Precision Time Protocol，PTP）实现时钟同步过程。

(2) I/O 数据携带时间戳：运动控制器发送给传动装置的数据中携带时间戳，如发送给传动装置 1 的数据 $x_1$ 时，携带时间戳 $t_1$。

基于以上两种方法，只要传动装置接收数据的时间与数据携带的时间戳之间的时间差能够保证传动装置轴向运动到数据指定位置，就可实现多个传动装置之间的同步过程。

CIP 通过同步描述文件（CIP Sync Profiles）定义与时钟同步过程相关的对象模型、I/O 数据格式以及对外接口等。

CIP 通过运动描述文件（CIP Motion Profiles）定义与伺服系统和变频调速装置的力矩、速度和位置控制过程相关的对象模型、I/O 数据格式以及对外接口等。

## 8.3.2　Ethernet/IP

### 1. Ethernet/IP 定义

Ethernet/IP（Ethernet/Industrial Protocol）是一种适用于工业环境的通信系统，用于实

现工业设备之间时延敏感的应用信息的交换过程。这里的工业设备可以是简单的 I/O 设备，如传感器、执行器等，也可以是复杂的控制设备，如可编程逻辑控制器（Programmable Logic Controllers，PLC）、过程控制装置等。

Ethernet/IP 体系结构如图 8.23 中的 Ethernet/IP 部分所示，是通用的、开放的应用层协议 CIP 与广泛使用的以太网和 TCP/IP 的结合。物理层和数据链路层是以太网对应的物理层和 MAC 层，网际层是 IP，传输层是 TCP 和 UDP，应用层是 CIP。因此，Ethernet/IP 是一种通过标准以太网和 TCP/IP 技术实现 CIP 消息传输过程的通信系统。

**2. Ethernet/IP 优势**

通用的、开放的应用层协议 CIP 与广泛使用的以太网和 TCP/IP 的结合会带来以下优势。

1）共享以太网设备

以太网是目前使用非常广泛的局域网技术，大量企业都已经购买安装了以太网设备，如二层交换机、三层交换机等。Ethernet/IP 可以共享企业已经购买安装的以太网设备，以此最大程度地降低 Ethernet/IP 实施成本。

2）缩短培训时间

由于以太网已经广泛应用，大量 ICT 人员对以太网设备的安装配置过程相对比较熟悉，可以免去有关以太网部分的培训过程，因此缩短了 Ethernet/IP 的培训时间。

3）实现管理网络和 Ethernet/IP 之间的互联互通

企业大量管理网络是基于以太网的，因此，基于以太网的管理网络与基于以太网的 Ethernet/IP 之间很容易实现互联互通，以此实现两个网络的数据共享，为构建工业互联网打下基础。

4）真正实现 CIP 一对多通信过程

CIP 的 I/O 连接可以是一对多的连接，即发送端是单个生产者，接收端是多个消费者。以太网的组播功能和 IP 的组播功能的结合，可以真正实现一对多通信过程，即发送端发送的单个 I/O 消息可以到达多个接收端。

5）提高可靠性

以太网 RSTP、DLR 和 REP 等容错技术可以有效地提高 Ethernet/IP 的可靠性，实现工业设备之间 CIP 消息的可靠传输。

6）降低传输时延和时延抖动

一是以太网的传输速率已经从最早的 10Mb/s 提高到 1Gb/s 和 10Gb/s；二是以太网已经从共享式以太网发展为交换式以太网。以太网的这些进步使得以太网传输 CIP 消息产生的传输时延和时延抖动越来越小。

7）实现 Ethernet/IP 和其他工业控制网络之间的互联互通

如图 8.23 所示，CIP 不仅适配于以太网，还适配于 CompoNet、ControlNet 和 DeviceNet 等，因此，连接在 Ethernet/IP 上工业设备与连接在其他工业控制网络上的工业设备之间能够实现 CIP 消息的交换过程。

**3. CIP 消息封装过程**

CIP 消息封装过程如图 8.34 所示，CIP 消息作为 TCP/UDP 报文的净荷，TCP/UDP 报文作为 IP 分组的净荷,IP 分组作为 MAC 帧的净荷。由以太网实现 MAC 帧的传输过程。

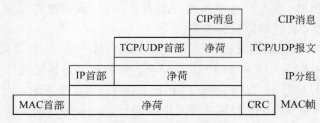

图 8.34　CIP 消息封装过程

### 4. TCP 与显式消息

显式消息连接用于建立两个 CIP 结点之间的联系,实现两个 CIP 结点之间请求消息/响应消息的传输过程。由于显式连接是建立点对点联系,因此,可以用 TCP 实现显式消息的传输过程。显式消息作为 TCP 报文的净荷。TCP 报文封装成 IP 分组,该 IP 分组的源和目的 IP 地址分别是发送该显式消息的 CIP 结点和接收该显式消息的 CIP 结点的 IP 地址。

由于 TCP 具有差错控制和拥塞控制功能,因此,经过 TCP 传输的显式消息的可靠性得到保障,但传输时延和时延抖动是不确定的。

### 5. UDP 与 I/O 消息

I/O 连接用于建立一对一或一对多的联系,即建立作为生产者的 CIP 结点和作为消费者的一个或多个 CIP 结点之间的联系。I/O 连接通常是单向的,用于实现 I/O 消息生产者至一个或多个消费者的传输过程。

由于 I/O 消息是时延敏感消息,需要尽量减少传输时延和时延抖动,而且 I/O 消息需要实现一对多传输过程,因此,I/O 消息作为 UDP 报文的净荷,UDP 报文封装成 IP 分组,当实现一对多传输过程时,该 IP 分组的目的 IP 地址是组播地址。目的 IP 地址为组播地址的 IP 分组封装成 MAC 帧时,MAC 帧的目的 MAC 地址为组播地址。IP 组播功能和以太网 MAC 层组播功能的有机结合,使得生产者发送的单个 I/O 消息可以被所有消费者接收到。

## 8.4　PROFINET

PROFINET 是一种基于工业以太网技术,在工业现场应用环境下实现实时(Real Time,RT)和等时实时(Isochronous Real Time,IRT)通信功能的通信系统。PROFINET 为了实施 RT 和 IRT 通信功能,需要在标准以太网物理层和 MAC 层提供的功能的基础上,增加用于支持 RT 和 IRT 通信的机制。

### 8.4.1　Ethernet/IP 的缺陷

#### 1. 端到端传输时间组成

从设备 A 中的应用程序 A 开始提供数据到设备 B 中的应用程序 B 完整接收数据所需

要的时间称为这两个应用程序之间的端到端传输时间,它由如图 8.35 所示的 5 部分组成。下面针对如图 8.36(a)所示的 CIP 协议栈,分析一下这 5 部分时间。

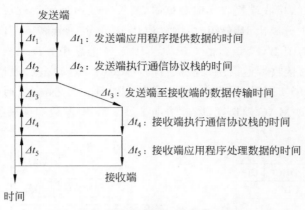

图 8.35　端到端传输时间组成

1) 发送端应用程序提供数据的时间

对于如图 8.36(a)所示的 CIP 协议栈,这段时间是 CIP 应用层协议生成 CIP 消息,并将 CIP 消息作为传输层协议的服务数据单元(Service Data Unit,SDU)提供给传输层协议所需要的时间。

2) 发送端执行通信协议栈的时间

对于如图 8.36(a)所示的 CIP 协议栈,这段时间是 CIP 应用层协议提供的 CIP 消息,经过传输层、网际层和 MAC 层各层协议实体的处理,最终封装成 MAC 帧,并将 MAC 帧提供给物理层所需要的时间。CIP 消息封装成 MAC 帧的过程如图 8.36(b)所示。

3) 发送端至接收端的数据传输时间

对于如图 8.36(a)所示的 CIP 协议栈,发送端至接收端的数据传输时间由 3 部分组成:一是 MAC 帧在 CIP 结点输出队列中排队等候的时间;二是发送端物理层发送构成 MAC 帧的二进制位流所需要的时间;三是信号从发送端传播到接收端所需要的时间。

4) 接收端执行通信协议栈的时间

对于如图 8.36(a)所示的 CIP 协议栈,这段时间包括 MAC 层从 MAC 帧中分离出 IP 分组,将 IP 分组提交给网际层。网际层从 IP 分组中分离出 TCP 或 UDP 报文,将 TCP 或 UDP 报文提交给传输层。传输层从 TCP 或 UDP 报文中分离出 CIP 消息,将 CIP 消息提交给 CIP 应用层协议所需要的时间。

5) 接收端应用程序处理数据的时间

对于如图 8.36(a)所示的 CIP 协议栈,这段时间是 CIP 应用层协议处理发送端应用程序生成的 CIP 消息所需要的时间。

**2. Ethernet/IP 端到端传输时间方面存在的缺陷**

1) 多层通信协议增加 CIP 结点处理时延

Ethernet/IP 协议栈如图 8.36(a)所示,CIP 作为应用层协议,在 CIP 与标准以太网 MAC 层和物理层之间,存在网际层 IP 和传输层 TCP/UDP。发送端发送实时数据时,需要完成由上到下逐层封装过程。如图 8.36(b)所示,由 CIP 将实时数据封装成 CIP I/O 消息,由传输层将 CIP I/O 消息封装成 UDP 报文,由网际层将 UDP 报文封装成 IP 分组,由以太网 MAC 层将 IP 分组封装成 MAC 帧。这样做,显然增加了图 8.35 中的发送端通信协议栈执行时间($\Delta t_2$)。同样,接收端接收实时数据时,需要完成由下至上逐层分离过程,由以太网 MAC 层从 MAC 帧中分离出 IP 分组,由网际层从 IP 分组中分离出 UDP 报文,由传输层从 UDP 报文中分离出 CIP I/O 消息,由 CIP 从 CIP I/O 消息中分离出实时数据。这样做,显然增加了图 8.35 中的接收端通信协议栈执行时间($\Delta t_4$)。这种多层通信协议处理、封装(或分离)PDU 过程增加了实时数据在 CIP 结点的处理时延。另外,多层通信协议封装 PDU 过程,增加了最终生成的 MAC 帧长度,因此增加了图 8.35 中发送端至接收端的数据传输时间($\Delta t_3$)。

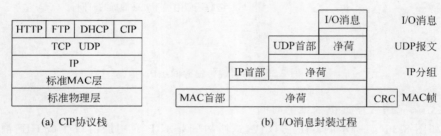

图 8.36　CIP 的多层协议层

2)实时数据传输时延存在不确定性

Ethernet/IP 通过 QoS 减少实时数据的传输时延和时延抖动。但 QoS 存在实时数据传输时延随着非实时数据流量的变化而变化的缺陷。

如图 8.37 所示,输出队列分为实时应用队列和 IT 应用队列,实时应用队列作为严格优先级队列。实时应用数据进入实时应用队列,优先输出。如果实时应用数据和 IT 应用数据到达输出队列的时间如图 8.37 所示,由于 IT 应用数据到达 IT 应用队列时,实时应用队列为空,调度器的调度结果是输出 IT 应用数据,当实时应用数据到达实时应用队列时,由于正在输出 IT 应用数据,因此,只有在当前正在输出的 IT 应用数据完成输出后,才开始输出实时应用数据,导致实时应用数据在实时应用队列中等待较长时间。随着 IT 应用数据流量的增加,发生如图 8.37 所示调度过程的概率增大,实时应用数据发送端至接收端的数据传输时间(图 8.35 中 $\Delta t_3$)也随之增加。同时,也增加了实时应用数据发送端至接收端的数据传输时间的不确定性。

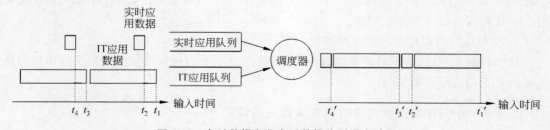

图 8.37　实时数据和非实时数据队列调度过程

Ethernet/IP 的这两个缺陷,使得 Ethernet/IP 并不适合对端到端传输时延和端到端传输时延抖动有着严格限制的应用场景。

### 8.4.2 PROFINET 结构

#### 1. 设备类型

PROFINET 中存在三种不同类型的设备,如图 8.38 所示,分别是 I/O 监视器、I/O 控制器和 I/O 设备。I/O 监视器是一种工程设备,主要功能有两个:一是用于对 I/O 控制器和 I/O 设备进行调试和诊断;二是用于对 I/O 控制器和 I/O 设备进行参数配置。I/O 控制器的功能有三个:一是对 I/O 设备进行参数配置;二是与 I/O 设备之间进行 I/O 数据交换;三是接收 I/O 设备的报警信息。I/O 设备是普通的用于完成 I/O 数据输入/输出的设备,如传感器和执行器。

#### 2. 设备间传输的数据类型

PROFINET 中三种不同类型的设备之间传输的数据类型如图 8.39 所示,分为标准数据和实时数据。标准数据主要是与完成参数配置、调试诊断过程相关的数据,也包括 I/O 设备与 I/O 控制器之间传输的非周期性数据。实时数据主要是 I/O 设备与 I/O 控制器之间传输的周期性数据、报警信息、精确透明时钟协议(Precision Transparent Clock Protocol,PTCP)报文等。标准数据封装过程与 CIP 消息封装过程相似,标准数据封装成 UDP 报文,UDP 报文封装成 IP 分组,IP 分组封装成 MAC 帧。实时数据封装过程与 CIP 不同,直接封装成 MAC 帧。PROFINET 体系结构和实时数据封装过程如图 8.40 所示。PROFINET 消除了 CIP 因为需要经过多层通信协议处理、封装(或分离)而增加的处理时延。

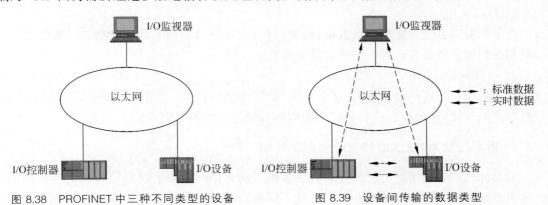

图 8.38 PROFINET 中三种不同类型的设备  图 8.39 设备间传输的数据类型

(a) PROFINET体系结构    (b) 实时数据封装过程

图 8.40 标准数据和实时数据

### 8.4.3 实时通信

#### 1. 实时通信定义

实时通信通常是指满足以下条件的通信过程。

- 对运行时间、周期时间和响应时间等参数设置上限,实际通信过程中发生的这些参数值,在各种情况下都不会超过设置的上限。
- 实际通信过程中,运行时间、周期时间和响应时间等参数值的变化范围(抖动)必须尽可能小。
- 实施同步,保证发生某些动作的时间的一致性。
- 高吞吐率,保证在指定时间单位内能够完成一定长度的数据的传输过程。数据长度可以事先定义。

#### 2. PROFINET 实现实时通信的机制

PROFINET 实现实时通信的机制如下。

1)分区

对网络分区,将实时通信区域与一般应用区域分隔开,尽量使得一般应用区域的流量过载不会影响到实时通信区域的通信性能。

PROFINET 一般将实时通信区域限制在单个以太网内,即实时数据一般不会跨路由器传输。

2)分时复用

由于实时数据通常是周期性数据,因此,可以通过分时复用为周期性数据分配时隙,使得周期性数据能够及时通过分配的时隙完成传输过程。

3)时间同步

许多动作是需要同时触发的,这就意味着这些需要同时触发动作的 I/O 设备的本地时钟必须严格一致,即这些 I/O 设备的本地时钟必须与主时钟同步。

#### 3. 周期性数据、发送时钟时间和更新时间

周期性数据是指间隔时间固定的数据序列。相邻两个数据的间隔时间称为发送间隔,也称为更新时间。各个设备的发送间隔是不同的。为了更好地表示各个设备的发送间隔,引入以下时间概念。

将 $31.25\mu s$ 作为基本时间单位。将基本时间单位与发送时钟因子的乘积作为发送时钟时间,即发送时钟时间 = 基本时间单位×发送时钟因子,发送时钟因子的范围为 $1\sim128$。当发送时钟因子为 32 时,发送时钟时间 = $0.031\,25\times32=1ms$。发送时钟时间与基本时间单位之间的关系如图 8.41 所示。

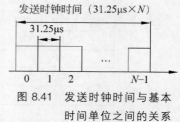

图 8.41 发送时钟时间与基本时间单位之间的关系

为了表示各个设备周期性数据的间隔时间(更新时间),选择发送时钟时间,且使得设备 $i$ 的更新时间$_i$ = 发送时钟时间×减速比$_i$。

如图 8.42 所示,系统中存在 4 个设备,分别是设备 A、B、C 和 D,其中,设备 A 的更新时间为 1ms,设备 B 和 C 的更新时间为 2ms,设备 D 的更新时间为 4ms。选择发送时钟时间为 1ms,使得设备 A 的更新时间＝发送时钟时间×1,设备 B 和 C 的更新时间＝发送时钟时间×2,设备 D 的更新时间＝发送时钟时间×4。这里,设备 A、B、C 和 D 对应的减速比分别为 1、2、2 和 4。减速比的取值范围为 $2^n(n=0,1,\cdots,14)$。

设备 A 对应的减速比为 1,表示每 1 个发送时钟时间产生 1 个数据,即每 1 个发送时钟时间需要传输 1 个数据。设备 B 对应的减速比为 2,表明每 2 个发送时钟时间产生 1 个数据,即每 2 个发送时钟时间需要传输 1 个数据。同样,对于设备 D,每 4 个发送时钟时间需要传输 1 个数据。

设备利用发送时钟时间发送数据时,需要确定发送数据的时间相对发送时钟时间起始位置的偏移。如图 8.42 所示,设备 A 发送数据的时间与发送时钟时间的起始位置一致。设备 B 发送数据的时间相对发送时钟时间起始位置存在一定偏移,这个偏移等于设备 A 完成数据发送所需要的时间。如果减速比大于 1,需要确定发送数据的发送时钟时间,如图 8.42 所示,设备 B 和设备 C 都以两个发送时钟时间为数据发送间隔,设备 B 在前一个发送时钟时间发送数据,设备 C 在后一个发送时钟时间发送数据,这样分配的目的,是为了更好地提高设备的数据传输性能。

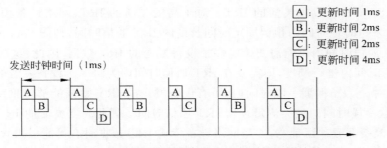

图 8.42　发送时钟时间与设备更新时间之间关系

### 4. 实时数据分类

PROFINET 将实时数据分为三类,分别是实时类型 1(RT_CLASS_1)、实时类型 2(RT_CLASS_2)和实时类型 3(RT_CLASS_3)。

分类实时数据的指标主要是更新时间和传输时延抖动,RT_CLASS_1 的更新时间范围大致为 2～8ms,RT_CLASS_2 的更新时间范围大致为 1～2ms,RT_CLASS_3 的更新时间＜1ms。RT_CLASS_2 和 RT_CLASS_3 的时延抖动应该＜1μs。RT_CLASS_1 称为实时数据(RT),标准以太网可以传输 RT_CLASS_1。RT_CLASS_2 和 RT_CLASS_3 称为等时实时数据(IRT),标准以太网不能支持 IRT,PROFINET 中的以太网设备需要通过专用支持芯片 ERTEC 实现 IRT 数据传输过程。

### 5. 时隙和时分复用

为了保证 IRT 数据的服务质量(QoS),网络设备采用时分复用技术,需要为 IRT 预留时隙。如图 8.43 所示,网络设备以发送时钟时间为间隔划分时间。每一个发送时钟时间内又分为 IRT 通信时间和开放通信时间,IRT 通信时间只用于传输 IRT 数据,开放通信时间可以传输 RT 数据和 TCP/IP 数据。

假定发送时钟时间为 $t_{SCT}$ ，IRT 通信时间为 $t_{IRT}$ ，开放通信时间为 $t_{OPEN}$ ，则为 IRT 数据预留的带宽比例为 $t_{IRT}/t_{SCT}$ ，为 RT 数据和 TCP/IP 数据预留的带宽比例为 $t_{OPEN}/t_{SCT}$ 。

时分复用和为 IRT 数据预留时隙（IRT 通信时间），使得 RT 数据和 TCP/IP 数据的流量变化不会对 IRT 数据的传输时延和时延抖动产生影响。但 TCP/IP 数据的流量变化会对 RT 数据的传输时延和时延抖动产生影响。

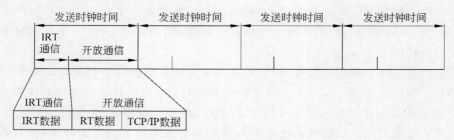

图 8.43　时分复用和时隙

### 6. 高度灵活的 IRT 和高性能 IRT

RT_CLASS_2 称为高度灵活的 IRT。对于高度灵活的 IRT，网络设备预留固定带宽，即网络设备在发送时钟时间内预留固定时间长度的 IRT 通信时间，如图 8.44 所示。由于网络设备的 IRT 通信时间内可能需要传输多个设备发送的 IRT 数据，因此，这些 IRT 数据需要在 IRT 通信时间内进行调度，即需要在 IRT 通信时间内为每一个设备发送的 IRT 数据分配对应的时间片。为了保证一段时间内，所有设备发送的 IRT 数据能够被网络设备及时传输，需要按照这一段时间的最大流量预留 IRT 通信时间。因此高度灵活的 IRT 存在以下缺陷：一是可能浪费部分预留带宽；二是网络设备传输 IRT 数据时有可能引入等待时延。

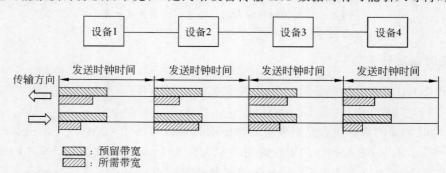

图 8.44　高度灵活的 IRT

RT_CLASS_3 称为高性能 IRT。与高度灵活的 IRT 不同，对于任何两个设备之间的高性能 IRT 数据的传输过程，确定源和目的设备之间的传输路径，从源设备开始发送高性能 IRT 数据起，精确计算出到达传输路径经过的每一个网络设备的时间，以及该网络设备传输该 IRT 数据需要的时间，在该网络设备中为该 IRT 数据预留一段时间，该段时间的起始时间是精确计算出的该 IRT 数据到达该网络设备的时间，该段时间的时间长度是该网络设备传输该 IRT 数据需要的时间。高性能 IRT 预留带宽的过程如图 8.45 所示。高性能 IRT 一是不会浪费网络设备预留的带宽；二是 IRT 数据经过各个网络设备传输时，不会引入等待时延。

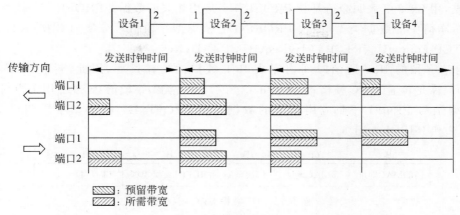

图 8.45　高性能的 IRT

实际 PROFINET 中存在中心控制器和中心控制软件，用户需要配置所有 IRT 数据的源和目的设备的参数、源和目的设备之间的传输路径及相关参数，以便中心控制器和中心控制软件能够计算出每一个 IRT 数据到达源和目的设备之间传输路径中每一个网络设备的时间以及该网络设备传输该 IRT 数据所需要的时间，在每一个网络设备中为所有 IRT 数据精确预留通信时间。中心控制器和中心控制软件可以由 I/O 监视器或 I/O 控制器承担。

**7. PTCP**

PROFINET 实现 IRT 数据传输的前提是完成 I/O 监视器、I/O 控制器和 I/O 设备之间的时间同步，实现时间同步的协议是精确透明时钟协议（PTCP）。PTCP 的工作机制与 8.2.1 节中讨论的 PTP 相同，但 PROFINET 直接将 PTCP 消息封装成 MAC 帧，这样做的好处是减少了传输层和网际层的处理、封装（分离）过程，使得 PTCP 消息携带的时间戳的精确度更高。坏处是 PROFINET 的时间同步域只能是单个以太网，即时间同步域不能跨路由器。

**8. 封装实时数据的 MAC 帧格式**

实时数据（RT）、PTCP 消息等直接封装成 MAC 帧，如图 8.46 所示。由于这些 MAC 帧与其他 TCP/IP 数据一起在开放通信时间内完成传输过程，为了尽可能减少这些 MAC 帧的传输时延，需要在开放通信时间尽量为这些 MAC 帧提供较好的服务质量（QoS）。

| 6B | 6B | 2B | 2B | 2B | 2B | ≥40B | 4B |
|---|---|---|---|---|---|---|---|
| 目的MAC地址 | 源MAC地址 | MAC帧类型 | VLAN TPID | 协议类型 | PROFINET 帧类型 | 实时数据 | FCS |

图 8.46　RT 数据 MAC 帧格式

MAC 帧 802.1q 帧格式中增加了 3 位优先级字段，可以将 MAC 帧的优先级分为 8 级（0～7），优先级值越大优先级越高。如图 8.46 所示，由于封装实时数据和 PTCP 消息的 MAC 帧是 802.1q 帧格式，因此 MAC 帧类型字段值为 0x8100，表明该 MAC 帧是 802.1q 帧格式。VLAN TPID 字段中包含 3 位优先级,实时数据的优先级为 6,PTCP 消息的优先级为 7。协议类型用于指明净荷数据类型,由于实时数据和 PTCP 都是与 PROFINET 应用相关的数据,用 0x8892 表明净荷是与 PROFINET 应用相关的数据。PROFINET 帧类型用于具体表示净荷中的数据类型,即用 PROFINET 帧类型字段值区分实时数据(RT)、PTCP Sync、PTCP FollowUp、PTCP DelayReq、PTCP DelayResp 等。

由于在预留的 IRT 通信时间内完成 IRT 数据的传输过程,因此,封装 IRT 数据的 MAC 帧只需是普通 MAC 帧格式,如图 8.47 所示,协议类型字段值 0x8892 用于指明净荷的数据类型是与 PROFINET 应用相关的数据。用 PROFINET 帧类型字段值区分 RT_CLASS_2 和 RT_CLASS_3。

| 6B | 6B | 2B | 2B | ≥44B | 4B |
|---|---|---|---|---|---|
| 目的MAC地址 | 源MAC地址 | 协议类型 | PROFINET帧类型 | 实时数据 | FCS |

图 8.47　IRT 数据 MAC 帧格式

### 8.4.4　组态与 DCP

#### 1. 组态

对 PROFINET 组态是指用专用组态软件完成 PROFINET I/O 系统规划、设计、参数配置等的过程。对 PROFINET 组态中,需要通过专用软件完成以下工作。

- 创建一个 PROFINET I/O 系统。
- 导入 I/O 设备。
- 建立 I/O 设备与该 PROFINET I/O 系统之间的关联。
- 建立 I/O 控制器与该 PROFINET I/O 系统之间的关联。
- 完成与该 PROFINET I/O 系统相关信息的配置过程,如网络拓扑结构、发送时钟时间等。
- 完成同步域配置过程,如主时钟、从时钟等。
- 完成 I/O 控制器 IP 地址配置过程。
- 完成 I/O 设备设备名称配置过程。

专用组态软件一般运行在 I/O 监视器上,即用户通过 I/O 监视器完成对 PROFINET 组态。

#### 2. 从组态到系统启动的过程

用户通过在 I/O 监视器上运行的专用组态软件完成对 PROFINET 组态后,由 I/O 监视器根据组态结果开始对 I/O 控制器和 I/O 设备的配置过程,如图 8.48 所示。

首先由 I/O 监视器对 I/O 控制器分配 IP 地址、对 I/O 设备分配设备名称,将组态中生成的信息(如发送时钟时间、各个 I/O 设备的更新时间、各个 I/O 设备的设备名称、IRT 数据传输技术等)下载给 I/O 控制器。需要说明的是,每一个 I/O 设备至少与一个 I/O 控制器建立关联,对每一个 I/O 控制器下载的组态生成的信息中只包含与该 I/O 控制器建立关联的 I/O 设备的信息。

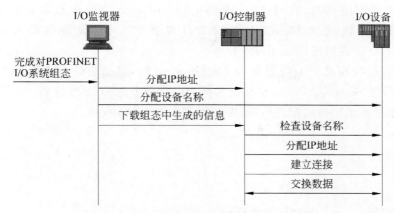

图 8.48　从组态到系统启动的过程

然后由 I/O 控制器检查与其建立关联的 I/O 设备的设备名称,为这些 I/O 设备分配 IP 地址,建立与这些 I/O 设备之间的连接,通过建立的连接实现与这些 I/O 设备之间的数据交换过程。

**3. DCP**

无论在组态中,还是在完成对 PROFINET 组态后,由 I/O 监视器根据组态结果对 I/O 控制器和 I/O 设备进行的配置过程中,都会使用发现和基本配置协议(Discovery and basic Configuration Protocol,DCP)。DCP 包含以下消息。

1) 识别请求(IdentifyReq)和识别响应(IdentifyResp)

识别请求和识别响应消息用于在网络中发现所有连接在该网络上的结点或特定设备名称指定的结点,并获取结点已经具有的信息。组态时,I/O 监视器广播没有指定设备名称的 IdentifyReq,网络中所有接收到该 IdentifyReq 的结点向 I/O 监视器回送一个 IdentifyResp,IdentifyResp 中给出该结点已经具有的信息,I/O 监视器因此形成结点列表。

2) 设置请求(SetReq)和设置响应(SetResp)

一个结点可以通过设置请求和设置响应消息完成对另一个结点特定参数的配置过程。如 I/O 控制器需要为某个 I/O 设备配置 IP 地址时,向该 I/O 设备发送 SetReq,SetReq 中给出为该 I/O 设备分配的 IP 地址,该 I/O 设备接收到该 SetReq 后,完成 IP 地址配置,并向 I/O 控制器回送 SetResp,SetResp 中给出 IP 地址的配置结果状态。

3) 获取请求(GetReq)和获取响应(GetResp)

一个结点可以通过获取请求和获取响应消息获取另一个结点特定参数的值。如 I/O 控制器需要获取某个 I/O 设备的设备名称时,向该 I/O 设备发送 GetReq,GetReq 中给出需要获取的参数名称(这里是设备名称),该 I/O 设备接收到该 GetReq 后,向 I/O 控制器回送 GetResp,GetResp 中给出该 I/O 设备的设备名称,如 CLASS_A_ transducer。

4) DCP 操作实例

DCP 操作实例如图 8.49 所示。如果 I/O 控制器需要为设备名称为 CLASS_A_ transducer 的 I/O 设备配置 IP

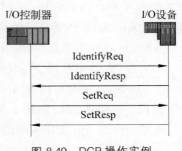

图 8.49　DCP 操作实例

地址、子网掩码等网络信息，广播 IdentifyReq，IdentifyReq 中包含设备名称 CLASS_A_ transducer。所有接收到该 IdentifyReq 的 I/O 设备中，只有设备名称为 CLASS_A_ transducer 的 I/O 设备回送 IdentifyResp。

I/O 控制器接收到某个 I/O 设备的 IdentifyResp 后，以该 I/O 设备的 MAC 地址为目的 MAC 地址发送 SetReq，SetReq 中给出为该 I/O 设备分配的 IP 地址和子网掩码。该 I/O 设备完成 IP 地址和子网掩码配置后，向 I/O 控制器回送 SetResp。

## 本章小结

- 工业物联网是指工业领域的物联网。
- 工业物联网一是需要采用工业以太网这样的标准化网络来连接海量的工业设备，二是需要采用基于 IP 的数据传输技术。
- 时钟同步、时间确定性和可靠性是工业物联网的性能要求。
- PTP、QoS、DLR 或 REP 分别是用于实现同步性、确定性和可靠性的技术。
- Ethernet/IP 是一种通过工业以太网与 CIP 的结合，使其适用于工业环境的通信系统。
- PROFINET 是一种基于工业以太网技术，在工业现场应用环境下实现实时和等时实时通信功能的通信系统。
- 与 Ethernet/IP 不同，PROFINET 需要在标准以太网物理层和 MAC 层提供的功能的基础上，增加用于支持 RT 和 IRT 通信的机制。

## 习题

8.1  简述工业互联网、工业物联网和工业以太网之间的区别和关系。

8.2  简述工业互联网是智能制造的基础的理由。

8.3  简述工业以太网三种实时、同步和可靠性实现机制。

8.4  简述 PTP 域内三类时钟结点的特点。

8.5  简述 BMCA 建立如图 8.5(b) 所示的时钟结点之间关系的过程。

8.6  简述通过 PTP 实现主接口与从接口之间时钟同步的过程。

8.7  假定存在 4 个队列，分别是队列 1~4，这 4 个队列对应的权重分别是 1、2、2 和 3，如果队列 1 中有 3 个分组，队列 2 中有 4 个分组，队列 3 中有 5 个分组，队列 4 中有 6 个分组，给出采用 SRR 调度策略的调度器的调度结果。

8.8  对应如图 8.15 所示的 DLR 结构，简述将环状结构转换为逻辑树状结构的过程。

8.9  对应如图 8.16 所示的故障情况，简述 DLR 故障处理过程。

8.10  对应如图 8.18 所示的 REP 环，简述确定备份端口过程。

8.11  对应如图 8.21 所示的故障情况，简述剥夺方式下，故障链路恢复过程。

8.12  简述产生 CIP 的原因。

8.13  简述 Ethernet/IP 的实时、同步和可靠性实现机制。

8.14 简述属性、服务和行为等对象要素的含义。

8.15 简述 PROFINET 和 Ethernet/IP 之间的区别。

8.16 简述 PROFINET 等时实时通信实现机制。

8.17 简述高度灵活的 IRT 和高性能的 IRT 之间的区别。

8.18 简述 PROFINET 组态的含义。

8.19 简述 DCP 在 PROFINET 组态中的作用。

# 第9章 物联网安全

由于物联网传输、存储和处理的数据的重要性,物联网安全有着特别重要的意义。物联网安全机制包含接入网安全机制、端到端数据传输安全机制、工业以太网安全机制和数据访问安全机制等。

## 9.1 物联网安全概论

物联网的应用领域极其广泛,使得物联网安全既十分重要,又非常复杂。

### 9.1.1 物联网安全特点

由于物联网的特殊性,尤其是工业物联网的广泛应用,使得物联网安全成为非常重要的问题。

**1. 物联网数据的重要性**

物联网的前端设备通常是传感器和执行器,传感器感知到的数据往往是某个对象的物理特征和该对象所处环境的状态。发送给执行器的数据通常是指定执行器完成的动作的命令。因此,需要特别重视物联网数据的保密性、完整性和可用性。

**2. 工业物联网**

监视控制与数据采集(SCADA)系统或工业自动化和控制系统(IACS)本是相对独立的系统,与互联网物理隔离。但工业物联网的出现,尤其是工业互联网的出现,使得监视控制与数据采集系统或工业自动化和控制系统与互联网实现互联。因此,黑客可以通过互联网对监视控制与数据采集系统或工业自动化和控制系统实施攻击,这种攻击行为一旦得逞,会产生巨大的破坏力。因此,在工业物联网时代,保障监视控制与数据采集系统或工业自动化和控制系统的安全性是十分紧迫和必要的。

### 9.1.2 物联网安全问题

物联网面临身份欺骗、篡改数据、抵赖、信息泄露、拒绝服务攻击和权限提升等安全问题。

**1. 身份欺骗**

物联网需要对前端设备的身份进行鉴别,只允许授权设备与云平台交换数据。身份欺骗是指非授权设备冒用授权设备的身份信息通过云平台身份鉴别的过程。如非授权设备窃取授权设备的用户名和口令,并利用该用户名和口令通过云平台的身份鉴别。

### 2. 篡改数据

篡改数据是指非法改变经过网络传输的数据和存储在数据中心中的数据的过程。如非法拦截并改变经过接入网传输的数据,非法入侵云平台中的数据中心并改变存储在数据中心中的数据。

### 3. 抵赖

抵赖是指否认曾经完成的操作或所做的承诺的过程。如某个用户否认曾经通过发出指令让特定执行器完成了某个动作。

### 4. 信息泄露

信息泄露是指非授权用户非法访问经过网络传输的数据,或存储在数据中心中的数据的过程。如非授权用户非法访问到存储在数据中心中的数据。

### 5. 拒绝服务攻击

拒绝服务攻击是指通过耗尽网络链路带宽或数据中心资源,使得合法用户无法经过网络传输数据或访问数据中心的过程。如通过 SYS 泛洪攻击耗尽服务器 TCP 会话表资源,使得合法用户无法与该服务器建立 TCP 连接。

### 6. 权限提升

权限提升是指非授权访问核心资源的用户,非法获得核心资源访问权限,并通过修改或删除核心资源导致系统崩溃的过程。如黑客通过存储器溢出攻击获取了管理员权限,通过删除注册表中的重要项或重要系统文件,导致系统崩溃。

## 9.1.3　物联网安全机制

### 1. 物联网系统结构

物联网系统结构如图 9.1 所示,安全机制主要分为以下几种:一是 Bluetooth LE、ZigBee、802.11ah、LoRa 和 NB-IoT 等接入网的安全机制;二是实现 MQTT 和 CoAP 等应用层消息端到端安全传输的安全机制;三是 Ethernet/IP 和 PROFINET 等工业以太网的安全机制;四是保障云平台数据安全的安全机制。

### 2. 接入网安全机制

Bluetooth LE、ZigBee、802.11ah、LoRa 和 NB-IoT 等接入网的安全机制主要包括身份鉴别、加密和完整性检测。由于这些网络都是无线传输网络,因此,需要通过身份鉴别证实源端和目的端的合法性,通过加密源端与目的端之间传输的数据实现保密性,通过为源端与目的端之间传输的数据计算消息认证码实现完整性。

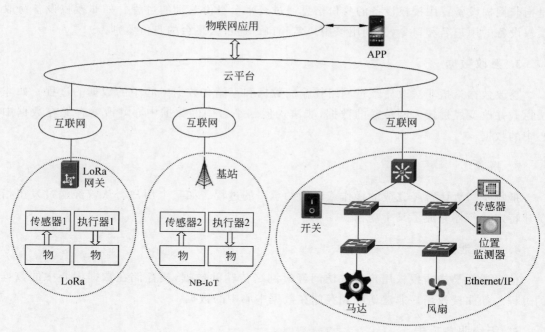

图 9.1　物联网系统结构

### 3. 应用层端到端安全机制

应用层协议本身提供的安全功能非常有限,根据应用层协议对应的传输层协议,分别通过传输层安全(Transport Layer Security,TLS)协议或数据包传输层安全(Datagram Transport Layer Security,DTLS)协议实现应用层端到端安全功能。TLS 针对传输层使用 TCP 的应用层协议,如 MQTT。DTLS 针对传输层使用 UDP 的应用层协议,如 CoAP。

### 4. 工业以太网安全机制

Ethernet/IP 应用层采用 CIP,CIP 显式消息和隐式消息分别使用 TCP 和 UDP 传输层协议,因此,通过 TLS 实现 CIP 显式消息的端到端安全传输过程,通过 DTLS 实现 CIP 隐式消息的端到端安全传输过程。

由于每一个 PROFINET 是相对封闭的区域,因此,PROFINET 安全机制主要包括以下三个方面:一是通过防火墙防止外部网络用户对 PROFINET 的非法访问;二是通过虚拟专用网络(Virtual Private Network,VPN)技术实现 PROFINET 之间的安全通信;三是通过网络地址转换(Network Address Translation,NAT)实现分配私有 IP 地址的 PROFINET 与外部网络之间的通信过程。

### 5. 数据访问安全机制

数据访问安全机制主要实现对云平台中数据的安全访问。针对云平台的特殊性,采用零信任网络访问这样的安全策略,并通过软件定义边界(Software Defined Perimeter,SDP)实现云平台数据的安全访问过程。

## 9.2　接入网安全机制

物联网常见的接入网有 Bluetooth LE、ZigBee、802.11ah、LoRa 和 NB-IoT 等,安全机制主要包括双向身份鉴别、数据加密和数据完整性检测等。

### 9.2.1　Bluetooth LE 安全机制

Bluetooth LE 通过配对完成双向身份鉴别、密钥生成等过程。

**1. 配对特征**

1) 设备的 I/O 能力

设备的 I/O 能力决定设备可以选择的配对方法。设备的 I/O 能力是指设备的输入(Input)和输出(Output)能力。

(1) 设备的输入能力。

设备的输入能力包括没有输入(No Input)、yes 和 no 输入(yes/no)、键盘输入(Keyboard)等能力。

没有输入是指该设备不具备任何输入功能。

yes 和 no 输入是指该设备具有 yes 和 no 按钮,通过这两个按钮,用户可以输入确认(yes)或否认(no)信息。

键盘输入是指该设备配备键盘,键盘中具有数字 0～9 对应的键与 yes 和 no 对应的按钮,可以输入任意数字串与确认(yes)或否认(no)信息。

(2) 设备的输出能力。

设备的输出能力包括没有输出(No Output)、数字输出(Numeric Output)等能力。

没有输出是指该设备不具备任何输出功能。

数字输出是指该设备能够显示任意 6 位十进制数字串。

设备的 I/O 能力是设备输入能力和输出能力的组合,如表 9.1 所示。

表 9.1　设备输入/输出能力组合

| 设备输入能力 | 设备输出能力 | |
| --- | --- | --- |
| | 没有输出(**No Output**) | 数字输出(**Numeric Output**) |
| 没有输入(No Input) | NoInputNoOutput | DisplayOnly |
| yes 和 no 输入(yes/no) | NoInputNoOutput | DisplayYesNo |
| 键盘输入(Keyboard) | KeyboardOnly | KeyboardDisplay |

NoInputNoOutput 是指没有输入和输出能力。这里需要说明的是,yes 和 no 对应的按钮只是用于对显示信息的确认或否认,因此,如果该设备没有显示功能,yes 和 no 对应的按钮是无法作用的。

KeyboardOnly 是指只能通过键盘输入任意十进制数字串。

DisplayOnly 是指只能显示任意 6 位十进制数字串。

DisplayYesNo 是指不仅可以显示任意 6 位十进制数字串,还可以通过 yes 和 no 对应的按钮对显示的信息予以确认或否认。

KeyboardDisplay 是指同时具有显示任意 6 位十进制数字串和通过键盘输入任意十进制数字串的功能,且可以通过 yes 和 no 对应的按钮对显示的信息予以确认或否认。

2)配对方法

配对是指授权建立关联的两个设备之间建立关联的过程。配对方法是指验证两个设备是否是授权建立关联的设备的方法。配对方法与设备的 I/O 能力有关,包括数字比较(Numeric Comparison)、只工作(Just Works)、带外(Out of Band)和密钥输入(Passkey Entry)4 种。

(1)数字比较。

数字比较配对方法用于配对的两个设备都具备显示功能与 yes 和 no 输入能力的情况。采用数字比较配对方法,两个设备会显示 6 位十进制数字串,用户可以通过 yes 和 no 对应的按钮对显示的信息予以确认或否认。当两个设备的用户都通过 yes 对应的按钮对显示的信息予以确认时,配对过程才成功完成。一般情况下,当两个设备显示相同的 6 位十进制数字串,且两个设备的用户通过 yes 对应的按钮予以确认时,两个设备之间的配对过程才成功完成。需要强调的是,显示的 6 位十进制数字串不是用户输入的,而且,知道显示的 6 位十进制数字串不会对解密两个设备之间传输的加密数据有任何帮助。

(2)只工作。

只工作配对方法用于配对的两个设备中其中一个设备既不具备显示功能,又不具备通过键盘输入任意十进制数字串的能力的情况,如手机与蓝牙耳机之间完成配对过程的情况。

只工作的配对过程与数字比较的配对过程基本相同,只是缺少了数字比较配对过程中两个设备向用户显示相同的 6 位十进制数字串,且两个设备的用户通过 yes 对应的按钮予以确认的步骤。根据设备的不同,设备确认配对过程继续进行的方式也不同,如设备可以通过语音提示让设备用户知晓配对过程中生成的 6 位十进制数字串,通过用户的语音回答确认配对过程继续进行。

与数字比较配对方法相同,知道生成的 6 位十进制数字串不会对解密两个设备之间传输的加密数据有任何帮助。

(3)带外。

带外配对方法用于配对的两个蓝牙设备具有蓝牙以外的通信机制,且可以利用该通信机制完成设备发现和配对过程所需的机密信息交换过程的情况。近场通信(Near Field Communication,NFC)是目前最常见的蓝牙设备具有的蓝牙以外的通信机制。

带外配对方法利用带外通信机制完成配对过程所需的机密信息交换过程的安全性要高于蓝牙通信机制的安全性。

(4)密钥输入。

密钥输入配对方法用于配对的两个设备中其中一个设备具备显示功能,另一个设备不具备显示功能但具有通过键盘输入任意十进制数字串的能力的情况。

一个设备显示 6 位十进制数字串,要求另一个设备的用户通过键盘输入相同的 6 位十进制数字串。如果一个设备显示的 6 位十进制数字串与另一个设备输入的 6 位十进制数字串相同,两个设备成功完成配对过程。

与数字比较配对方法相同,知道显示或输入的 6 位十进制数字串不会对解密两个设备之间传输的加密数据有任何帮助。

**2. 配对过程**

下面以数字比较配对方法为例,讨论两个设备的配对过程。

1) 交换配对特征

配对过程的第一步,是两个设备通过交换配对特征,确定双方的 I/O 能力和根据 I/O 能力选择的配对方法。发起配对过程的设备(发起设备)向响应配对过程的设备(响应设备)发送配对请求,配对请求中给出发起设备的 I/O 能力。响应设备向发起设备发送配对响应,配对响应中给出响应设备的 I/O 能力,两个设备根据双方的 I/O 能力选择对应的配对方法。两个设备交换配对特征的过程如图 9.2 所示。

2) 交换公钥

Bluetooth LE 建立安全连接时,采用椭圆曲线迪菲-赫尔曼密钥交换(Elliptic Curve Diffie-Hellman,ECDH)机制,该机制交换公钥过程如图 9.2 所示。发起设备生成公钥 $PK_I$ 和私钥 $SK_I$,并将公钥 $PK_I$ 发送给对方。响应设备生成公钥 $PK_R$ 和私钥 $SK_R$,并将公钥 $PK_R$ 发送给对方。每一个设备根据对方的公钥和自己的私钥计算出密钥 $DH_{Key}$。发起设备的密钥 $DH_{Key} = P256(SK_I, PK_R)$,响应设备的密钥 $DH_{Key} = P256(SK_R, PK_I)$。发起设备的密钥 $DH_{Key} =$ 响应设备的密钥 $DH_{Key}$。

3) 鉴别阶段 1

鉴别阶段 1 的主要任务是验证发起设备和响应设备向对方传输的公钥的完整性。鉴别阶段 1 交换鉴别信息的过程如图 9.2 所示。发起设备生成随机数 $N_I$,响应设备生成随机数 $N_R$。响应设备计算出承诺值 $CR = f_1(PK_I, PK_R, N_R, 0)$,函数 $f_1$ 是单向函数。响应设备向发起设备发送 CR。然后,两个设备相互交换各自生成的随机数。发起设备重新计算 $f_1(PK_I, PK_R, N_R, 0)$,并将计算结果与响应设备发送的 CR 进行比较,如果相等,表明发起设备和响应设备各自生成的公钥在发起设备与响应设备之间的交换过程中没有被篡改。

发起设备和响应设备根据双方的公钥和随机数计算验证值 $= g(PK_I, PK_R, N_I, N_R)$,验证值是 6 位十进制数字。两个设备显示各自计算出的验证值,如果用户确认两个设备显示的验证值相同,通过 yes 对应的按钮予以确认。当两个设备显示的验证值都得到确认时,表明发起设备和响应设备各自生成的公钥和随机数在发起设备与响应设备之间的交换过程中没有被篡改,继续配对过程。否则终止配对过程。

在计算承诺值的公式中加入随机数是为了避免重复攻击。

4) 鉴别阶段 2

鉴别阶段 2 的主要任务是验证已经交换的信息的完整性。如图 9.2 所示,进入鉴别阶段 2 时,发起设备与响应设备之间已经交换的信息包括双方的 I/O 能力、公钥和随机数。交换信息过程中,双方各自获取对方的蓝牙地址。因此,验证已经交换的信息的完整性,需要验证双方获取的对方的 I/O 能力、公钥、随机数和蓝牙地址的完整性。因此,发起设备计算证实值 $EI = f_3(DH_{Key}, N_I, N_R, 0, IO_I, I, R)$,其中,$DH_{Key}$ 是根据响应设备发送的公钥 $PK_R$ 和自己的私钥 $SK_I$ 计算出的密钥,$IO_I$ 是发起设备的 I/O 能力,$I$ 和 $R$ 分别是发起设备和响应设备的蓝牙地址。发起设备将 EI 发送给响应设备,响应设备根据已经完成的信息交换过程获取的相关信息重新计算 $f_3(DH_{Key}, N_I, N_R, 0, IO_I, I, R)$,这里的 $DH_{Key}$ 是根据发起设备发

送的公钥 $PK_I$ 和自己的私钥 $SK_R$ 计算出的密钥。如果计算结果与发起设备发送的 EI 相等，继续配对过程，否则终止配对过程。

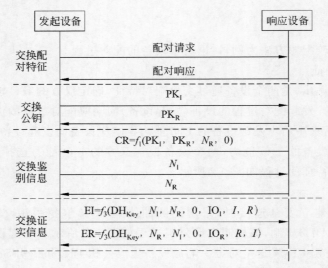

图 9.2　配对过程中信息交换过程

响应设备计算证实值 $ER=f_3(DH_{Key},N_R,N_I,0,IO_R,R,I)$，其中，$DH_{Key}$ 是根据发起设备发送的公钥 $PK_I$ 和自己的私钥 $SK_R$ 计算出的密钥，$IO_R$ 是响应设备的 I/O 能力，$R$ 和 $I$ 分别是响应设备和发起设备的蓝牙地址。响应设备将 ER 发送给发起设备，发起设备根据已经完成的信息交换过程获取的相关信息重新计算 $f_3(DH_{Key},N_R,N_I,0,IO_R,R,I)$，这里的 $DH_{Key}$ 是根据响应设备发送的公钥 $PK_R$ 和自己的私钥 $SK_I$ 计算出的密钥。如果计算结果与响应设备发送的 ER 相等，继续配对过程，否则终止配对过程。

5）计算链路密钥

双方成功完成鉴别阶段 2 后，各自计算链路密钥，通过链路密钥导出用于加密双方之间传输的数据的加密密钥和用于计算消息认证码（Message Authentication Code，MAC）的 MAC 密钥。

链路密钥 $LK=f_2(DH_{Key},N_I,N_R,\text{"btlk"},I,R)$，其中，"btlk"是字符串。为了保证双方计算的链路密钥相同，双方计算链路密钥时，$f_2$ 函数中的参数顺序需要一致。

6）各种函数对应的算法

配对过程中使用的各种函数对应的算法如表 9.2 所示，其中，"$\|$"是串接运算符。

表 9.2　配对过程中使用的各种函数对应的算法

| 配对过程中使用的函数 | 对应的算法 |
| --- | --- |
| $f_1(PK_I,PK_R,N_R,0)$ | $\text{HMAC-SHA-256}_{N_R}(PK_I \| PK_R \| 0)/2^{128}$ |
| $g(PK_I,PK_R,N_I,N_R)$ | $\text{SHA-256}(PK_I \| PK_R \| N_I \| N_R)\ \text{mod}\ 10^6$ |
| $f_3(DH_{Key},N_I,N_R,0,IO_I,I,R)$ | $\text{HMAC-SHA-256}_{DH_{Key}}(N_I \| N_R \| 0 \| IO_I \| I \| R)/2^{128}$ |
| $f_2(DH_{Key},N_I,N_R,\text{"btlk"},I,R)$ | $\text{HMAC-SHA-256}_{DH_{Key}}(N_I \| N_R \| \text{"btlk"} \| I \| R)/2^{128}$ |

### 9.2.2　ZigBee 安全机制

#### 1. 共享密钥

同一 ZigBee 网络中的协调器、路由器和终端设备拥有相同的共享密钥，该共享密钥可以事先加载到设备中。所有设备通过拥有该共享密钥来证明自己是该 ZigBee 网络的合法设备。

#### 2. 建立关联时验证身份

终端设备与协调器或路由器建立关联时，终端设备用共享密钥加密发送的关联请求帧，协调器或路由器用共享密钥加密发送的关联响应帧，因此，只有当协调器或路由器可以用自己的共享密钥解密终端设备发送的加密后的关联请求帧，且终端设备能够用自己的共享密钥解密协调器或路由器发送的加密后的关联响应帧时，双方才能成功建立关联。

#### 3. 两两之间生成传输密钥

基于对称密钥的密钥建立（Symmetric Key Key Establishment，SKKE）协议在双方拥有共享密钥的基础上，通过在两个结点之间交换随机数，生成验证密钥 AUTH_KEY 和加密密钥 DATA_KEY。验证密钥用于双方验证密钥生成过程。加密密钥用于加密两个结点之间传输的数据。SKKE 工作流程由以下 4 个步骤组成。

（1）通过拥有相同的共享密钥建立信任关系。

（2）双方交换随机数。

（3）根据随机数和共享密钥导出验证密钥和加密密钥。

（4）证实双方导出的密钥的正确性。

SKKE 数据交换过程如图 9.3 所示。Nonce_U 和 Nonce_V 分别是发起者 U 和响应者 V 通过随机数函数生成的随机数。发起者 U 和响应者 V 分别根据共享密钥、Nonce_U 和 Nonce_V 通过密钥生成函数生成验证密钥 AUTH_KEY 和加密密钥 DATA_KEY。为了证实双方生成的密钥相同，发起者 U 向响应者 V 发送 Mac-Tag_U $=E_{\text{AUTH\_KEY}}$（0316 ‖ Nonce_U ‖ Nonce_V ‖ EUI_U ‖ EUI_V）。响应者 V 向发起者 U 发送 Mac-

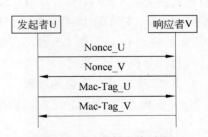

图 9.3　SKKE 数据交换过程

Tag_V $=E_{\text{AUTH\_KEY}}$（0216 ‖ Nonce_U ‖ Nonce_V ‖ EUI_U ‖ EUI_V），其中，EUI_U 和 EUI_V 分别是发起者 U 和响应者 V 的 64 位 EUI。如果响应者 V 用自己的验证密钥解密发起者 U 发送的 Mac-Tag_U，得到的验证数据＝0316 ‖ Nonce_U ‖ Nonce_V ‖ EUI_U ‖ EUI_V，表明自己生成的密钥与发起者 U 相同。同样，如果发起者 U 用自己的验证密钥解密响应者 V 发送的 Mac-Tag_V，得到的验证数据＝0216 ‖ Nonce_U ‖ Nonce_V ‖ EUI_U ‖ EUI_V，表明自己生成的密钥与响应者 V 相同。这种情况下，双方可以用各自导出的加密密钥加密相互传输的数据。

### 9.2.3　802.11ah 安全机制

802.11ah 安全机制采用与无线局域网相同的安全机制。无线局域网安全机制发展过程如表 9.3 所示。目前,WPA3 正逐渐取代其他安全机制,成为无线局域网主要安全机制。物联网中最常采用的 802.11ah 的安全机制是 WPA3 个人。

表 9.3　无线局域网安全机制发展过程

|  | WEP | WPA | WPA2 | WPA3 |
|---|---|---|---|---|
| 加密机制 | RC4 | TKIP＋RC4 | CCMP/AES | GCMP-256 |
| 鉴别机制 | 公开<br>共享密钥 | WPA-PSK<br>WPA 企业 | WPA2 个人<br>WPA2 企业 | WPA3 个人<br>WPA3 企业 |
| 完整性检测机制 | CRC-32 | MIC 算法 | 基于 AES 和 CBC 的 MAC 算法 | BIP-GMAC-256 |
| 密钥管理机制 | 无 | 4 次握手 | 4 次握手 | ECDH 和 ECDSA |

#### 1. 鉴别过程

WPA3 个人采用对等同时认证(Simultaneous Authentication of Equals,SAE)鉴别算法,该算法一是基于双方共享的口令实现双向鉴别,二是基于椭圆曲线迪菲-赫尔曼密钥交换(Elliptic Curve Diffie – Hellman key Exchange,ECDH)算法生成成对主密钥(Pairwise Master Key,PMK)。

1) ECDH 生成共享密钥的过程

假定 STA 和 AP 需要通过 ECDH 生成共享密钥,一是 STA 和 AP 有着相同的基点 $G$;二是 STA 生成私钥 US 和公钥 $US\times G$,AP 生成私钥 UA 和公钥 $UA\times G$;三是 STA 和 AP 交换各自的公钥 $US\times G$ 和 $UA\times G$;四是 STA 和 AP 各自生成共享密钥 $K=US\times UA\times G=UA\times US\times G$。ECDH 以明文方式交换公钥 $US\times G$ 和 $UA\times G$,是因为根据椭圆曲线计算原理,知道基点 $G$ 与私钥 US 和 UA 的情况下,计算公钥 $US\times G$ 和 $UA\times G$ 是方便的,但从计算可行性分析可知,通过 $G$ 与 $US\times G$ 和 $UA\times G$ 分离出私钥 US 和 UA 是不可行的。

2) SAE 生成共享密钥的过程

SAE 实现 STA 和 AP 之间双向鉴别和共享密钥生成的前提是 STA 和 AP 配置相同的口令。基于椭圆曲线加密体制(Elliptic Curve Cryptography,ECC)生成 ECC 群中口令元素(PassWord Element of an ECC group,PWE)的过程如图 9.4 所示。一是生成的 PWE 是特定 ECC 群中的元素;二是生成的 PWE 与双方配置的口令和双方的 MAC 地址

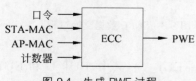

图 9.4　生成 PWE 过程

(STA-MAC 和 AP-MAC)有关。只要 STA 和 AP 配置相同的口令,STA 和 AP 生成相同的 PWE。

STA 生成随机数 US1 和 US2,US2 作为 STA 的私钥,并因此生成公钥 $US2\times PWE$。同样,AP 生成随机数 UA1 和 UA2,UA2 作为 AP 的私钥,并因此生成公钥 $UA2\times PWE$。STA 构成承诺消息(COMMIT),承诺消息中包含 STA 标量(US1＋US2)和 STA 公钥的倒

数(这里记为-US2×PWE)。STA 向 AP 发送承诺消息(SAE-COMMIT(US1＋US2,-US2×PWE)),如图 9.5 所示。AP 构成承诺消息(COMMIT),承诺消息中包含 AP 标量(UA1＋UA2)和 AP 公钥的倒数(这里记为-UA2×PWE)。AP 向 STA 发送承诺消息(SAE-COMMIT(UA1＋UA2,-UA2×PWE)),如图 9.5 所示。

STA 接收到 AP 发送的承诺消息后,计算出共享密钥 KS＝US1×((AP 标量×PWE)＋(-UA2×PWE))＝US1×((UA1＋UA2)×PWE＋(-UA2×PWE))＝ US1×(UA1×PWE ＋UA2×PWE-UA2×PWE)＝US1×UA1×PWE。

AP 接收到 STA 发送的承诺消息后,计算出共享密钥 KA＝UA1×((STA 标量×PWE)＋(-US2×PWE))＝UA1×((US1＋US2)×PWE＋(-US2×PWE))＝UA1×(US1×PWE ＋US2×PWE-US2×PWE)＝UA1×US1×PWE。

由于 US1×UA1×PWE＝ UA1×US1×PWE,因此,$K＝KS＝KA＝US1×UA1×$ PWE。这里的共享密钥 $K$ 也是 ECC 群中的元素,通过函数 $f$ 将其转换为标量密钥 $k＝f(K)$。

3) SAE 鉴别过程

SAE 实现双向鉴别的过程实际上是判别 STA 和 AP 是否配置相同口令的过程。由于口令→PWE→$K$,因此,双向鉴别过程成为判别 STA 和 AP 是否有着相同的共享密钥 $K$ 的过程。STA 计算出标量密钥 ks＝$f$(KS),从 ks 中导出证实密钥 KCKS。同样,AP 计算出标量密钥 ka＝$f$(KA),从 ka 中导出证实密钥 KCKA。只要证明 KCKS＝KCKA,可以证明 KS＝KA,即 STA 和 AP 配置相同的口令。

STA 生成证实消息(CONFIRM),证实消息中包含 HMAC$_{KCKS}$(验证内容 $S$),验证内容 $S$ 由 STA 发送的证实消息和双方交换的承诺消息组成。STA 将证实消息发送给 AP,如图 9.5 所示。AP 根据 STA 发送的证实消息和通过已经完成的信息交换过程得到的双方承诺消息生成验证内容 $S$,计算出 HMAC$_{KCKA}$(验证内容 $S$),如果 AP 计算出的 HMAC$_{KCKA}$(验证内容 $S$)＝STA 发送的证实消息中包含的 HMAC$_{KCKS}$(验证内容 $S$),表明 KCKS＝KCKA,STA 配置了与 AP 相同的口令,STA 的身份得到证实。

AP 生成证实消息(CONFIRM),证实消息中包含 HMAC$_{KCKA}$(验证内容 $A$),验证内容 $A$ 由 AP 发送的证实消息和双方交换的承诺消息组成。AP 将证实消息发送给 STA,如图 9.5 所示。STA 根据 AP 发送的证实消息和通过已经完成的信息交换过程得到的双方承诺消息生成验证内容 $A$,计算出 HMAC$_{KCKS}$(验证内容 $A$),如果 STA 计算出的 HMAC$_{KCKS}$(验证内容 $A$)＝AP 发送的证实消息中包含的 HMAC$_{KCKA}$(验证内容 $A$),表明 KCKA＝KCKS,AP 配置了与 STA 相同的口令,AP 的身份得到证实。

**2. 加密密钥生成过程**

STA 和 AP 完成 SAE 过程中得到共享密钥 $K$,通过函数 $f$ 将共享密钥 $K$ 转换为标量密钥 $k＝f(K)$,通过 $k$ 分别导出 KCK 和 PMK。KCK 用于证实 STA 和 AP 的身份,PMK 用于生成双方用于加密数据的加密密钥。

如图 9.5 所示,STA 和 AP 生成成对主密钥(PMK)后,开始如图 9.5 所示地通过 4 次握手过程完成的加密密钥生成和分配过程。STA 接收到 AP 通过 EAPOL-KEY 帧传输的随机数 AN 后,根据 AP 生成的随机数 AN、自己生成的随机数 SN、成对主密钥(PMK)及双方的 MAC 地址,生成成对过渡密钥(Pairwise Transient Key,PTK)。之所以称为成对过渡密钥,是因为该过渡密钥只用于和该关联相关的 STA 和 AP。由于 Galois 计数器模式协议 (Galois Counter Mode Protocol,GCMP)用同一个密钥进行数据加密和完整性检测,因此 GCMP 的成对过渡密钥(GCMP PTK)的长度为 512 位。

图 9.5　WPA3 个人 SAE 和生成加密密钥的 4 次握手过程

　　如图 9.6 所示,512 位 GCMP PTK 中包含两个 128 位 802.1x 交换 EAPOL-KEY 帧需要的密钥:证实密钥(EAPOL-Key Confirmation Key,KCK)和加密密钥(EAPOL-Key Encryption Key,KEK),以及 256 位 GCMP 用于加密数据和计算基于密钥的消息完整性编码(Message Integrity Code,MIC)的临时密钥 TK。

　　KCK 用于对双方进行的密钥生成过程进行证实,KEK 用于加密密钥生成过程中传输的机密信息。STA 生成这些密钥后,通过 EAPOL-KEY 帧向 AP 发送随机数 SN,同时,用消息完整性编码(MIC)证实 STA 密钥生成过程,$MIC = E_{KCK}(MD5(EAPOL-KEY 帧))$。AP 获得 STA 的随机数 SN 后,同样根据如图 9.6 所示的密钥生成过程生成这些密钥,根据接收到的 EAPOL-KEY 帧和生成的 KCK 重新计算出 $MIC'$,将计算出的 $MIC'$ 和 STA 附在 EAPOL-KEY 帧后的 MIC 进行比较,如果相同,证实 STA 的密钥生成过程正确。AP 然后向 STA 发送 EAPOL-KEY 帧,一方面,同样通过附在 EAPOL-KEY 帧后的 MIC 让 STA 证实 AP 的密钥生成过程;另一方面,向 STA 传输 AP 的临时广播密钥(Group Temporal Key,GTK)。临时广播密钥用 KEK 加密,它的作用是加密 AP 向 BSS 中终端广播的数据。GTK 生成过程如图 9.7 所示,AP 通过配置获得广播主密钥(Group Master Key,GMK),GN 是 AP 选择的随机数。如果 STA 证实 AP 的密钥生成过程正确,通过向 AP 发送一个不含其他信息的空的 EAPOL-KEY 帧确认密钥分配过程结束。当然,空的 EAPOL-KEY 帧仍然通过附在 EAPOL-KEY 帧后的 MIC 让 AP 完成完整性检验过程。每当有 STA 和 AP 分离,AP 都需重新计算临时广播密钥 GTK,并将其传输给所有和其建立安全关联的 STA。由于 AP 每一次计算 GTK 时选择不同的随机数 GN,因此,即使 GMK 不变,计算出的 GTK 也不同。

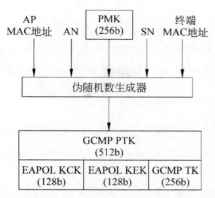

图 9.6　WPA3 个人加密密钥生成过程

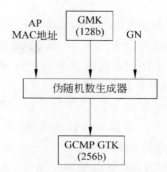

图 9.7　WPA3 个人组播密钥生成过程

### 3. WPA3 个人安全机制的优势

SAE 具有以下安全优势。

- 黑客无法通过嗅探 SAE 鉴别和 PMK 生成过程交换的消息导出口令和 PMK。
- 黑客每一次攻击只能猜一次口令,即黑客无法通过嗅探 SAE 鉴别和 PMK 生成过程交换的消息实施离线暴力破解口令攻击。
- 黑客获取某一次 SAE 鉴别和 PMK 生成过程生成的 PMK,不会对黑客破解口令,或其他次 SAE 鉴别和 PMK 生成过程生成的 PMK 带来帮助。
- 黑客获取口令,不会对黑客破解获取口令前通过 SAE 鉴别和 PMK 生成过程生成的 PMK 带来帮助。

## 9.2.4　LoRa 安全机制

　　LoRa 实现的安全功能包括双向鉴别、完整性检测和数据加密等。双向鉴别过程中生成会话密钥,由会话密钥实现数据传输过程中数据加密和数据完整性检测功能。如图 9.8 所示,终端设备存在两种类型的会话,一是终端设备与网络服务器之间的会话,二是终端设备与应用服务器之间的会话。因此,存在两种类型的会话密钥。

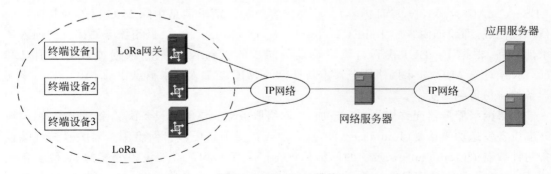

图 9.8　LoRaWAN 结构

### 1. 双向鉴别

每一个加入 LoRaWAN 的终端设备必须由网络服务器完成个性化参数配置，终端设备通过激活过程完成加入 LoRaWAN 的过程。终端设备和网络服务器通过终端设备的激活过程完成个性化参数配置和双向鉴别。

1）同步信息

终端设备加入 LoRaWAN 前，必须在终端设备和网络服务器中同步配置以下信息。

DevEUI：终端设备的 64 位扩展唯一标识符（Extended Unique Identifier，EUI），即终端设备的全球唯一标识符。

JoinEUI：网络服务器的 64 位扩展唯一标识符（EUI），即网络服务器的全球唯一标识符。

NwkKey：终端设备与网络服务器之间的根密钥。一是用于实现终端设备与网络服务器之间的双向鉴别；二是用于导出终端设备与网络服务器之间的会话密钥。

AppKey：终端设备与应用服务器之间的根密钥。用于导出终端设备与应用服务器之间的会话密钥。

2）激活和双向鉴别过程

激活和双向鉴别过程如图 9.9 所示。

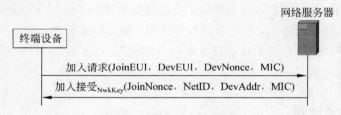

图 9.9　激活和双向鉴别过程

终端设备通过向网络服务器发送加入请求（Join-request）消息开始激活过程。加入请求消息中包含网络服务器的 EUI（JoinEUI）、终端设备的 EUI（DevEUI）、终端设备计数器值（DevNonce）和消息完整性校验码（Message Integrity Code，MIC）。终端设备每发起一次激活过程，DevNonce 值增 1，保证终端设备每一次激活过程都使用不同的 DevNonce。MIC＝AES－CMAC（NwkKey，验证内容）。验证内容由加入请求消息中除 MIC 以外的其他字段值串接而成，即验证内容＝ JoinEUI ‖ DevEUI ‖ DevNonce ‖ …。网络服务器接收到加入请求消息后，根据 DevEUI 找到与该终端设备同步的 NwkKey，重新根据加入请求消息和 NwkKey 计算 MIC，如果网络服务器重新计算的 MIC 与加入请求消息中的 MIC 相同，终端设备的身份得到证实。

如果网络服务器允许该终端设备加入，网络服务器为该终端设备配置个性化参数，向该终端设备发送加入接受（Join-accept）消息。加入接受消息中包含网络服务器关联该终端设备的计数器值（JoinNonce）、唯一的网络标识符（NetID）、为该终端设备分配的 32 位设备地址（DevAddr）和消息完整性校验码（MIC）。激活后，终端设备使用 DevAddr 与网络服务器进行通信。MIC＝AES－CMAC（NwkKey，验证内容）。验证内容由加入接受消息中除 MIC 以外的其他字段值串接而成，即验证内容＝ JoinNonce ‖ DevAddr ‖ NetID ‖ …。网络服务器用与该终端设备关联的 NwkKey 对加入接受消息加密,因此,终端设备接收到的是加密后的加入接受消息。终端设备用 NwkKey 对加入接受消息进行解密,根据解密后的加入接受消息和 NwkKey 重新计算 MIC,如果终端设备重新计算的 MIC 与加入接受消息中的 MIC 相同,网络服务器的身份得到证实。

### 2. 密钥生成过程

终端设备和网络服务器完成加入请求消息和加入接受消息交换过程后,分别拥有参数 JoinNonce、DevNonce,加上同步配置的 JoinEUI 和根密钥,通过密钥生成函数 $f$ 分别生成终端设备与网络服务器之间的会话密钥和终端设备与应用服务器之间的会话密钥,如图 9.10 所示。终端设备与网络服务器之间的会话密钥包括 FNwkSIntKey、SNwkSIntKey 和 NwkSEncKey。其中,FNwkSIntKey 用于对部分传输给网络服务器的数据生成 MIC;SNwkSIntKey 用于对另一部分传输给网络服务器的数据和网络服务器传输给终端设备的数据生成 MIC;NwkSEncKey 用于加密终端设备与网络服务器之间传输的数据。终端设备与应用服务器之间的会话密钥包括 AppSKey,该密钥用于加密终端设备与应用服务器之间传输的数据。

有两点需要说明,一是终端设备与网络应用服务器不对它们之间传输的数据进行端到端完整性检测;二是网络服务器生成的用于加密终端设备与应用服务器之间传输的数据的加密密钥 AppSKey,由网络服务器通过安全通路传输给应用服务器。

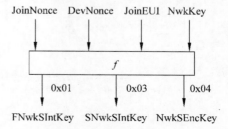

(a) 终端设备与网络服务器之间会话密钥生成过程

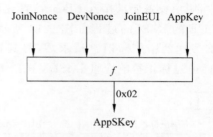

(b) 终端设备与应服务器之间会话密钥生成过程

图 9.10　密钥生成过程

## 9.2.5　NB-IoT 安全机制

### 1. EPS AKA

演进的分组系统(Evolved Packet System,EPS)如图 9.11 所示,包含用户设备(User Equipment,UE)、演进的 Node B(evolved Node B,eNB)和演进的分组核心(Evolved Packet Core,EPC)。EPC 包括移动性管理实体(Mobility Management Entity,MME)、归属用户服务器(Home Subscriber Server,HSS)、服务网关(Serving Gateway,S-GW)和 PDN 网关(PDN Gateway,P-GW)等,这里的 PDN 是 Packet Data Network(分组数据网络)的缩写。UE 安装全球用户识别卡(Universal Subscriber Identity Module,USIM),USIM 中存储用于唯一标识 UE 的国际移动用户识别码(International Mobile Subscriber Identity,IMSI)用于鉴别 UE 身份的密钥 $K$。HSS 的鉴别中心(Authentication Centre,AuC)中针对每一个 IMSI,存储与该 IMSI 关联的密钥 $K$。双向身份鉴别的过程就是 UE 和 EPC 证实双方具有

与唯一标识 UE 身份的 IMSI 关联的密钥 $K$ 的过程。密钥 $K$ 成为根密钥,由其导出用于加密和完整性检测 UE 与 EPC 之间传输的信令和数据的密钥。UE 和 EPS 通过鉴别和密钥协商(Authentication and Key Agreement,AKA)协议实现双向身份鉴别和密钥导出过程。

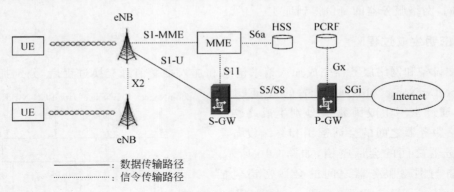

图 9.11　EPS 结构

### 1) MME 获取 IMSI

当用户设备要求接入 EPC 时,首先向 MME 提供国际移动用户识别码(IMSI)。MME 获取 UE 的 IMSI 的过程如图 9.12 所示,MME 向 UE 发送用户标识符请求,UE 接收到 MME 发送的用户标识符请求后,将其转发给安装在 UE 中的全球用户识别卡(USIM),USIM 通过标识符响应将 IMSI 发送给 UE,由 UE 将其转发给 MME。

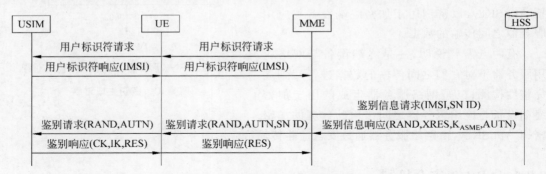

图 9.12　EPS AKA 消息交换过程

### 2) HSS 计算鉴别信息

MME 获取 UE 的 IMSI 后,向 HSS 发送鉴别信息请求,鉴别信息请求中包含 UE 的 IMSI 和 MME 的服务网络标识符(Serving Network identity,SN ID)。HSS 检索出该 IMSI 关联的密钥 $K$,生成随机数 RAND 和序号 SQN,计算出鉴别信息。鉴别信息计算过程如图 9.13 所示,$f_1 \sim f_5$ 是 LTE 定义的函数,KDF 是密钥导出函数(Key Derivation Function),这些函数的输入和输出如图 9.13 所示。鉴别管理域(Authentication Management Field,AMF)是移动服务提供商定义的相关信息。HSS 完成鉴别信息计算过程后,向 MME 发送鉴别信息响应,鉴别信息响应中包含随机数 RAND、计算出的鉴别信息 XRES、计算出的本地主密钥 KASME 和 AUTN=(SQN$\oplus$AK) ‖ AMF ‖ MAC,即 AUTN 由 SQN$\oplus$AK、AMF 和 MAC 组成,其中,$\oplus$是半加运算符(也称异或运算符)。

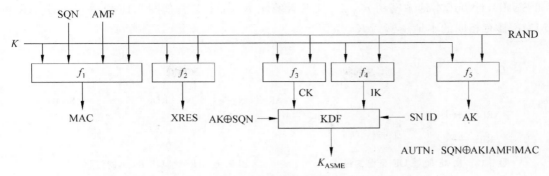

图 9.13　HSS 计算鉴别信息过程

3）USIM 验证 EPC 身份

MME 接收到 HSS 发送的鉴别信息响应后，向 UE 发送鉴别请求，鉴别请求中包含 HSS 生成的随机数 RAND、鉴别信息 AUTN 和 MME 的 SN ID。UE 向 USIM 转发包含 HSS 生成的随机数 RAND 和鉴别信息 AUTN 的鉴别请求。

USIM 根据鉴别请求中包含的 RAND 和自身存储的密钥 $K'$，计算出 AK，根据 AUTN 中包含的 SQN⊕AK，计算出 SQN（SQN＝SQN⊕AK⊕AK）。以自身存储的密钥 $K'$、HSS 生成的 RAND、SQN，HSS 中配置的 AMF 为输入，通过函数 $f_1 \sim f_5$ 计算出鉴别信息，计算过程如图 9.14 所示。如果 USIM 计算出的 MAC′ 与 AUTN 中包含的、HSS 计算出的 MAC 相同，表示 USIM 中存储的密钥 $K'$ 和 HSS 中与该 USIM 中的 IMSI 关联的密钥 $K$ 相同，EPC 的身份得到证实。USIM 验证 EPC 身份的过程如图 9.14 所示。USIM 向 UE 发送鉴别响应，鉴别响应中包含中间密钥 CK 和 IK，以及 USIM 计算出的鉴别信息 RES。

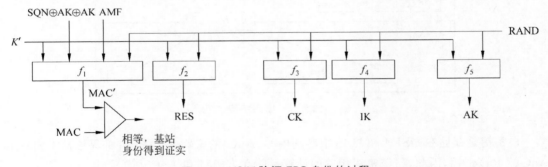

图 9.14　USIM 验证 EPC 身份的过程

4）MME 验证 UE 身份

UE 接收到 USIM 发送的鉴别响应后，向 MME 发送鉴别响应，鉴别响应中包含 USIM 计算出的鉴别信息 RES。MME 比较 HSS 计算出的鉴别信息 XRES 和 USIM 计算出的鉴别信息 RES，如果两者相等，表示 USIM 中存储的密钥 $K'$ 和 HSS 中与该 USIM 中的 IMSI 关联的密钥 $K$ 相同，安装该 USIM 的 UE 的身份得到证实。MME 验证 UE 的过程如图 9.15 所示。

5）UE 和 MME 生成本地主密钥 $K_{ASME}$

HSS 通过鉴别信息响应向 MME 发送 HSS 计算出的本地主密钥 $K_{ASME}$。UE 根据 USIM 通过鉴别响应发送的中间密钥 CK 和 IK 与 MME 通过鉴别请求发送的 AK⊕SQN

和 SN ID,计算出本地主密钥 $K_{ASME}$。UE 计算出 $K_{ASME}$ 的过程如图9.16所示。此时,UE 和 MME 具有相同的本地主密钥 $K_{ASME}$。

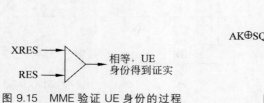

图 9.15　MME 验证 UE 身份的过程

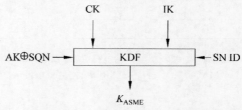

图 9.16　UE 计算出 $K_{ASME}$ 的过程

### 2. 密钥结构

UE 与 eNB 之间存在数据和信令传输过程,UE 与 MME 之间存在信令传输过程,因此 UE、MME 与 eNB 需要分别生成用于加密和完整性检测 UE 与 eNB 之间传输的数据和信令的密钥、用于加密和完整性检测 UE 与 MME 之间传输的信令的密钥。密钥结构如图9.17所示。

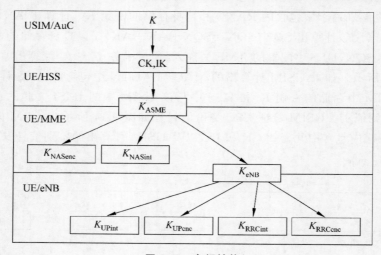

图 9.17　密钥结构

根密钥是存储在 USIM 和 HSS 中鉴别中心(AuC)的密钥 $K$,由于外部无法从 USIM 和 AuC 读取该密钥,因此,与该密钥相关的计算只能在 USIM 和 AuC 内部完成。

在知道中间密钥 CK 和 IK,以及 AK⊕SQN 和 SN ID 后,可以计算出本地主密钥 $K_{ASME}$。KDF 不是 USIM 和 AuC 的内部函数。UE 与 MME 之间需要根据 $K_{ASME}$ 计算出用于加密和完整性检测 UE 与 MME 之间传输的信令的密钥 $K_{NASenc}$ 和 $K_{NASint}$。UE 与 eNB 之间需要根据 $K_{ASME}$ 计算出用于加密和完整性检测 UE 与 eNB 之间传输的信令的密钥 $K_{RRCenc}$ 和 $K_{RRCint}$ 与用于加密和完整性检测 UE 与 eNB 之间传输的数据的密钥 $K_{UPenc}$ 和 $K_{UPint}$。$K_{NASenc}$ 用于加密 UE 与 MME 之间传输的非接入层(Non-Access Stratum,NAS)信令。$K_{NASint}$ 用于完整性检测 UE 与 MME 之间传输的非接入层(NAS)信令。$K_{RRCenc}$ 用于加密 UE 与 eNB 之间传输的无线电资源控制(Radio Resource Control,RRC)信令。$K_{RRCint}$ 用于完整性检测 UE 与 eNB 之间传输的无线电资源控制(RRC)信令。$K_{UPenc}$ 用于加密 UE 与 eNB 之间传输的数据。$K_{UPint}$ 用于完整性检测 UE 与 eNB 之间传输的数据。

## 9.3　应用层安全机制

消息队列遥测传输(Message Queuing Telemetry Transport,MQTT)和受限应用协议(Constrained Application Protocol ,CoAP)是两种基于 C/S 结构的物联网应用层协议,这两种应用层协议对应的传输层协议是不同的,MQTT 是基于 TCP 的应用层协议,CoAP 是基于 UDP 的应用层协议。MQTT 和 CoAP 本身提供的安全功能十分有限,因此需要借助于其他安全协议实现终端设备与服务器之间双向身份鉴别、相互传输的数据的保密性和完整性等安全功能。由于 MQTT 基于 TCP,因此,通过传输层安全(Transport Layer Security,TLS)协议实现上述安全功能,MQTT 对应的协议体系结构如图 9.18 所示。由于 CoAP 基于 UDP,因此,通过数据报传输层安全(Datagram Transport Layer Security,DTLS)协议实现上述安全功能。CoAP 对应的协议体系结构如图 9.19 所示。

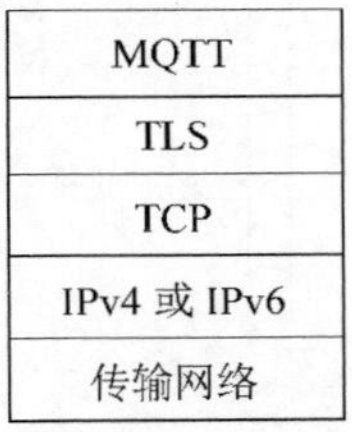

| MQTT |
| --- |
| TLS |
| TCP |
| IPv4 或 IPv6 |
| 传输网络 |

图 9.18　MQTT 对应的协议体系结构

| CoAP |
| --- |
| DTLS |
| UDP |
| IPv4或IPv6 |
| 传输网络 |

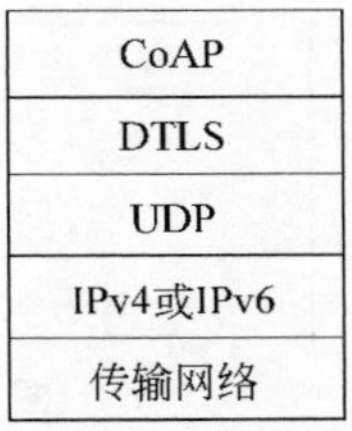

图 9.19　CoAP 对应的协议体系结构

MQTT 基于 TLS 实现时的 TCP 端口号为 8883。CoAP 基于 DTLS 实现时的 UDP 端口号为 5684。

### 9.3.1　MQTT 和 TLS

#### 1. TLS 协议结构

TLS 协议结构如图 9.20 所示,MQTT 等应用层协议 PDU 被封装成 TLS 记录协议报文,TLS 记录协议报文作为 TCP 的字节流。TCP 保证作为字节流的 TLS 记录协议报文的按序可靠传输。TLS 握手协议消息和 TLS 报警协议消息同样被封装成 TLS 记录协议报文。

| TLS 握手协议 | TLS 报警协议 | MQTT | 其他应用层协议 |
| --- | --- | --- | --- |
| TLS 记录协议 | | | |
| TCP | | | |
| IP | | | |

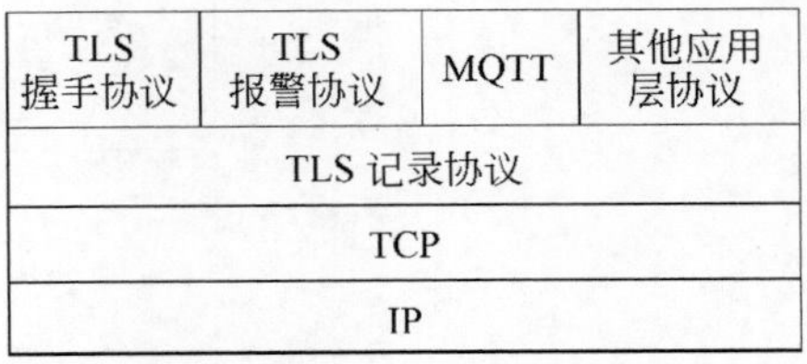

图 9.20　TLS 协议结构

应用层协议 PDU、TLS 握手协议消息、TLS 报警协议消息(这里统称为上层消息)封装成 TLS 记录协议报文的过程如图 9.21 所示。上层消息首先被分段,每一段上层消息通过具有关联数据的鉴别加密(Authenticated Encryption with Associated Data,AEAD)算法转换成鉴别加密数据,鉴别加密数据作为 TLS 记录协议报文的净荷,加上 TLS 记录协议报文首部后,构成 TLS 记录协议报文。TLS 记录协议报文格式如图 9.22 所示。

显然,客户和服务器将上层消息封装成 TLS 记录协议报文前,必须经过协商约定双方采用的 AEAD 算法、鉴别加密密钥等,TLS 通过握手协议完成这一过程。

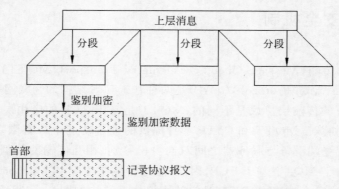

图 9.21　上层消息封装成记录协议报文的过程

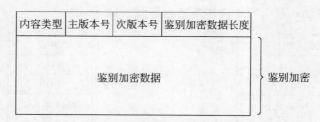

图 9.22　TLS 记录协议报文格式

### 2. 握手协议

1) 消息交换过程

TLS 握手协议消息交换过程如图 9.23 所示。首先由客户向服务器发送客户 hello 消息,客户 hello 消息中包含客户随机生成的随机数(C_RAND)、客户支持的 AEAD 算法列表等。如果客户选择与服务器通过基于椭圆曲线迪菲-赫尔曼密钥交换(Elliptic Curve Diffie-Hellman key Exchange,ECDH)算法生成共享密钥,通过共享密钥扩展项给出客户选定的公

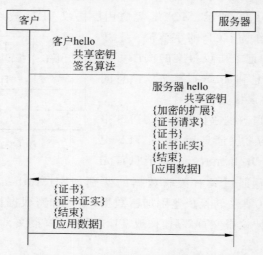

图 9.23　TLS 握手协议消息交换过程

钥 PKC。同时通过签名算法扩展项给出客户证实证书时使用的签名算法。

服务器接收到客户发送的客户 hello 消息后,向客户发送服务器 hello 消息,服务器 hello 消息中包含服务器随机生成的随机数(S_RAND)、服务器在客户支持的 AEAD 算法列表中选择的 AEAD 算法等。同样通过共享密钥扩展项给出服务器选定的公钥 PKS。服务器在接收到客户发送的公钥 PKC、自己生成的公钥 PKS 和私钥 SKS 后,计算出共享密钥 $K$,然后根据共享密钥 $K$ 导出握手消息加密密钥,因此,服务器发送给客户的握手协议消息中,除服务器 hello 消息以外的其他握手协议消息都是用握手消息加密密钥加密后的密文(图 9.23 中用{ }表示用握手消息加密密钥加密后的密文)。加密的扩展是服务器对客户 hello 消息中包含的其他扩展项的响应。证书请求消息要求客户向服务器发送证书,以便服务器对客户身份进行鉴别。证书消息中包含用于证实服务器身份的证书。证书证实消息中给出用于让客户通过证书证实服务器身份的信息。结束消息的作用有两个:一是用于证实应用数据加密密钥的导出过程;二是对双方已经交换的 TLS 握手协议消息进行完整性检测。服务器向客户发送完 TLS 握手协议消息后,可以向客户发送应用数据,如 MQTT 消息。应用数据通过服务器导出的应用数据加密密钥进行加密(图 9.23 中用[ ]表示用应用数据加密密钥加密后的密文)。

客户接收到服务器发送的 TLS 握手协议消息后,根据接收到的服务器发送的公钥 PKS、自己生成的公钥 PKC 和私钥 SKC,计算出共享密钥 $K$。然后根据共享密钥 $K$ 导出握手消息加密密钥,客户发送给服务器的其他握手协议消息,都是用握手消息加密密钥加密后的密文(图 9.23 中用{ }表示用握手消息加密密钥加密后的密文)。客户发送给服务器的证书消息中包含用于证实客户身份的证书。证书证实消息中给出用于让服务器通过证书证实客户身份的信息。结束消息的作用有两个:一是用于证实应用数据加密密钥的导出过程;二是对双方已经交换的 TLS 握手协议消息进行完整性检测。客户向服务器发送完 TLS 握手协议消息后,可以向服务器发送应用数据,如 MQTT 消息。应用数据通过客户导出的应用数据加密密钥进行加密(图 9.23 中用[ ]表示用应用数据加密密钥加密后的密文)。

2) 双向鉴别机制

TLS 有两种用于证实对方身份的机制:一是根据双方预先配置的预共享密钥(Pre_Shared_Key,PSK)证实双方身份,由于双方已经预先配置 PSK,因此,一方只要证实另一方的 PSK,就可证实另一方的身份;二是根据证书和证书证实消息证实双方身份。图 9.23 中给出的 TLS 握手协议消息交换过程采用的是第二种证实双方身份的机制。

证书用于证明客户或服务器与某个公钥之间的绑定关系。每一个公钥与私钥一一对应,任何一方只要证实拥有与某个公钥对应的私钥,即可证明自己是证书证明的与该公钥绑定的实体。

假定证书证明公钥 SPK 与服务器 V 绑定,并且公钥 SPK 与私钥 SSK 一一对应,由于私钥 SSK 只有服务器 V 拥有,因此,任何能够证明拥有私钥 SSK 的一方可以证实是服务器 V。

假定 $S = M_1 \parallel M_2 \parallel \cdots \parallel M_n$,其中,$\parallel$ 是串接运算符,$M_1$、$M_2$、$\cdots$、$M_n$ 是双方已经交换的握手协议消息,服务器 V 的证书证实消息中包含 $D_{SSK}(H(S))$,其中,$D$ 是解密算法,$H$ 是 hash 算法。由于证书证明公钥 SPK 与服务器 V 绑定,只要证明 $E_{SPK}(D_{SSK}(H(S))) = H(S)$,即可证明发送证书证实消息的一方拥有与公钥 SPK 对应的私钥 SSK,其服务器 V 的身份得到证实。

3) 密钥导出机制

通过交换客户 hello 消息和服务器 hello 消息,可以生成握手消息加密密钥,因此,服务器发送给客户的握手协议消息中,除服务器 hello 消息以外的其他握手协议消息都是用握手消息加密密钥加密后的密文。握手消息加密密钥导出过程如图 9.24 所示,首先通过 ECDH 生成共享密钥 $K$。假定客户和服务器有着相同的基点 $G$,通过 ECDH 生成共享密钥 $K$ 的过程如下:客户生成私钥 SKC 和公钥 PKC=SKC×$G$,服务器生成私钥 SKS 和公钥 PKS=SKS×$G$。客户和服务器通过明文方式的客户 hello 消息和服务器 hello 消息交换各自的公钥 PKC=SKC×$G$ 和 PKS=SKS×$G$。客户和服务器获取双方的公钥后,计算出共享密钥 $K$=SKC×PKS=SKS×PKC=SKC×SKS×$G$=SKS×SKC×$G$。客户和服务器计算出共享密钥 $K$ 后,以共享密钥 $K$ 和 $H$(客户 hello ‖ 服务器 hello)为输入,通过基于 HMAC 扩展提取密钥导出函数(HMAC-based Extract-and-Expand Key Derivation Function,HKDF)导出握手消息加密密钥。需要说明的是,采用 AEAD 算法时,加密密钥和完整性检测密钥是相同的。

应用数据加密密钥导出过程如图 9.25 所示,HKDF 的其中一个输入是 $H$(客户 hello ‖ 服务器 hello ‖ ⋯ ‖ 服务器结束),服务器结束消息=HMAC$_{结束消息密钥}$($M_1$ ‖ $M_2$ ‖ ⋯ ‖ $M_n$),其中,$M_1$、$M_2$、⋯、$M_n$ 是双方已经交换的握手协议消息。结束消息密钥与握手消息加密密钥之间的关系如图 9.26 所示,即通过 HKDF 导出结束消息密钥时,握手消息加密密钥是其中一个输入。HKDF 的另一个输入是生成的主密钥。生成的主密钥以一些参数为输入,通过 HKDF 函数导出。

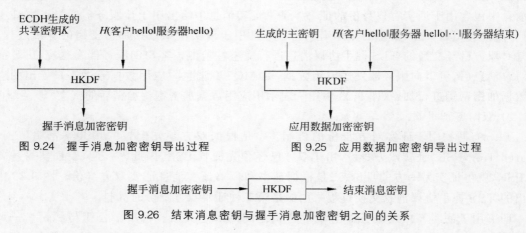

图 9.24　握手消息加密密钥导出过程　　　　图 9.25　应用数据加密密钥导出过程

图 9.26　结束消息密钥与握手消息加密密钥之间的关系

握手消息加密密钥导出过程,一是与客户和服务器生成的公钥有关,二是与客户和服务器随机产生的随机数有关,三是与客户和服务器生成的私钥有关。因此,在明文传输客户 hello 消息和服务器 hello 消息的前提下,只能由客户和服务器导出握手消息加密密钥,入侵者即使嗅探到客户 hello 消息和服务器 hello 消息,也无法导出握手消息加密密钥。另外,每一次通过握手协议建立客户和服务器之间安全连接时,客户和服务器导出的握手消息加密密钥都是不同的。由于应用数据加密密钥与握手消息加密密钥有关,因此,应用数据加密密钥不同于握手消息加密密钥,但有着与握手消息加密密钥同样的特点。

### 9.3.2　COAP 和 DTLS

TLS 是基于 TCP 的,由 TCP 完成 TLS 记录协议报文的按序可靠传输过程。DTLS 是基于 UDP 的,而 UDP 是无法实现 DTLS 记录协议报文的按序可靠传输过程的。因此,DTLS 是基于 UDP 实现的 TLS,即需要在 TLS 基础上,提供 UDP 无法实现的分段、重传、按序接收等功能。

#### 1. 分段

DTLS 消息格式如图 9.27 所示,由消息首部和消息体组成。消息类型用于指明消息体中包含的消息的类型,如客户 hello 消息。消息长度用于指明消息体中包含的消息的字节数。可以将某个消息分段,对于分段后的消息,每一个消息体中只包含其中一段消息。分段后的多个消息有着相同的消息序号和消息长度。用消息序号表明分段某个消息后生成的多个消息。段偏移给出该段消息在原始消息中的起始位置,段长度给出该段消息的字节数。各段消息的段长度之和应该等于消息长度。如果消息没有分段,则段长度等于消息长度,段偏移等于 0,如图 9.28 所示。

图 9.27　DTLS 消息格式

消息分段过程如图 9.28 所示,假如某个完整消息的长度为 4000B,需要将其分为多段,每段长度不能超过 1400B。这种情况下,可以将 4000B 长度的完整消息分为 3 段,其中两段的段长度为 1400B,最后一段的段长度为 1200B。第一段的段偏移为 0,第二段的段偏移为 1400(即第一段段偏移＋第一段段长度),第三段的段偏移为 2800(第二段段偏移＋第二段段长度)。

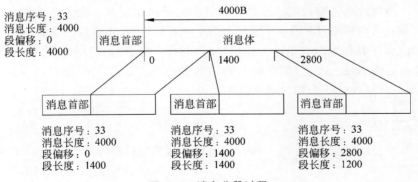

图 9.28　消息分段过程

#### 2. 重传

UDP 无法实现可靠传输过程,如果 DTLS 记录协议报文在传输过程中出错或丢失,需要由 DTLS 实现重传过程。发送端发送一个记录协议报文后,启动与该记录协议报文关联的重传定时器,如果直到重传定时器溢出,都没有收到对端发送的用于表明对端已经成功接收该记录协议报文的响应,发送端将再次发送该记录协议报文,如图 9.29 所示。不同类型的消息,对应的响应是不同的。对于客户发送客户 hello 消息的情况,对应的响应是服务器发送的服务器 hello 消息,如果客户发送客户 hello 消息后,直到重传定时器溢出,都没有接收到服务器发送的服务器 hello 消息,客户将再次发送客户 hello 消息。需要说明的是,对于重传的消息,消息序号是不变的,但封装该消息的记录协议报文中的记录号是递增的。

### 3. 防重放攻击过程

重放攻击过程如图 9.30 所示,黑客可以重复转发截获的 DTLS 消息,或是延迟一段时间后,再转发截获的 DTLS 消息。目的端必须能够区分出重复的 DTLS 消息和因为传输时延超长而失效的 DTLS 消息,防重放攻击机制就是解决上述问题的机制。

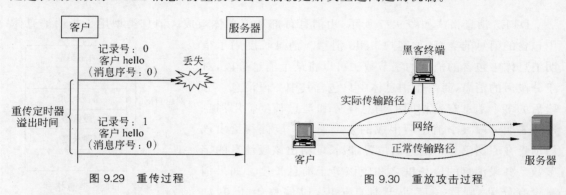

图 9.29　重传过程　　　　　　　图 9.30　重放攻击过程

源端发送 DTLS 消息时,先将消息序号增 1,然后将增 1 后的消息序号作为 DTLS 消息的消息序号字段值。因此,目的端只要接收到消息序号重复的 DTLS 消息,就可以确定是重复接收到的 DTLS 消息,予以丢弃。由于 DTLS 消息经过 IP 网络传输后,不能保证按序到达目的端,因此,消息序号小的 DTLS 消息后于消息序号大的 DTLS 消息到达目的端是正常的,但 DTLS 消息经过 IP 网络传输的时延抖动有一个范围,如果某个 DTLS 消息的传输时延和其他 DTLS 消息的传输时延的差值超出这个范围,可以认为该 DTLS 消息被黑客延迟了一段时间。防重放攻击窗口就用于定义正常的时延抖动范围。假定防重放攻击窗口值为 $W$,目的端正确接收到的 DTLS 消息中的最大消息序号值为 $N$,则消息序号值为 $N-W+1\sim N$ 的 DTLS 消息属于其传输时延虽然大于消息序号为 $N$ 的 DTLS 消息的传输时延,但其传输时延与消息序号为 $N$ 的 DTLS 消息的传输时延的差仍在正常的时延抖动范围内的 DTLS 消息,目的端正常接收这些 DTLS 消息。

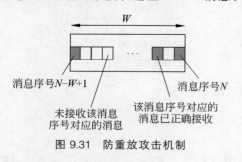

图 9.31　防重放攻击机制

对于如图 9.31 所示的防重放攻击窗口,目的端每接收到一个 DTLS 消息,执行如下操作。

- 如果消息序号小于 $N-W+1$,或者该消息序号对应的消息已经正确接收,则丢弃该消息。
- 如果消息序号在窗口范围内,且未接收过该消息序号对应的消息,则接收该消息并将该消息序号对应的标志改为已正确接收该消息序号对应的消息。
- 如果消息序号大于 $N$,假定为 $L(L>N)$,则将窗口改为 $L-W+1\sim L$,并将消息序号 $L$ 对应的标志改为已正确接收该序号对应的消息。

## 9.4　Ethernet/IP 和 PROFINET 安全机制

Ethernet/IP 是以太网与 CIP 的有机集成,Ethernet/IP 的安全机制是保障 CIP 消息端到端安全传输的机制。PROFINET 是相对封闭的区域,PROFINET 安全机制是保护PROFINET 免遭外部网络攻击的机制。

### 9.4.1　CIP 安全机制

Ethernet/IP 协议体系结构如图 9.32 所示。CIP 作为应用层协议,自身的安全功能有限。而且 CIP 消息分为显式消息和 I/O 消息,显式消息基于 TCP 实现传输过程,I/O 消息基于 UDP 实现传输过程。因此,为了保证 CIP 消息传输过程中的安全性,对于基于 TCP 实现传输过程的 CIP 显式消息,增加了 TLS。对于基于 UDP 实现传输过程的 CIP I/O 消息,增加了 DTLS。由 TLS 和 DTLS 实现两端双向鉴别、两端之间传输的数据的保密性和完整性等安全功能。

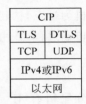

图 9.32　Ethernet/IP 协议体系结构

### 9.4.2　PROFINET 安全机制

PROFINET 安全机制如图 9.33 所示,每一个 PROFINET 是相对封闭的区域,内部通信

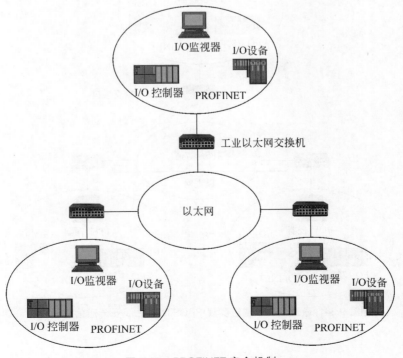

图 9.33　PROFINET 安全机制

过程是相对安全的。因此，PROFINET 安全机制需要解决的问题主要有以下三个：一是防止外部网络用户对 PROFINET 的非法访问；二是实现 PROFINET 之间的安全通信；三是允许每一个 PROFINET 分配私有 IP 地址。

### 1. 防火墙

如图 9.33 所示，每一个 PROFINET 是相对封闭的区域，通过工业以太网交换机连接到公共以太网。工业以太网交换机承担防火墙的功能，实现控制公共以太网与 PROFINET 之间信息交换过程的功能。

### 2. VPN

通过 IPSec 隧道实现 PROFINET 之间安全通信的过程如图 9.34 所示。以工业以太网交换机为端点，构建跨公共以太网的 IPSec 隧道，通过 IPSec 隧道实现 PROFINET 之间数据的传输过程，并由 IPSec 隧道保障通过 IPSec 隧道传输的数据的完整性和保密性。

### 3. NAT

分配私有 IP 地址的 PROFINET 与公共以太网之间以及分配私有 IP 地址的 PROFINET 之间允许相互通信，但需要由实现公共以太网与 PROFINET 之间互联的工业以太网交换机完成 NAT 功能。

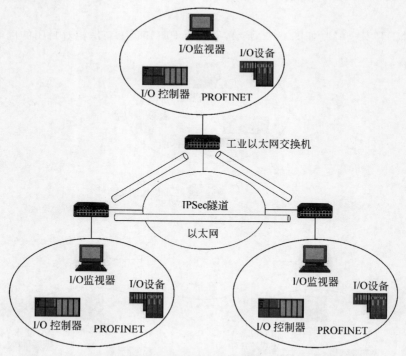

图 9.34　通过 IPSec 隧道实现 PROFINET 之间安全通信的过程

## 9.5　零信任网络访问和 SDP

随着云计算和移动互联网的广泛应用,网络的物理边界已经变得模糊,传统网络安全机制已经很难解决目前的网络安全问题,需要引入新的安全策略。零信任网络访问就是这样一种新的安全策略。软件定义边界(Software Defined Perimeter,SDP)是实现零信任网络访问的一种方案。

### 9.5.1　零信任网络访问

#### 1. 零信任网络访问特性

零信任网络访问是指具有以下特性的网络安全策略。
- 任何人完成身份鉴别过程前不能访问任何网络资源。
- 坚持最少授权原则,只授权用户完成该次访问过程所需的最少权限。
- 持续监控用户的非法动作。

#### 2. 引发零信任网络访问的原因

以下是引发零信任网络访问的主要原因。
- 移动设备的广泛应用导致网络缺乏固定的物理边界。
- 基于 IP 地址的访问控制存在缺陷。
- 授权用户权限时不会考虑用户终端设备的安全态势。

#### 3. 现有安全机制缺陷

现有安全机制存在以下缺陷。

1）基于物理边界

防火墙控制区域间信息交换的过程如图 9.35 所示。网络划分为内部网络、DMZ(非军事区)和外部网络三个区域,防火墙用于控制这三个区域之间的信息交换过程。这种控制方法的前提是内部网络、DMZ(非军事区)和外部网络这三个区域存在清晰的物理边界,因而可以在这三个区域的物理边界处放置防火墙。

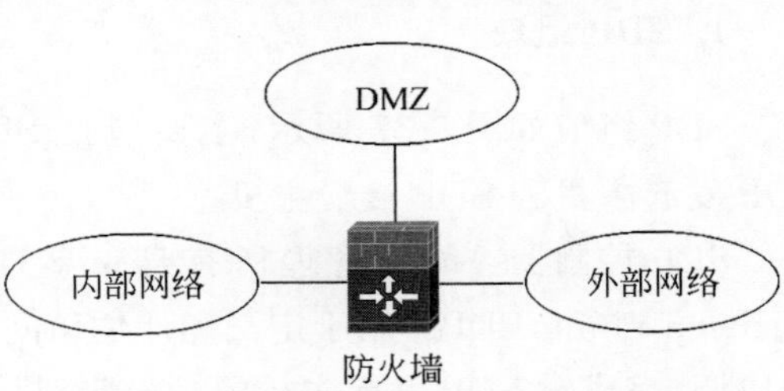

图 9.35　防火墙控制区域间信息交换的过程

2）先连接后鉴别

通过 SSL VPN 实施内部网络资源访问控制的过程如图 9.36 所示。SSL VPN 网关虽然隐藏了内部网络资源,但连接在 Internet 上的终端只有在建立与 SSL VPN 网关之间的 TCP 连接后,才能通过 TLS 实施双向身份鉴别,这给连接在 Internet 上的黑客终端实施 DoS 攻击带来可能。

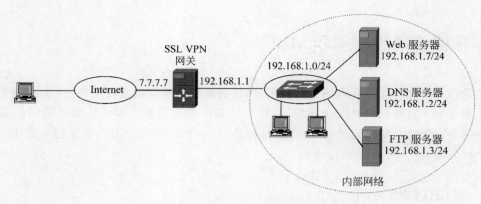

图 9.36　SSL VPN 实施访问控制的过程

3）缺乏持续鉴别和多元素鉴别

如图 9.36 所示，连接在 Internet 上的终端一旦建立与 SSL VPN 网关之间的安全连接，就可按权限访问内部网络资源。这种情况下，终端用户发生改变，或者终端自身安全态势发生改变，不会影响该终端访问内部网络资源的权限。

**4. 实现零信任网络访问的安全机制**

以下是用于实现零信任网络访问的安全机制。

- 先鉴别后连接。
- 限制网络连接、隐藏网络资源。
- 细粒度的授权机制。
- 持续监控可疑动作。

### 9.5.2　SDP

SDP 是一种用于实现零信任网络访问的方案。

**1. SDP 组成**

SDP 组成如图 9.37 所示，主要包括 SDP 控制器和 SDP 主机。SDP 主机又可以分为 SDP 发起主机和 SDP 接受主机。

SDP 控制器：负责管理所有身份鉴别和访问控制的工作，作为策略决策点（Policy Decision Point，PDP），用于定义和评估访问策略，通过与企业中其他鉴别和授权服务器之间的协调，完成对 SDP 发起主机的身份鉴别与访问授权功能。

SDP 发起主机（Initiating Host，IH）：作为访问实体，用于发起对网络资源的访问。

SDP 接受主机（Accepting Host，AH）：作为策略执行点（Policy Enforcement Point，PEP），位于 SDP 需要保护的应用、服务或资源的前端，根据 SDP 控制器发给它的指令，决定是否允许或拒绝当前 SDP 发起主机发起的对该 SDP 接受主机负责保护的应用、服务或资源的访问。SDP 接受主机可以与所保护的资源位于同一物理设备，也可以作为单独的设备。作为单独设备时，通常称为 SDP 网关。

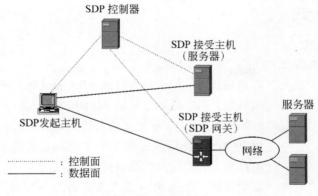

图 9.37　SDP 组成

### 2. SDP 实现零信任网络访问的机制

1）隐藏网络资源

如图 9.37 所示，在 SDP 控制器完成对 SDP 发起主机的身份鉴别和访问授权前，网络资源对于 SDP 发起主机是不可见的。

2）单包授权

单包授权（Single Packet Authorization，SPA）是一种用于实现先鉴别、后连接的协议。
如图 9.38 所示，服务器在完成对任何终端的身份鉴别前，拒绝该终端发送的建立 TCP 连接请求报文。如果某个终端希望建立与服务器之间的 TCP 连接，该终端首先向服务器发送一个 SPA 报文，该 SPA 报文中包含该终端的鉴别信息。服务器接收到该终端发送的 SPA 报文后，对鉴别信息进行鉴别，在确认允许建立与该终端之间的 TCP 连接后，接受该终端发送的建立 TCP 连接请求报文。

图 9.38　SPA 实现先鉴别后连接的过程

3）控制面和数据面分离

如图 9.37 所示，SDP 发起主机完成网络资源访问过程中与 SDP 接受主机之间传输的是数据信息。SDP 主机（包括 SDP 发起主机和 SDP 接受主机）与 SDP 控制器之间传输的是控制信息。通过 SDP 接受主机与 SDP 控制器之间的控制信息交换过程，一是使得 SDP 控制器获取 SDP 接受主机所保护的网络资源；二是使得 SDP 接受主机获取允许访问它所保护的网络资源的 SDP 发起主机以及该 SDP 发起主机的访问权限。通过 SDP 发起主机与 SDP 控制器之间的控制信息交换过程，使得 SDP 控制器完成对该 SDP 发起主机的身份鉴别，对该 SDP 发起主机分配网络资源访问权限以及完成本次访问权限所涉及的 SDP 接受主机。

SDP 发起主机按照 SDP 控制器分配的网络资源访问权限以及完成本次访问权限所涉及的 SDP 接受主机，建立与 SDP 接受主机之间的 TLS 连接，通过 TLS 连接实现与 SDP 接受主机之间的数据安全交换过程。

### 3. SDP 工作过程

1）SPA 报文格式

SPA 报文格式如图 9.39 所示,各个字段的含义如下。

| 客户标识符 |
|:---:|
| 随机数 |
| 时间戳 |
| 源 IP 地址 |
| 端口号 |
| 鉴别信息 |
| MAC |

图 9.39　SPA 报文格式

客户标识符:用于指明发送 SPA 报文的用户或设备。

随机数:用于检测重复的 SPA 报文。

时间戳:给出 SPA 报文的发送时间,用于防止重放攻击。

源 IP 地址:随后发送建立 TCP 连接请求报文的终端的 IP 地址。

端口号:请求打开的端口号。

鉴别信息:根据 SPA 报文发送者与 SPA 报文接收者之间的共享密钥生成的、用于鉴别 SPA 报文发送者身份的信息。

MAC:对 SPA 报文各个字段进行 HMAC 运算的结果,运算 HMAC 时使用 SPA 报文发送者与 SPA 报文接收者之间的共享密钥。

2）工作环境

SDP 工作环境如图 9.40 所示,设置两个 SDP 发起主机,分别是 SDP 发起主机 1 和 SDP 发起主机 2。设置一个 SDP 网关作为 SDP 接受主机,该 SDP 网关通过内部网络分别管理一个 Web 服务器和一个 FTP 服务器。设置一个 SDP 控制器,该 SDP 控制器与两个 SDP 发起主机和一个 SDP 网关之间配置的共享密钥如表 9.4 所示。在 SDP 控制器中配置如表 9.5 所示的访问控制策略,该访问控制策略决定了 SDP 发起主机 1 和 SDP 发起主机 2 的访问权限。SDP 网关管理的 Web 服务器和 FTP 服务器对于连接在外部网络上的终端是不可见的,SDP 控制器可以通过如表 9.6 所示的映射建立 SDP 网关外部网络地址和端口号与连接在内部网络中的网络资源之间的绑定。

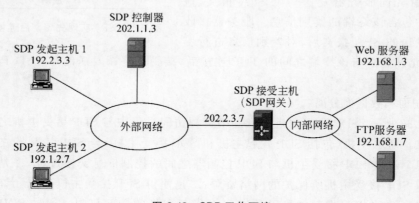

图 9.40　SDP 工作环境

表 9.4　SDP 控制器与其他 SDP 主机之间配置的共享密钥

| 对 端 主 机 | 共 享 密 钥 |
|:---|:---|
| SDP 发起主机 1 | AA11 |
| SDP 发起主机 2 | AA22 |
| SDP 网关 | AAWG |

表 9.5　客户访问权限

| 客　户 | 访 问 权 限 | 管理网络资源的 SDP 网关 | 协 议 类 型 |
|---|---|---|---|
| 发起主机 1 | Web 服务器 | 202.2.3.7:443 | HTTPS |
| 发起主机 2 | FTP 服务器 | 202.2.3.7:990 | FTPS |

表 9.6　外部网络地址和端口号与内部网络资源之间的映射

| 外部 IP 地址和端口号 | 内部网络 IP 地址和端口号 | 协 议 类 型 |
|---|---|---|
| 202.2.3.7:443 | 192.168.1.3:443 | HTTPS |
| 202.2.3.7:990 | 192.168.1.7:990 | FTPS |

3）访问控制过程

SDP 访问控制过程如图 9.41 所示,分为 SDP 网关登录过程、SDP 发起主机 1 登录过程和 SDP 发起主机 1 访问网络资源过程。

（1）SDP 网关登录过程。

SDP 网关用与 SDP 控制器之间的共享密钥构建 SPA 报文,并向 SDP 控制器发送 SPA 报文,SDP 控制器完成对 SPA 报文的鉴别后,打开 SPA 报文中指定的端口号。SDP 网关首先建立与 SDP 控制器之间的 TCP 连接,然后通过 TLS 握手协议建立与 SDP 控制器之间的 TLS 连接。建立与 SDP 控制器之间的 TLS 连接后,SDP 网关与 SDP 控制器之间一是完成双向身份鉴别过程,二是实现相互交换的 SDP 消息的保密性和完整性。

SDP 控制器在 SDP 网关成功登录后,向 SDP 网关发送 AH 服务消息,AH 服务消息中给出 SDP 网关管理的 Web 服务器和 FTP 服务器的内部网络 IP 地址、端口号、实现访问过程的协议类型以及与外部网络 IP 地址和端口号之间的映射关系。主要信息如表 9.6 所示。

（2）SDP 发起主机 1 登录过程。

SDP 发起主机 1 用与 SDP 控制器之间的共享密钥构建 SPA 报文,并向 SDP 控制器发送 SPA 报文,SDP 控制器完成对 SPA 报文的鉴别后,打开 SPA 报文中指定的端口号。SDP 发起主机 1 首先建立与 SDP 控制器之间的 TCP 连接,然后通过 TLS 握手协议建立与 SDP 控制器之间的 TLS 连接。

SDP 控制器完成对 SDP 发起主机 1 的身份鉴别过程后,确定 SDP 发起主机 1 的访问权限是允许访问 Web 服务器,并查询到管理该 Web 服务器的 SDP 网关的 IP 地址是 202.2.3.7,访问该 SDP 网关时使用的协议是 HTTPS,端口号为 443。

SDP 控制器生成 SDP 发起主机 1 和 SDP 网关之间的共享密钥,向 SDP 发起主机 1 发送 IH 服务消息,IH 服务器消息中给出访问权限（访问 Web 服务器）、管理 Web 服务器的 SDP 网关的网络信息（IP 地址 202.2.3.7 和端口号 443）、访问协议（HTTPS）以及与 SDP 网关之间的共享密钥。

SDP 控制器向 SDP 发起主机 1 发送 IH 服务消息后,向 SDP 网关发送 IH 鉴别消息,IH 鉴别消息中给出 SDP 发起主机 1 的客户标识符和与 SDP 发起主机 1 之间的共享密钥。

（3）SDP 发起主机 1 访问网络资源过程。

SDP 发起主机 1 用与 SDP 网关之间的共享密钥构建 SPA 报文,并向 SDP 网关发送 SPA 报文,SDP 网关完成对 SPA 报文的鉴别后,打开 SPA 报文中指定的端口号 443。SDP

发起主机 1 首先建立与 SDP 网关之间的 TCP 连接,然后通过 TLS 握手协议建立与 SDP 网关之间的 TLS 连接。SDP 网关根据外部网络 IP 地址和端口号与网络资源内部网络 IP 地址和端口号之间的映射关系,首先建立与 Web 服务器之间的 TCP 连接,然后通过 TLS 握手协议建立与 Web 服务器之间的 TLS 连接。

SDP 发起主机 1 通过与 SDP 网关之间的 TLS 连接向 SDP 网关发送 HTTPS 请求消息,SDP 网关通过与 Web 服务器之间的 TLS 连接转发该 HTTPS 请求消息。Web 服务器完成该 HTTPS 请求消息指定的资源访问过程后,将访问结果封装成 HTTPS 响应消息,通过与 SDP 网关之间的 TLS 连接向 SDP 网关发送 HTTPS 响应消息。SDP 网关通过与 SDP 发起主机 1 之间的 TLS 连接转发该 HTTPS 响应消息。SDP 发起主机 1 接收到 Web 服务器发送的 HTTPS 响应消息后,完成本次资源访问过程。通过向 SDP 控制器发送注销消息结束本次登录过程。

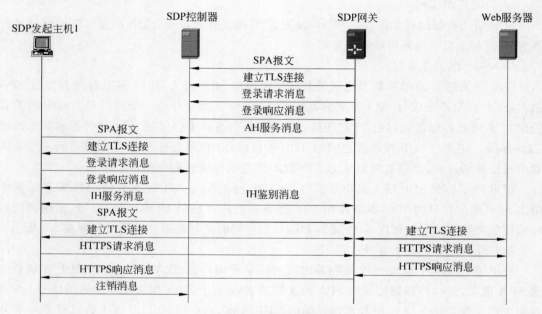

图 9.41　SDP 访问控制过程

# 本章小结

- 物联网安全机制包含接入网安全机制、端到端数据传输安全机制、工业以太网安全机制和数据访问安全机制等。
- 接入网安全机制主要包括双向身份鉴别、数据加密和数据完整性检测等。
- 针对基于 TCP 和 UDP 的应用层消息传输过程,分别通过 TLS 和 DTLS 实现应用层消息的安全传输。
- Ethernet/IP 的安全机制是保障 CIP 消息端到端安全传输的机制。
- PROFINET 安全机制是保护 PROFINET 免遭外部网络攻击的机制。
- 零信任网络访问是一种用于解决目前面临的网络安全问题的新的安全策略。
- SDP 是实现零信任网络访问的一种方案。

# 习题

9.1 简述物联网安全的特殊性和重要性。

9.2 物联网面临的安全问题有哪些?

9.3 物联网安全包括哪些安全机制?

9.4 简述 Bluetooth LE 实现双向身份鉴别的过程。

9.5 简述 ZigBee 实现双向身份鉴别的过程。

9.6 简述 802.11ah 实现双向身份鉴别的过程。

9.7 简述 LoRa 实现双向身份鉴别的过程。

9.8 简述 NB-IoT 实现双向身份鉴别的过程。

9.9 简述 TLS 共享密钥生成过程。

9.10 简述 TLS 通过证书证实身份的过程。

9.11 如何理解 DTLS 是基于 UDP 的 TLS?

9.12 DTLS 除了完成 TLS 完成的安全功能外,还需要具有哪些功能?

9.13 简述保障 CIP 消息端到端安全传输的 Ethernet/IP 的安全机制。

9.14 简述 PROFINET 安全机制需要解决的问题。

9.15 简述零信任网络访问的特性。

9.16 简述引发零信任网络访问的原因。

9.17 针对如图 9.40 所示的 SDP 工作环境,简述 SDP 实现零信任网络访问的过程。

# 第 10 章　物联网应用实例

物联网已经得到广泛应用,本章讨论三个物联网应用实例,分别是智能家居、智慧校园和工业物联网。

## 10.1　智能家居

智能家居由感知环境的传感器和控制环境的执行器组成,通过在云平台设置用于实施控制策略的条件和动作,保证家居环境保持在一个舒适的程度。

### 10.1.1　智能家居系统结构

如图 10.1 所示是一个简化的智能家居系统结构,该智能家居中的传感器和执行器都是智能物体,可以独立实现通信协议和一般的处理功能。为了方便起见,假定这些智能物体有着以太网接口,可以直接连接到以太网交换机上。智能家居中的智能物体连接到家庭局域网,家庭局域网通过无线路由器连接到互联网。无线路由器作为 DHCP 服务器,负责为智能物体分配私有 IP 地址。由于用服务器仿真云平台,智能物体需要建立与服务器之间的连接。由于智能物体的私有 IP 地址对互联网是透明的,需要由无线路由器负责地址转换过程,并建立地址转换表。在服务器中设置条件和动作,智能物体建立与服务器之间的连接后,由传感器向服务器上传感知数据,由服务器对传感器上传的数据进行处理,并根据设置的条件和动作向执行器发布命令。手机可以通过 4G/5G 网络连接到互联网,并可以通过浏览器登录服务器。登录服务器后,可以查询传感器上传到服务器的数据,并直接对连接到服务器上的执行器发布命令。

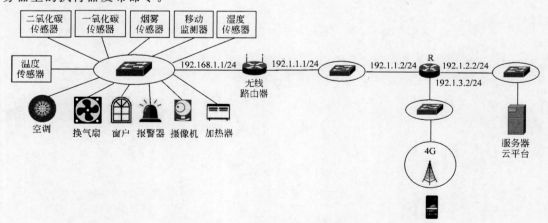

图 10.1　智能家居系统结构

## 10.1.2 智能家居设备定义和连接建立过程

### 1. 设备定义

需要在云平台完成设备定义过程,列出智能家居系统中使用的所有设备,以及这些设备与云平台之间交换的数据类型及格式。云平台为智能家居定义的设备属性如表 10.1 所示。设备输出数据用于上传给云平台,设备输入数据通常是云平台发送给设备的控制信息。

表 10.1 设备属性

| 设 备 名 称 | 数据含义 | 输入/输出 | 数 据 格 式 |
|---|---|---|---|
| 一氧化碳传感器 | 浓度 | 输出 | 以百分制方式给出的实数值 |
| 一氧化碳传感器 | 状态 | 输出 | 1:一氧化碳浓度>20%。0:一氧化碳浓度≤20% |
| 二氧化碳传感器 | 浓度 | 输出 | 以百分制方式给出的实数值 |
| 二氧化碳传感器 | 状态 | 输出 | 1:二氧化碳浓度>60%。0:二氧化碳浓度≤60% |
| 烟雾传感器 | 浓度 | 输出 | 以百分制方式给出的实数值 |
| 烟雾传感器 | 状态 | 输出 | 1:烟雾浓度>40%。0:烟雾浓度≤40% |
| 移动监测器 | 状态 | 输出 | 1:检测到物体移动。0:没有检测到物体移动 |
| 湿度传感器 | 湿度 | 输出 | 以百分制方式给出的实数值 |
| 温度传感器 | 温度 | 输出 | 表示摄氏温度的实数值 |
| 空调 | 控制 | 输入 | 1:开启。0:关闭 |
| 空调 | 状态 | 输出 | 1:开启。0:关闭 |
| 换气扇 | 控制 | 输入 | 1:开启。0:关闭 |
| 换气扇 | 状态 | 输出 | 1:开启。0:关闭 |
| 窗户 | 控制 | 输入 | 1:开启。0:关闭 |
| 窗户 | 状态 | 输出 | 1:开启。0:关闭 |
| 报警器 | 控制 | 输入 | 1:开启。0:关闭 |
| 报警器 | 状态 | 输出 | 1:开启。0:关闭 |
| 摄像机 | 控制 | 输入 | 1:开启。0:关闭 |
| 摄像机 | 状态 | 输出 | 1:开启。0:关闭 |
| 加热器 | 控制 | 输入 | 1:开启。0:关闭 |
| 加热器 | 状态 | 输出 | 1:开启。0:关闭 |

### 2. 连接建立过程

智能家居中的设备都是智能物体,在配置云平台的域名和连接到云平台时使用的用户名和密码后,能够自动建立与云平台之间的连接。建立连接后,传感器自动向云平台上传感知结果,执行器接收到云平台发送的控制信息后,自动完成相应的动作。

### 10.1.3 智能家居控制策略

#### 1. 控制策略

智能家居的控制策略是一种通过关联传感器和执行器,将家居环境维持在安全、舒适的程度的策略。根据如图 10.1 所示智能物体配置,得出以下控制策略。

(1) 通过关联一氧化碳传感器与换气扇、窗户和报警器将一氧化碳浓度控制在 20% 以下。

(2) 通过关联二氧化碳传感器与换气扇、窗户和报警器将二氧化碳浓度控制在 50% 以下。

(3) 通过关联烟雾传感器与报警器,开启火警预报功能。

(4) 通过关联湿度传感器与加热器,将湿度控制在 60% 以下。

(5) 通过关联温度传感器与加热器和空调,将温度控制在 10~25℃ 区间。

(6) 通过关联移动监测器和摄像机,开启对非法闯入者自动摄像的功能。

#### 2. 条件和动作

根据控制策略和设备属性,在服务器中设置如表 10.2 所示的条件和动作。

表 10.2　条件和动作

| 名称 | 条　件 | 动　作 |
|---|---|---|
| Y1 | 一氧化碳浓度>20% ‖ 二氧化碳浓度>50% | 开启窗户、换气扇和报警器 |
| Y2 | 一氧化碳浓度<5% && 二氧化碳浓度<10% | 关闭窗户、换气扇和报警器 |
| Y3 | 烟雾>40% | 开启报警器 |
| Y4 | 烟雾<10% | 关闭报警器 |
| Y5 | 湿度>60% ‖ 温度<10° | 开启加热器 |
| Y6 | 湿度<20% && 温度>15° | 关闭加热器 |
| Y7 | 温度>30° | 开启空调 |
| Y8 | 温度<25° | 关闭空调 |
| Y9 | 移动监测器==true | 开启摄像机 |

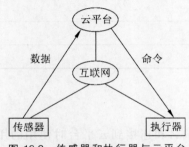

图 10.2　传感器和执行器与云平台之间的信息交换过程

条件和动作决定了云平台的处理过程,对应名为 Y1 的条件和动作。当云平台接收到一氧化碳传感器上传的数据,且数据值大于 20% 时,或者当云平台接收到二氧化碳传感器上传的数据,且数据值大于 50% 时,云平台分别向窗户、换气扇和报警器发送开启窗户、换气扇和报警器的控制信息。智能家居自动监测和控制过程中传感器和执行器与云平台之间的信息交换过程如图 10.2 所示。

## 10.2　智慧校园

智慧校园由楼宇控制系统、体育场草坪控制系统和校园路灯控制系统组成,能够自动对办公楼、体育场草坪和道路路灯实施监测和控制。

### 10.2.1　智慧校园系统结构

智慧校园系统结构如图 10.3 所示,主要由楼宇控制系统、体育场草坪控制系统和校园路灯控制系统组成。

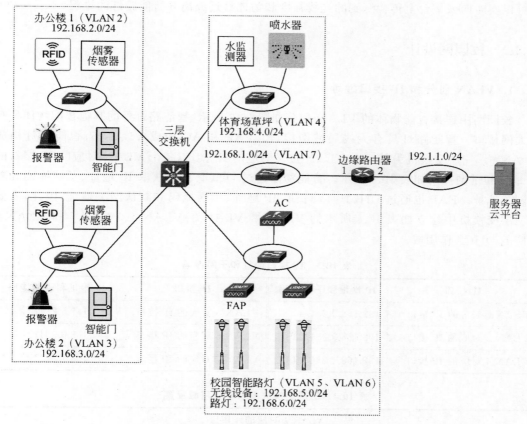

图 10.3　智慧校园系统结构

### 1.　楼宇控制系统

办公楼 1 和办公楼 2 安装门禁系统,门禁系统包括 RFID 读卡器和智能门,工作人员刷卡进入。办公楼 1 和办公楼 2 还安装火警系统,由烟雾传感器检测烟雾浓度,一旦烟雾浓度超出阈值,开启报警器。可以通过云平台统一配置允许进入办公楼 1 和办公楼 2 的智能卡 ID 与开启报警器的烟雾浓度阈值。

### 2. 体育场草坪控制系统

体育场草坪控制系统由水监测器和喷水器组成,一旦水监测器监测到草坪的含水量低于下限,开启喷水器,直到草坪含水量达到上限。可以通过云平台统一配置草坪含水量的下限和上限。

### 3. 校园路灯控制系统

校园路灯控制系统由智能路灯、无线控制器(Access Controller,AC)和瘦接入点(Fit AP,FAP)组成。智能路灯能够监测光线强度,根据监测到的光线强度自动调整路灯亮度。智能路灯通过无线局域网与 FAP 建立关联,由 AC 完成对 FAP 的统一配置。智能路灯具有监测靠近或离开它的物体的功能,以此可以监控智能路灯附近的物体流动过程。智能路灯可以实时向云平台上传检测到的光线强度和物体靠近或离开智能路灯的过程。

## 10.2.2  校园网设计

### 1. VLAN 划分和 IP 接口地址

校园网中连接智能物体的 VLAN 划分如图 10.3 所示,智能路灯外的其他智能物体具有以太网接口。智能路灯具有无线局域网接口。FAP 和 AC 构成 VLAN 5,智能路灯构成 VLAN 6。三层交换机为每一个 VLAN 定义对应的 IP 接口,各个 VLAN 对应的 IP 接口的 IP 地址和子网掩码如表 10.3 所示。智能物体通过 DHCP 自动获取 IP 地址、子网掩码和默认网关地址。FAP 也通过 DHCP 自动获取 IP 地址、子网掩码和默认网关地址,因此,需要在三层交换机中建立如表 10.4 所示的 VLAN 2、VLAN 3、VLAN 4、VLAN 5 和 VLAN 6 对应的 DHCP 作用域。

表 10.3  IP 接口地址和子网掩码

| IP 接口 | IP 地址和子网掩码 | IP 接口 | IP 地址和子网掩码 |
|---|---|---|---|
| VLAN 2 对应的 IP 接口 | 192.168.2.254/24 | VLAN 5 对应的 IP 接口 | 192.168.5.254/24 |
| VLAN 3 对应的 IP 接口 | 192.168.3.254/24 | VLAN 6 对应的 IP 接口 | 192.168.6.254/24 |
| VLAN 4 对应的 IP 接口 | 192.168.4.254/24 | VLAN 7 对应的 IP 接口 | 192.168.1.2/24 |

表 10.4  三层交换机 DHCP 作用域配置

| VLAN 2 对应的作用域 | |
|---|---|
| IP 地址池 | 192.168.2.1~192.168.2.253 |
| 子网掩码 | 255.255.255.0 |
| 默认网关地址 | 192.168.2.254 |
| VLAN 3 对应的作用域 | |
| IP 地址池 | 192.168.3.1~192.168.3.253 |
| 子网掩码 | 255.255.255.0 |

续表

| VLAN 3 对应的作用域 | |
|---|---|
| 默认网关地址 | 192.168.3.254 |
| **VLAN 4 对应的作用域** | |
| IP 地址池 | 192.168.4.1～192.168.4.253 |
| 子网掩码 | 255.255.255.0 |
| 默认网关地址 | 192.168.4.254 |
| **VLAN 5 对应的作用域** | |
| IP 地址池 | 192.168.5.2～192.168.5.253 |
| 子网掩码 | 255.255.255.0 |
| 默认网关地址 | 192.168.5.254 |
| **VLAN 6 对应的作用域** | |
| IP 地址池 | 192.168.6.1～192.168.6.253 |
| 子网掩码 | 255.255.255.0 |
| 默认网关地址 | 192.168.6.254 |

#### 2. 路由表

三层交换机的路由表如表 10.5 所示,路由表中给出用于指明通往校园网内各个子网的传输路径的路由项和用于指明通往互联网(这里用网络 192.1.1.0/24 代替)的传输路径的路由项。边缘路由器的路由表如表 10.6 所示,路由表中同样给出用于指明通往校园网内各个子网的传输路径的路由项,但没有用于指明通往网络 192.168.5.0/24 的传输路径的路由项,该网络只是用于为 AC 和 FAP 分配 IP 地址,对边缘路由器是透明的。

表 10.5　三层交换机的路由表

| 目的网络 | 输出接口 | 下一跳 |
|---|---|---|
| 192.168.1.0/24 | VLAN 7 | 直接 |
| 192.168.2.0/24 | VLAN 2 | 直接 |
| 192.168.3.0/24 | VLAN 3 | 直接 |
| 192.168.4.0/24 | VLAN 4 | 直接 |
| 192.168.5.0/24 | VLAN 5 | 直接 |
| 192.168.6.0/24 | VLAN 6 | 直接 |
| 192.1.1.0/24 | VLAN 7 | 192.168.1.1 |

表 10.6　边缘路由器的路由表

| 目的网络 | 输出接口 | 下一跳 |
|---|---|---|
| 192.168.1.0/24 | 1 | 直接 |
| 192.168.2.0/24 | 1 | 192.168.1.2 |
| 192.168.3.0/24 | 1 | 192.168.1.2 |
| 192.168.4.0/24 | 1 | 192.168.1.2 |
| 192.168.6.0/24 | 1 | 192.168.1.2 |
| 192.1.1.0/24 | 2 | 直接 |

#### 3. 网络地址转换

校园网中分配私有 IP 地址的智能物体访问互联网中云平台时,需要由边缘路由器实施网络地址转换过程,边缘路由器只对私有 IP 地址范围为 192.168.2.0/24、192.168.3.0/24、

192.168.4.0/24 和 192.168.6.0/24 的智能物体发送的 IP 分组实施 NAT。

### 10.2.3 智慧校园设备定义和连接建立过程

#### 1. 设备定义

需要在云平台完成设备定义过程，列出智慧校园中使用的所有设备，以及这些设备与云平台之间交换的数据类型及格式，云平台定义的设备属性如表 10.7 所示。设备输出数据是设备上传给云平台的数据，设备输入数据通常是云平台发送给设备的控制信息。

表 10.7　设备属性

| 设 备 名 称 | 数 据 含 义 | 输入/输出 | 数 据 格 式 |
|---|---|---|---|
| 烟雾传感器 | 浓度 | 输出 | 以百分制方式给出的实数值 |
| 烟雾传感器 | 状态 | 输出 | 1：烟雾浓度＞40%。0：烟雾浓度≤40% |
| RFID 读卡器 | Card ID | 输出 | 十进制整数 |
| RFID 读卡器 | 状态 | 输出 | 0：有效。1：无效。2：等待 |
| 水监测器 | 含水量 | 输出 | 以百分制方式给出的实数值 |
| 智能门 | 控制门 | 输入 | 1：开门。0：关门 |
| 智能门 | 控制锁 | 输入 | 1：开锁。0：锁上 |
| 智能门 | 门状态 | 输出 | 0：开门。1：关门 |
| 智能门 | 锁状态 | 输出 | 0：开锁。1：锁上 |
| 报警器 | 控制 | 输入 | 1：开启。0：关闭 |
| 报警器 | 状态 | 输出 | 1：开启。0：关闭 |
| 喷水器 | 控制 | 输入 | 1：开启。0：关闭 |
| 喷水器 | 状态 | 输出 | 1：开启。0：关闭 |
| 智能路灯 | 序列号 | 输出 | 字符串 |
| 智能路灯 | 光线强度 | 输出 | 实数 |
| 智能路灯 | 光线强度变化趋势 | 输出 | −1：减少。0：不变。1：增加 |
| 智能路灯 | 接近的物体数量 | 输出 | 整数 |
| 智能路灯 | 接近的物体数量变化趋势 | 输出 | −1：减少。0：不变。1：增加 |

#### 2. 连接建立过程

智能校园中的设备都是智能物体，在配置云平台的域名和连接到云平台时使用的用户名和密码后，能够自动建立与云平台之间的连接。建立连接后，传感器自动向云平台上传感知结果，执行器接收到云平台发送的控制信息后，自动完成相应的动作。

### 10.2.4　智慧校园控制策略

#### 1. 控制策略

智慧校园控制策略用于指定实现智慧校园预期目标所需的管理控制机制。

（1）只允许授权人员进入办公楼。

（2）通过关联烟雾传感器与报警器，开启办公楼火警预报功能。

（3）将体育场草坪的含水量控制在设定的阈值内。

（4）实时监控校园道路光线强度变化情况。

（5）实时统计道路流量。

#### 2. 条件和动作

如表 10.8 所示的条件和动作是根据如表 10.7 所示的智慧校园中设备的属性和智慧校园控制策略制定的，如名为 Y1 的条件和动作，表示办公楼 1 的 RFID 读卡器只有读到授权人员的 Card ID 时，RFID 读卡器才能输出有效状态。名为 Y3 的条件和动作表明，只有当云平台接收到 RFID 读卡器的有效状态时，才能打开办公楼 1 的门。以此实施"只允许授权人员进入办公楼"的控制策略。

表 10.8　条件和动作

| 名称 | 条　件 | 动　作 |
|------|--------|--------|
| Y1 | Card ID≥1033 && Card ID≤1077 | 办公楼 1 RFID 读卡器状态有效 |
| Y2 | Card ID<1033 \|\| Card ID>1077 | 办公楼 1 RFID 读卡器状态无效 |
| Y3 | 办公楼 1 RFID 读卡器状态有效 | 打开办公楼 1 的门 |
| Y4 | 办公楼 1 RFID 读卡器状态无效 | 关闭办公楼 1 的门 |
| Y5 | Card ID≥1123 && Card ID≤1137 | 办公楼 2 RFID 读卡器状态有效 |
| Y6 | Card ID<1123 \|\| Card ID>1137 | 办公楼 2 RFID 读卡器状态无效 |
| Y7 | 办公楼 2 RFID 读卡器状态有效 | 打开办公楼 2 的门 |
| Y8 | 办公楼 2 RFID 读卡器状态无效 | 关闭办公楼 2 的门 |
| Y9 | 办公楼 1 烟雾>40% | 开启办公楼 1 的报警器 |
| Y10 | 办公楼 1 烟雾<10% | 关闭办公楼 1 的报警器 |
| Y11 | 办公楼 2 烟雾>40% | 开启办公楼 2 的报警器 |
| Y12 | 办公楼 2 烟雾<10% | 关闭办公楼 2 的报警器 |
| Y13 | 含水量<20% | 开启喷水器 |
| Y14 | 含水量≥60% | 关闭喷水器 |

## 10.3  工业物联网

采用 Ethernet/IP 技术构建工业现场控制网络,通过企业网将工业现场控制网络与后台服务器相连,实现连接在工业现场控制网络上的工业设备与企业网后台服务器之间的数据传输过程。

### 10.3.1  工业物联网系统结构

工业物联网系统结构如图 10.4 所示,由 S11~S15 和 S21~S25 构成的两个环状网是工业现场控制网络。工业现场控制网络中的交换机直接连接监控和驱动设备,如集成 PLC 和工业 PC 功能的可编程自动化控制器(Programmable Automation Controller,PAC)、集成 CPU 和输入输出模块的分布式输入/输出(Distributed Input/Output,DIO)、用于驱动电机的变频器(Variable Frequency Drive,VFD)和实现人与系统之间交互的人机接口(Human Machine Interface,HMI)等。

S15、S25、S31 和 S32 构成企业网,S15 和 S25 用于实现工业现场控制网络和企业网之间的互联。为了保证工业现场控制网络的安全性,一是工业现场控制网络分配私有 IP 地址,连接在工业现场控制网络上的设备对企业网中的终端和服务器是不可见的;二是 S15 和 S25 具备防火墙功能,对企业网中的终端和服务器访问工业现场控制网络中设备的过程实施控制。

S15 和 S25 同时连接 S31 和 S32,以此保证工业现场控制网络与企业网的连通性。工业现场控制网络采用环状拓扑结构,确保连接在工业现场控制网络上的设备之间的连通性。

### 10.3.2  工业物联网性能要求

#### 1. 满足恶劣环境

工业现场环境极其恶劣,一是环境温度变化较大,要求网络设备的正常工作温度范围为 $-40 \sim 75^{\circ}\mathrm{C}$;二是现场环境通常暴露在粉尘和油污中,需要网络设备有着较好的耐污染物能力。因此,工业现场控制网络所使用的网络设备应该是针对工业现场恶劣环境的工业以太网交换机。

#### 2. 可靠性

工业现场控制网络用于保证工业现场生产制造设备的正常运行,需要很高的可靠性,因此,必须通过采用环状网拓扑结构与设备级环状网(DLR)和弹性以太网协议(REP)等容错技术来提高工业现场控制网络的可靠性。

#### 3. 安全性

工业现场控制网络连接的设备以及经过工业现场控制网络传输的数据都十分重要,因此,必须按照授权访问工业现场控制网络连接的设备,并确保经过工业现场控制网络传输的数据的保密性和完整性。

### 4. 确定性

确定性指的是工业现场控制网络连接的两个设备之间的传输时延可以事先确定且变化很小。确定性要求工业现场控制网络连接的两个设备之间的传输时延及其时延抖动都比较小。目前，网络通常通过服务质量来保证两个设备之间特定信息流的传输时延及其时延抖动。

### 5. CIP

如图 10.4 所示的工业物联网采用 Ethernet/IP 技术，因此，工业设备和以太网交换机都需要支持 CIP，实现 CIP Sync 和 CIP Motion。

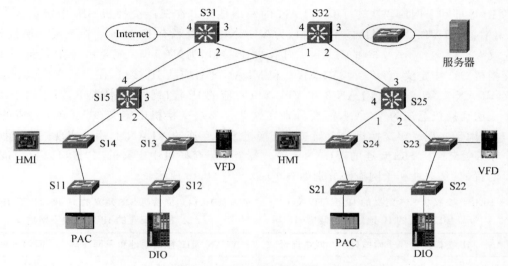

图 10.4　工业物联网系统结构

## 10.3.3　工业物联网实现过程

### 1. 配置 VLAN

交换机 S11～S14、交换机 S15 端口 1 和端口 2 分配给 VLAN 2，交换机 S21～S24、交换机 S25 端口 1 和端口 2 分配给 VLAN 3。交换机 S15 分别通过 VLAN 4 和 VLAN 5 连接交换机 S31 和 S32。交换机 S25 分别通过 VLAN 6 和 VLAN 7 连接交换机 S31 和 S32。用 VLAN 8 互连交换机 S31 和 S32。服务器连接在 VLAN 9 上。交换机 S15、S25、S31 和 S32 VLAN 与端口之间的映射分别如表 10.9～表 10.12 所示。

表 10.9　交换机 S15 VLAN 与交换机端口映射表

| VLAN | 接入端口 |
| --- | --- |
| VLAN 2 | 端口 1，端口 2 |
| VLAN 4 | 端口 4 |
| VLAN 5 | 端口 3 |

表 10.10　交换机 S25 VLAN 与交换机端口映射表

| VLAN | 接入端口 |
| --- | --- |
| VLAN 3 | 端口 1，端口 2 |
| VLAN 6 | 端口 4 |
| VLAN 7 | 端口 3 |

表 10.11　交换机 S31 VLAN 与交换机端口映射表

| VLAN | 接入端口 |
| --- | --- |
| VLAN 4 | 端口 1 |
| VLAN 6 | 端口 2 |
| VLAN 8 | 端口 3 |

表 10.12　交换机 S32 VLAN 与交换机端口映射表

| VLAN | 接入端口 |
| --- | --- |
| VLAN 5 | 端口 1 |
| VLAN 7 | 端口 2 |
| VLAN 8 | 端口 4 |
| VLAN 9 | 端口 3 |

## 2. 配置 VLAN 对应的 IP 接口

为各个 VLAN 定义 IP 接口,配置 IP 地址和子网掩码,为某个 VLAN 对应的 IP 接口配置的 IP 地址和子网掩码决定了该 VLAN 的网络地址。在三层交换机 S15 中定义 VLAN 2、VLAN 4 和 VLAN 5 对应的 IP 接口,为 VLAN 2 配置私有 IP 地址。在三层交换机 S25 中定义 VLAN 3、VLAN 6 和 VLAN 7 对应的 IP 接口,为 VLAN 3 配置私有 IP 地址。在三层交换机 S31 中定义 VLAN 4、VLAN 6 和 VLAN 8 对应的 IP 接口,在三层交换机 S32 中定义 VLAN 5、VLAN 7、VLAN 8 和 VLAN 9 对应的 IP 接口。一般情况下,对于用于实现两个三层交换机互连的 VLAN,需要分别在这两个三层交换机中定义该 VLAN 对应的 IP 接口,如用于实现三层交换机 S15 与三层交换机 S31 互连的 VLAN 4,用于实现三层交换机 S31 与三层交换机 S32 互连的 VLAN 8 等。各个三层交换机中定义的 IP 接口以及为该 IP 接口配置的 IP 地址和子网掩码分别如表 10.13～表 10.16 所示。

表 10.13　交换机 S15 定义的 IP 接口以及 IP 接口配置的 IP 地址和子网掩码

| VLAN | IP 接口地址和子网掩码 | 网络地址 |
| --- | --- | --- |
| VLAN 2 | 192.168.2.254/24 | 192.168.2.0/24 |
| VLAN 4 | 192.1.4.1/24 | 192.1.4.0/24 |
| VLAN 5 | 192.1.5.1/24 | 192.1.5.0/24 |

表 10.14　交换机 S25 定义的 IP 接口以及 IP 接口配置的 IP 地址和子网掩码

| VLAN | IP 接口地址和子网掩码 | 网络地址 |
| --- | --- | --- |
| VLAN 3 | 192.168.3.254/24 | 192.168.3.0/24 |
| VLAN 6 | 192.1.6.1/24 | 192.1.6.0/24 |
| VLAN 7 | 192.1.7.1/24 | 192.1.7.0/24 |

表 10.15　交换机 S31 定义的 IP 接口以及 IP 接口配置的 IP 地址和子网掩码

| VLAN | IP 接口地址和子网掩码 | VLAN 对应的网络地址 |
| --- | --- | --- |
| VLAN 4 | 192.1.4.2/24 | 192.1.4.0/24 |
| VLAN 6 | 192.1.6.2/24 | 192.1.6.0/24 |
| VLAN 8 | 192.1.8.1/24 | 192.1.8.0/24 |

表 10.16　交换机 S32 定义的 IP 接口以及 IP 接口配置的 IP 地址和子网掩码

| VLAN | IP 接口地址和子网掩码 | VLAN 对应的网络地址 |
| --- | --- | --- |
| VLAN 5 | 192.1.5.2/24 | 192.1.5.0/24 |
| VLAN 7 | 192.1.7.2/24 | 192.1.7.0/24 |
| VLAN 8 | 192.1.8.2/24 | 192.1.8.0/24 |
| VLAN 9 | 192.1.9.254/24 | 192.1.9.0/24 |

### 3. 三层交换机路由表

为三层交换机定义 IP 接口并为 IP 接口分配 IP 地址和子网掩码后,三层交换机中自动生成用于指明通往该 IP 接口对应的 VLAN 的传输路径的直连路由项。在各个三层交换机中启动路由协议,并配置该三层交换机直接连接的网络的网络地址后,各个三层交换机通过路由协议生成用于指明通往所有 VLAN 的传输路径的路由项。各个三层交换机生成的完整路由表分别如表 10.17～表 10.20 所示。如果某个三层交换机中存在多条路径距离相等的通往某个 VLAN 的传输路径,该三层交换机将生成多个路由项,每一个路由项对应其中一条传输路径。如存在两条路径距离相等的三层交换机 S15 通往 VLAN 8 的传输路径,分别是 S15→S31→VLAN 8 和 S15→S32→VLAN 8,因此,三层交换机 S15 中分别生成两项用于指明这两条通往 VLAN 8 的传输路径的路由项。

表 10.17　三层交换机 S15 路由表

| 目的网络 | 输出接口 | 下一跳 |
| --- | --- | --- |
| 192.168.2.0/24 | VLAN 2 | 直接 |
| 192.1.4.0/24 | VLAN 4 | 直接 |
| 192.1.5.0/24 | VLAN 5 | 直接 |
| 192.1.6.0/24 | VLAN 4 | 192.1.4.2 |
| 192.1.7.0/24 | VLAN 5 | 192.1.5.2 |
| 192.1.8.0/24 | VLAN 4 | 192.1.4.2 |
| 192.1.8.0/24 | VLAN 5 | 192.1.5.2 |
| 192.1.9.0/24 | VLAN 5 | 192.1.5.2 |
| 0.0.0.0/0 | VLAN 4 | 192.1.4.2 |

表 10.18　三层交换机 S25 路由表

| 目的网络 | 输出接口 | 下一跳 |
| --- | --- | --- |
| 192.168.3.0/24 | VLAN 3 | 直接 |
| 192.1.4.0/24 | VLAN 6 | 192.1.6.2 |
| 192.1.5.0/24 | VLAN 7 | 192.1.7.2 |
| 192.1.6.0/24 | VLAN 6 | 直接 |
| 192.1.7.0/24 | VLAN 7 | 直接 |
| 192.1.8.0/24 | VLAN 6 | 192.1.6.2 |
| 192.1.8.0/24 | VLAN 7 | 192.1.7.2 |
| 192.1.9.0/24 | VLAN 7 | 192.1.7.2 |
| 0.0.0.0/0 | VLAN 6 | 192.1.6.2 |

表 10.19　三层交换机 S31 路由表

| 目的网络 | 输出接口 | 下一跳 |
| --- | --- | --- |
| 192.1.4.0/24 | VLAN 4 | 直接 |
| 192.1.5.0/24 | VLAN 4 | 192.1.4.1 |
| 192.1.5.0/24 | VLAN 8 | 192.1.8.2 |
| 192.1.6.0/24 | VLAN 6 | 直接 |
| 192.1.7.0/24 | VLAN 6 | 192.1.6.1 |
| 192.1.7.0/24 | VLAN 8 | 192.1.8.2 |
| 192.1.8.0/24 | VLAN 8 | 直接 |
| 192.1.9.0/24 | VLAN 8 | 192.1.8.2 |
| 0.0.0.0/0 | 端口 4 | |

表 10.20　三层交换机 S32 路由表

| 目的网络 | 输出接口 | 下一跳 |
| --- | --- | --- |
| 192.1.4.0/24 | VLAN 5 | 192.1.5.1 |
| 192.1.4.0/24 | VLAN 8 | 192.1.8.1 |
| 192.1.5.0/24 | VLAN 5 | 直接 |
| 192.1.6.0/24 | VLAN 5 | 192.1.5.1 |
| 192.1.6.0/24 | VLAN 8 | 192.1.8.1 |
| 192.1.7.0/24 | VLAN 7 | 直接 |
| 192.1.8.0/24 | VLAN 8 | 直接 |
| 192.1.9.0/24 | VLAN 9 | 直接 |
| 0.0.0.0/0 | VLAN 8 | 192.1.8.1 |

需要说明的是,虽然三层交换机 S15 中存在用于指明通往 VLAN 2 的传输路径的直连

路由项,但由于 VLAN 2 配置的 IP 地址是私有 IP 地址,VLAN 2 对应的网络地址对其他 VLAN 是透明的,因此,其他三层交换机的路由表中并不存在用于指明通往 VLAN 2 的传输路径的路由项。VLAN 3 也同样。

### 4. QoS 配置

为了减少时间敏感信息流的传输时延和时延抖动,为不同类型的信息流配置不同的 QoS。IP 分组首部和 MAC 帧首部都存在用于区分 IP 分组或 MAC 帧的 QoS 的字段,IP 分组首部中存在 8 位服务类型(Type of Service,ToS)字段,其中,6 位为区分服务码点(Differentiated Services Code Point,DSCP),用 DSCP 区分 IP 分组的 QoS。MAC 帧首部中存在 3 位优先级字段,可以用优先级区分 MAC 帧的 QoS。与工业物联网相关的敏感信息流类型以及对应的 DSCP 和优先级字段值如表 10.21 所示。为了优先服务 DSCP 字段值高的 IP 分组或优先级字段值高的 MAC 帧,将不同 DSCP 字段值的 IP 分组或不同优先级字段值的 MAC 帧放入不同的输出队列,并对不同的输出队列分配不同的调度权重和缓冲器权重,如表 10.22 所示。严格优先级队列是具有最高优先级的输出队列,只要该队列中存在 IP 分组或 MAC 帧,调度器优先输出存储在严格优先级队列中的 IP 分组或 MAC 帧。

某一队列对应的调度权重决定了每一轮循环服务中存储在该队列中的 IP 分组或 MAC 帧获得的服务比例。针对如表 10.22 所示的队列调度权重,如果输出队列输出 10 个 IP 分组或 MAC 帧为一轮循环,则 10 个 IP 分组或 MAC 帧中,存储在队列 3 中的 IP 分组或 MAC 帧占 4.5 个,存储在队列 4 中的 IP 分组或 MAC 帧占 3 个,存储在队列 2 中的 IP 分组或 MAC 帧占 2.5 个。

某一队列的缓冲器权重决定了分配给该队列的缓冲器比例,假如输出队列缓冲器总的容量为 1000KB,根据如表 10.22 所示的缓冲器权重,队列 1 分配 100KB,队列 2 分配 250KB,队列 3 分配 400KB,队列 4 分配 250KB。当某个 IP 分组或 MAC 帧放入某个输出队列时,如果该输出队列满,则丢弃该 IP 分组或 MAC 帧。

二层交换机用于转发 MAC 帧,根据 MAC 帧首部的优先级字段值将 MAC 帧映射到对应的输出队列。三层交换机转发 IP 分组时,根据 IP 分组首部的 DSCP 字段值将 IP 分组映射到对应的输出队列。

表 10.21　流量类型及其对应的 DSCP 和 802.1Q 优先级字段值

| 流　量　类　型 | DSCP | 802.1Q 优先级 |
| --- | --- | --- |
| PTP 事件消息 | 59(111011) | 7 |
| PTP 管理消息 | 47(101111) | 5 |
| CIP 类型 0/1(CIP Motion) | 55(110111) | 6 |
| CIP I/O(高优先级) | 47(101111) | 5 |
| CIP I/O(中优先级) | 43(101011) | 5 |
| CIP I/O(低优先级) | 31(011111) | 3 |
| CIP 显式消息 | 27(011011) | 3 |

表 10.22　DSCP 和 802.1Q 优先级字段值与输出队列之间的关系

| DSCP | 802.1Q 优先级 | 队　列 | 调 度 权 重 | 缓冲器权重 |
|------|-------------|--------|-----------|-----------|
| 59 | 7 | 1 | 严格优先级 | 10% |
| 47 | 5 | | | |
| 55 | 6 | 3 | 45% | 40% |
| 47 | 5 | | | |
| 43 | 5 | | | |
| 31 | 3 | 4 | 30% | 25% |
| 27 | 3 | | | |
| <27 | <3 | 2 | 25% | 25% |

### 5. PAT 配置

在三层交换机 S15 VLAN 4 和 VLAN 5 对应的 IP 接口上，定义两个 PAT（Port Address Translation）规则，对源 IP 地址属于网络地址 192.168.2.0/24 的 IP 分组实施 PAT。

在三层交换机 S25 VLAN 6 和 VLAN 7 对应的 IP 接口上，定义两个 PAT 规则，对源 IP 地址属于网络地址 192.168.3.0/24 的 IP 分组实施 PAT。

### 6. 安全配置

为了安全，只允许连接在工业现场控制网络中的设备与连接在 VLAN 9 中的服务器相互交换数据。因此，在三层交换机 S15 VLAN 4 对应的 IP 接口的输出方向设置以下过滤规则集。

① 协议类型＝*，源 IP 地址＝192.1.4.1/32，目的 IP 地址＝192.1.9.0/24；正常转发。

② 协议类型＝*，源 IP 地址＝any，目的 IP 地址＝any；丢弃。

在三层交换机 S15 VLAN 5 对应的 IP 接口的输出方向设置以下过滤规则集。

① 协议类型＝*，源 IP 地址＝192.1.5.1/32，目的 IP 地址＝192.1.9.0/24；正常转发。

② 协议类型＝*，源 IP 地址＝any，目的 IP 地址＝any；丢弃。

在三层交换机 S15 VLAN 4 对应的 IP 接口的输入方向设置以下过滤规则集。

① 协议类型＝*，源 IP 地址＝192.1.9.0/24，目的 IP 地址＝192.1.4.1/32；正常转发。

② 协议类型＝*，源 IP 地址＝any，目的 IP 地址＝any；丢弃。

在三层交换机 S15 VLAN 5 对应的 IP 接口的输入方向设置以下过滤规则集。

① 协议类型＝*，源 IP 地址＝192.1.9.0/24，目的 IP 地址＝192.1.5.1/32；正常转发。

② 协议类型＝*，源 IP 地址＝any，目的 IP 地址＝any；丢弃。

在三层交换机 S25 VLAN 6 对应的 IP 接口的输出方向设置以下过滤规则集。

① 协议类型＝*，源 IP 地址＝192.1.6.1/32，目的 IP 地址＝192.1.9.0/24；正常转发。

② 协议类型＝*，源 IP 地址＝any，目的 IP 地址＝any；丢弃。

在三层交换机 S25 VLAN 7 对应的 IP 接口的输出方向设置以下过滤规则集。

① 协议类型＝*，源 IP 地址＝192.1.7.1/32，目的 IP 地址＝192.1.9.0/24；正常转发。

② 协议类型＝＊,源 IP 地址＝any,目的 IP 地址＝any;丢弃。

在三层交换机 S25 VLAN 6 对应的 IP 接口的输入方向设置以下过滤规则集。

① 协议类型＝＊,源 IP 地址＝192.1.9.0/24,目的 IP 地址＝192.1.6.1/32;正常转发。

② 协议类型＝＊,源 IP 地址＝any,目的 IP 地址＝any;丢弃。

在三层交换机 S25 VLAN 7 对应的 IP 接口的输入方向设置以下过滤规则集。

① 协议类型＝＊,源 IP 地址＝192.1.9.0/24,目的 IP 地址＝192.1.7.1/32;正常转发。

② 协议类型＝＊,源 IP 地址＝any,目的 IP 地址＝any;丢弃。

# 本章小结

- 实例中的服务器承担数据中心的功能,传感器上传数据给服务器,由服务器发送命令给执行器。
- 智能家居和智慧校园通过条件和动作建立起传感器上传给服务器的数据与服务器发送给执行器的命令之间的关联。
- 前端设备与服务器之间必须统一数据和命令的类型和格式。
- 服务器与前端设备之间通过建立连接完成身份鉴别等安全功能。
- 工业物联网无法通过简单的控制策略来描述工业现场的生产和制造过程。
- 工业物联网是包含边缘计算的分布式处理系统。

# 习题

10.1　简述实例中服务器承担的功能。

10.2　服务器和前端设备之间如何统一数据和命令的类型和格式?

10.3　如何设置用于建立传感器上传给服务器的数据与服务器发送给执行器的命令之间关联的条件和动作?

10.4　前端设备与服务器之间为什么需要先建立连接?

10.5　简述在服务器中设置的条件和动作与物联网的控制策略之间的关系。

10.6　简述交换机支持 CIP Sync 原因。

10.7　简述为表 10.21 中各个类型流量设置的相应 DSCP 或优先级值的理由。

10.8　队列调度器如何为每一个队列分配服务比例?

10.9　哪些是工业物联网中的边缘计算设备?

# 英文缩写词

6LoWPAN(IPv6 over Low-Power Wireless Personal Area Networks)基于低功耗无线个域网的 IPv6(5.1)

AC(Access Controller)无线控制器(10.2)

AEAD(Authenticated Encryption with Associated Data)具有关联数据的鉴别加密(9.3)

AH(Accepting Host)接受主机(9.5)

AID(Association Identifier)关联标识符(3.4)

AGV(Automatic Guided Vehicle)无人搬运车(1.5)

AKA(Authentication and Key Agreement)鉴别和密钥协商(9.2)

AMF(Authentication Management Field)鉴别管理域(9.2)

AODV(Ad Hoc On-Demand Distance Vector)Ad Hoc 按需距离向量(3.3)

AP(Access Point)接入点(3.4)

APS(Ad Hoc Positioning System)Ad Hoc 定位系统(4.5)

APU(Analytics Processing Unit)分析处理单元(7.4)

ARO(Address Registration Option)地址注册选项(5.3)

AuC(Authentication Centre)鉴别中心(9.2)

BMCA(Best Master Clock Algorithm)最佳主时钟算法(8.2)

BP(Backoff Period)补偿时间(3.3)

BPA(Block Port Advertisement)阻塞端口公告(8.2)

BPSK(Binary Phase Shift Keying)二进制相移键控(3.4)

BSA(Basic Service Area)基本服务区(3.4)

BSS(Basic Service Set)基本服务集(3.4)

CAP(Contention Access Period)竞争接入阶段(3.3)

CCA(Clear Channel Assessment)空闲信道评估(3.3)

CCD(Charge-Coupled Device)电荷耦合元件(2.2)

CCTV(Closed Circuit Television)闭路电视(1.5)

CFP(Contention Free Period)非竞争接入阶段(3.3)

CID(Connection ID)连接标识符(8.3)

CIP(Common Industrial Protocol)通用工业协议(8.1)

CoAP(Constrained Application Protocol)受限应用协议(6.2)

CP(Cyclic Prefix)循环前缀(3.6)

CRM(Customer Relationship Management)客户关系管理系统(1.5)

CSS(Chirp Spread Spectrum)基于线性扩频(3.5)

CTP(Collection Tree Protocol)汇聚树协议(4.4)

DAD(Duplicate Address Detection)重复地址检测(5.2)

DAG(Directed Acyclic Graph)有向无环图(7.3)

DAO(Destination Advertisement Object)目的公告对象(5.4)

DCF(Distributed Coordination Function)分布协调功能(3.4)

DCI(Downlink Control Information)下行控制信息(3.6)

DCP(Discovery and basic Configuration Protocol)发现和基本配置协议(8.4)

DD(Directed Diffusion)定向扩散(4.4)

DHCP(Dynamic Host Configuration Protocol)动态主机配置协议(5.1)

DiffServ(Differentiated Services)区分服务(5.2)

DIFS(DCF InterFrame Space)DCF 规定的帧间间隔(3.4)

DIO(DODAG Information Object)DODAG 信息对象(5.4)

DIO(Distributed Input/Output)分布式输入/输出(10.3)

DIS(DODAG Information Solicitation)DODAG 信息请求(5.4)

DLR(Device Level Ring)设备级环状网(8.2)

DMRS(Demodulation Reference Signal)解调参考信号(3.6)

DODAG(Destination-Oriented Directed Acyclic Graph)面向目的的有向无环图(5.4)

DS(Distribution System)分配系统(3.4)

DSCP(Differentiated Services Code Point)区分服务码点(5.2)

DTIM(Delivery Traffic Indication Map)配送流量指示图(3.4)

DTLS(Datagram Transport Layer Security)数据包传输层安全(9.1)

ECC(Elliptic Curve Cryptography)基于椭圆曲线加密体制(9.2)

ECDH(Elliptic Curve Diffie-Hellman key Exchange)基于椭圆曲线迪菲-赫尔曼秘钥交换(9.2)

ECN(Explicit Congestion Notification)显式拥塞通知位(5.2)

eDRX(extended Discontinuous Reception)扩展非连续接收(3.6)

eNB(evolved Node B)演进的 Node B(9.2)

EPA(End Port Advertisement)结束端口公告(8.2)

EPC(Evolved Packet Core)演进的分组核心(9.2)

EPS(Evolved Packet System)演进的分组系统(9.2)

ERP(Enterprise Resource Planning)企业资源规划系统(1.5)

EUI-64(64-bit Extended Universal Identifier)64 位扩展通用标识符(3.3)

ESS(Extended Service Set)扩展服务集(3.4)

ETX(Expected Transmissions)期望传输值(4.4)

FAP(Fit AP)瘦接入点(10.2)

FCC(Federal Communications Commission)联邦通信委员会(1.4)

FFD(Full Function Device)全功能设备(3.3)

GCMP(Galois Counter Mode Protocol)Galois 计数器模式协议(9.2)

GFSK(Gaussian Frequency-Shift Keying)高斯频移键控(3.2)

GM(Grandmaster Clock)最优时钟(8.2)

GMK(Group Master Key)广播主密钥(9.2)

GPS(Global Positioning System)全球定位系统(2.2)

GTK(Group Temporal Key)临时广播密钥(9.2)

GTS(Guaranteed Time Slot)保障时隙(3.3)

HDFS(Hadoop Distributed File System)Hadoop 分布式文件系统(7.3)

HKDF(HMAC-based Extract-and-Expand Key Derivation Function)基于 HMAC 扩展提取密钥导出函数(9.3)

HMI(Human Machine Interface)人机接口(8.1)

HSS(Home Subscriber Server)归属用户服务器(3.6)

HVAC(Heating Ventilation and Air Conditioning)供热通风与空气调节(1.5)

IACS(Industrial Automation and Control Systems)工业自动化和控制系统(8.1)

IANA(Internet Assigned Numbers Authority)Internet 号码指派管理局(5.2)

IBSS(Independent BSS)独立基本服务集(3.4)

ICT(Information and Communications Technology)信息通信技术(8.1)

IIoT(Industrial Internet of Things)工业物联网(1.5)

IH(Initiating Host)发起主机(9.5)

IMSI(International Mobile Subscriber Identity)国际移动用户标识码(3.6)

IntServ(Integrated Services)综合服务(5.2)

IoT(Internet of Things)物联网(1.1)

IoTWF(IoT World Forum)物联网世界论坛(1.3)

ISI(Inter-Symbol Interference)抗码间干扰(3.4)

IRT(Isochronous Real Time)等时实时(8.4)

KCK(EAPOL-Key Confirmation Key)证实密钥(9.2)

KDF(Key Derivation Function)密钥导出函数(9.2)

KEK(EAPOL-Key Encryption Key)加密密钥(9.2)

LLNs(Low-power and Lossy Networks)低功耗有损网络(1.4)

LoRa(Long Range Radio)远距离无线电(1.4)

LPWA( Low-Power Wide-Area)低功耗广域网(3.1)

LQI(Link Quality Indication)链路质量指示(3.3)

LTE(Long Term Evolution)长期演进(3.6)

MAC(Medium Access Control)媒体接入控制(4.2)

MAC(Message Authentication Code)消息认证码(9.2)

MCS(Modulation and Coding Scheme)调制编码方案(3.4)

MCU(Microcontroller Unit)微处理器(2.1)

MEMS(Micro-Electro-Mechanical System)微机电系统(2.1)

MIB(Master Information Block)主信息块(3.6)

MIMO(Multiple Input Multiple Output)多进多出(3.4)

MME(Mobility Management Entity)移动性管理实体(3.6)

MQTT(Message Queuing Telemetry Transport)消息队列遥测传输(6.3)

MTU(Maximum Transmission Unit)最大传输单元(5.1)

NAS(Non-Access Stratum)非接入层(9.2)

NAT(Network Address Translation)网络地址转换(5.1)

QAM(Quadrature Amplitude Modulation)正交调幅(3.4)

QoS(Quality of Service)服务质量(6.3)

QPSK(Quadrature Phase Shift Keying)正交相移键控(3.6)

RA(Router Advertisement)路由器公告(5.3)

RAN(Radio Access Network)无线接入网络(3.6)

RAW(Restricted Access Window)受限接入窗口(3.4)

RDD(Resilient Distributed Datasets)弹性分布式数据集(7.3)

RE(Resource Element)资源元素(3.6)

REP(Resilient Ethernet Protocol)弹性以太网协议(8.2)

RFD(Reduced Function Device)精简功能设备(3.3)

RIPng(RIP Next Generation)下一代 RIP(5.2)

RNTI(Radio Network Temporary Identifier)无线网络临时标识符(3.6)

RPL(IPv6 Routing Protocol for Low-Power and Lossy Networks)基于低功耗有损网络的 IPv6 路由协议(5.4)

RRC(Radio Resource Control)无线电资源控制(9.2)

RS(Router Solicitation)路由器请求(5.3)

RT(Real Time)实时(8.4)

RU(Resource Unit)资源单元(3.6)

SAE(Simultaneous Authentication of Equals)对等同时认证(9.2)

SCADA(Supervisory Control And Data Acquisition)监视控制与数据采集(1.3)

SC-FDMA(Single-carrier Frequency-Division Multiple Access)单载波频分多址(3.6)

SCM(Supply Chain Management)供应链管理系统(1.5)

SDK(Software Development Kit)软件开发工具包(1.4)

SDU(Service Data Unit)服务数据单元(8.4)

S-GW(Serving Gateway)服务网关(3.6)

SIB(System Information Block)系统信息块(3.6)

SIFS(Short InterFrame Space)短帧间间隔(3.4)

SKKE(Symmetric Key Key Establishment)基于对称密钥的密钥建立(9.2)

SLLAO(Source Link-Layer Address Option)源链路层地址选项(5.3)

SN ID(Serving Network IDentity)服务网络标识符(9.2)

SPA(Single Packet Authorization)单包授权(9.5)

SRR(Shared Round-Robin)共享循环(8.2)

STP(Spanning Tree Protocol)生成树协议(8.2)

TBS(Transport Block Size)传输块大小(3.6)

TDM(Time Division Multiplexing)分时复用(3.4)

TDoA(Time Difference of Arrival)到达时间差(4.5)

TIM(Traffic Indication Map)流量指示图(3.4)

TLS(Transport Layer Security)传输层安全(9.1)

ToA(Time of Arrival)到达时间(4.5)

ToS(Type of Service)服务类型字段(8.2)

# 参 考 文 献

[1]  David H，Gonzalo S，Patrick G. IoT Fundamentals：Networking Technologies，Protocols，and Use Cases for the Internet of Things[M].北京：人民邮电出版社，2021.

[2]  Larry L P，Bruce S D. Computer Networks，A Systems Approach[M]. 6th ed. 北京：机械工业出版社，2021.

[3]  James F K，Keith W R. Computer Networking A Top-Down Approach[M]. 8th ed. 北京：机械工业出版社，2021.

[4]  Andrew S T. Computer Networks[M]. 5th ed. 北京：机械工业出版社，2011.

[5]  沈鑫剡，等.网络安全[M]. 北京：清华大学出版社，2017.

[6]  沈鑫剡，等.网络安全实验教程[M]. 北京：清华大学出版社，2017.

[7]  沈鑫剡，等.路由和交换技术[M]. 2 版. 北京：清华大学出版社，2018.

[8]  沈鑫剡，等.路由和交换技术实验及实训——基于 Cisco Packet Tracer[M]. 2 版. 北京：清华大学出版社，2019.

[9]  沈鑫剡，等.路由和交换技术实验及实训——基于华为 eNSP[M]. 2 版. 北京：清华大学出版社，2019.

[10]  沈鑫剡，等.网络技术基础与计算思维实验教程——基于华为 eNSP[M]. 北京：清华大学出版社，2020.

[11]  沈鑫剡，等.网络安全实验教程——基于华为 eNSP[M]. 北京：清华大学出版社，2020.

[12]  沈鑫剡，等.计算机网络工程[M]. 2 版. 北京：清华大学出版社，2021.

[13]  沈鑫剡，等.计算机网络工程实验教程——基于 Cisco Packet Tracer[M]. 2 版. 北京：清华大学出版社，2021.

[14]  沈鑫剡，等.计算机网络工程实验教程——基于华为 eNSP[M]. 北京：清华大学出版社，2021.

[15]  沈鑫剡，等.网络技术基础与计算思维[M]. 2 版. 北京：清华大学出版社，2022.

[16]  沈鑫剡，等.网络技术基础与计算思维实验教程——基于 Cisco Packet Tracer[M]. 2 版. 北京：清华大学出版社，2022.

# 图书资源支持

感谢您一直以来对清华版图书的支持和爱护。为了配合本书的使用，本书提供配套的资源，有需求的读者请扫描下方的"书圈"微信公众号二维码，在图书专区下载，也可以拨打电话或发送电子邮件咨询。

如果您在使用本书的过程中遇到了什么问题，或者有相关图书出版计划，也请您发邮件告诉我们，以便我们更好地为您服务。

**我们的联系方式：**

清华大学出版社计算机与信息分社网站：https://www.shuimushuhui.com/

地　　址：北京市海淀区双清路学研大厦 A 座 714

邮　　编：100084

电　　话：010-83470236　010-83470237

客服邮箱：2301891038@qq.com

QQ：2301891038（请写明您的单位和姓名）

**资源下载：** 关注公众号"书圈"下载配套资源。

资源下载、样书申请

书 圈

图书案例

清华计算机学堂

观看课程直播